高等职业教育机电类专业教学改革系列教材

数控编程与操作

主编　邓健平　张若锋

参编　张　谦　陈宝华

主审　罗红专

机械工业出版社

本书重点介绍了数控机床的编程与操作技术。全书内容与数控机床操作工国家职业技能鉴定中高级考证要求相对应，涵盖了数控基础知识、数控编程和数控机床操作三部分内容。重点讲解国内使用广泛的 FANUC、SIEMENS 和华中系统数控设备的编程和操作。自动编程主要以 CAXA 数控车及 CAXA 制造工程师为应用软件。本书主要内容包括：加工准备，数控机床编程与操作基础，数控车床的编程与操作，数控铣床/加工中心的编程与操作，数控线切割机床的编程与操作，数控机床的维护、故障诊断与精度检验等六个学习领域。每个领域相关内容都含有任务描述、任务分析、知识链接、任务实施和教学评价。

本书可作为高等职业技术院校和技师学院数控技术、模具设计与制造、机电一体化、机械制造与自动化等专业的教材，也可作为数控机床操作工职业技能培训与鉴定考核用书；对从事数控机床操作与编程的工程技术人员也有实用参考价值。

图书在版编目（CIP）数据

数控编程与操作/邓健平，张若锋主编. —北京：机械工业出版社，2010.8（2024.6 重印）
高等职业教育机电类专业教学改革系列教材
ISBN 978-7-111-31212-3

Ⅰ.①数… Ⅱ.①邓…②张… Ⅲ.①数控机床-程序设计-高等学校：技术学校-教材②数控机床-操作-高等学校：技术学校-教材 Ⅳ.①TG659

中国版本图书馆 CIP 数据核字（2010）第 126803 号

机械工业出版社（北京市百万庄大街 22 号　邮政编码 100037）
策划编辑：边　萌　责任编辑：胡大华　责任校对：程俊巧
封面设计：鞠　杨　责任印制：单爱军
北京虎彩文化传播有限公司印刷
2024 年 6 月第 1 版·第 9 次印刷
184mm×260mm·15.5 印张·378 千字
标准书号：ISBN 978-7-111-31212-3
定价：39.00 元

电话服务　　　　　　　　　网络服务
客服电话：010-88361066　　机 工 官 网：www.cmpbook.com
　　　　　010-88379833　　机 工 官 博：weibo.com/cmp1952
　　　　　010-68326294　　金 书 网：www.golden-book.com
封底无防伪标均为盗版　机工教育服务网：www.cmpedu.com

高等职业教育机电类专业教学改革系列教材

编写委员会

前　言

为了增强竞争能力，现代企业以大量采用各种先进的数控机床作为保证产品加工质量的重要技术措施，为企业带来了较好的经济效益。同时，企业更需要掌握了先进科学知识的技能型人才参与到企业的建设中。为了满足社会需要，高职院校从教材入手加大了改革力度，立争及时编写出更加实用的符合国家人才培养战略目标要求的教材。

本教材按照高等职业教育人才培养目标的要求，遵循"以就业为导向，工学结合"的原则，以零件的数控编程与加工为主线，系统介绍了数控机床的编程与操作，具有以下特点。

1. 教材的编写始终贯穿"以国家职业标准为依据，以企业需求为导向，以职业能力为核心"的理念，依据数控机床操作工职业技能鉴定的要求，结合企业实际，反映岗位需求，突出新知识、新技术、新工艺、新方法，注重职业能力的培养。

2. 教材遵循"基于工作过程导向"的教学理念，以六个学习领域为主要内容分别讲述了加工准备，数控机床编程与操作基础，数控车床、数控铣床/加工中心、数控线切割机床的编程与操作，数控机床的维护、故障诊断与精度检验等内容。每个学习领域由若干个相互关联而又相对独立的典型工作任务组成，由简到繁、由易到难，循序渐进。

3. 教材采用任务驱动型的编写体例，体现理论实践一体化的教学模式。精选了大量典型案例进行工艺分析与编程讲解，每个任务包括任务描述、任务分析、知识链接、任务实施和教学评价等部分。

4. 教材在内容安排上，以理论够用、凸显技能、强化动手为原则。每个学习领域后都附有考核要点和测试题。每个考核要点既是运用理论和消化理论的知识点，又是职业技能鉴定考证的要点。测试题是数控车床、数控铣床和加工中心职业技能考证针对性较强的模拟题，以方便读者的学习。

本书的参考学时为 70~80 学时，教师在组织教学时，可根据学校的教学计划和教学条件酌情予以增减。

本书由湖南铁路科技职业技术学院邓健平、张若锋主编。具体分工如下：张若锋编写学习领域 1、学习领域 6，邓健平编写学习领域 2、学习领域 3，湖南铁路科技职业技术学院张谦编写学习领域 4，娄底职业技术学院陈宝华编写学习领域 5。全书由邓健平统稿和定稿。

非常感谢湖南科技职业学院潘建新、娄底职业技术学院贺应和、株洲职业技术学院罗昊等老师对本教材的编写提出的宝贵意见和建议。

由于编者的水平有限，书中难免存在一些不足，恳请读者批评指正。

编者

目　　录

学习领域1　加　工　准　备

1.1　图样分析

知识点

1. 读图的基本方法。
2. 尺寸公差带代号、形位公差及表面粗糙度的识读。

技能点

正确识读零件图样。

1.1.1　任务描述

正确识读如图 1-1 所示的内螺纹轴零件图样。

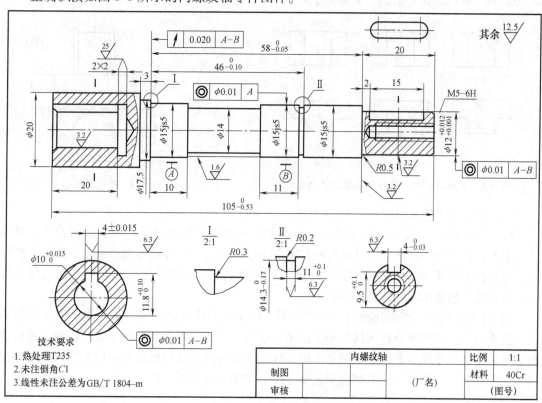

图 1-1　内螺纹轴

1.1.2　任务分析

该任务是进行数控编程及加工的首要任务，要加工出合格的零件，先要能读懂图样。而要完成该任务，必须掌握读图方法、公差配合及表面粗糙度等方面的知识。

1.1.3　知识链接

1. 读图方法

（1）读图的基本知识

1）要几个视图联系起来看　一般情况下，机械图样中的一个视图不能完全确定零件的形状。有可能它们的主视图都相同，但表示的却是不同形状的零件，如图 1-2 所示的三组视图。因此，读图时一般要将几个视图联系起来阅读、分析和构思，才能弄清零件的形状。

2）要寻找特征视图　特征视图是指能把零件的形状特征及相对位置反映得最充分的那个视图，如图 1-2 所示的俯视图，找到这个视图，就能较快地认清零件了。

3）要了解视图中的线框和图线的含义　下面以图 1-3 所示的视图来说明。视图中每个封闭线框可以是形体上不同位置的平面和曲面的投影，也可以是孔的投影，如 A、B 和 D 线框为平面的投影，而线框 C 为曲面的投影；视图中每一条图线可以是曲线的转向轮廓线的投影，也可以是两表面的交线的投影，还可以是面的积聚性投影，如直线 1 是圆柱的转向轮廓线，直线 2 是平面与平面的交线，直线 3 是平面与曲面的交线，直线 4 是面的积聚性投影。所以读图时必须弄清楚线和线框的含义。

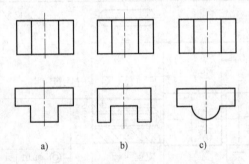

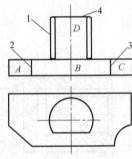

图 1-2　主视图相同，但却是不同形状的零件　　　　图 1-3　线框和图线的含义

（2）读图的基本方法

1）形体分析法　是读图的基本方法。一般是从反映零件形状特征的主视图着手，对照其他视图，初步分析出该零件是由哪些基本形体以及通过什么连接关系形成的。然后按投影特性逐个找出各基本体在其他视图中的投影，以确定各基本体的形状和它们之间的相对位置，最后综合想象出零件的总体形状。

2）线面分析法　当形体被多个平面切割、形体的形状不规则或在某视图中形体结构的投影重叠时，应用形体分析法往往难于读懂。这时，需要采用线面分析法进行读图。所谓线面分析法是指运用线、面投影理论来分析零件的表面形状、面与面的相对位置以及面与面之间的表面交线，并借助立体的概念来想象零件形状的一种分析方法。

（3）阅读零件图的一般步骤

1）读标题栏　从标题栏中可以了解零件的名称、材料、绘图比例、重量等。明确这个零件是在什么机器上用，并联系典型零件的分类，对零件有一个初步认识。

2）纵览全图，弄清视图之间的关系　看视图，想形状，不要急于求成，不应立即就将眼睛盯在某个视图上。因为一组图形通常有基本视图、向视图、剖视图、断面图等多种表达方法，加之投射方向、视图位置往往有变，所以通过纵览全图可对所有视图有个初步了解。具体来说，就是要先找出主视图，再看看剖视图、断面图是在哪个位置、用什么方法剖切、向哪个方向投射的；向视图的对应标记和应从哪个方向看过去等等。只有弄清各视图之间的方位关系，才能顺利进入细致分析零件形状的阶段。

3）详看视图，想像形状　要先看主要部分，后看次要部分；先看容易确定、能够看懂的部分，后看难以确定、不易看懂的部分；先看整体轮廓，后看细部结构。具体地说，就是要用形体分析法，分部分、想形状。对于局部投影的难解之处，要用线面分析法仔细分析。最后将其综合，想像出零件的整体形状。

4）分析尺寸和技术要求　分析零件图上的尺寸，首先要找出三个方向的尺寸基准，然后从基准出发，按形体分析法找出各组成部分的定形尺寸、定位尺寸及总体尺寸。分析技术要求时，关键是要弄清哪些部位的要求比较高，以便考虑在加工时采取相应措施予以保证。

2. 公差配合的基本概念

（1）尺寸偏差　尺寸偏差是指某一尺寸减其基本尺寸所得的代数差，简称偏差。其值可为正或负，也可为零。偏差有实际偏差和极限偏差两种。

1）实际偏差　是指实际尺寸减其基本尺寸所得的代数差。

2）极限偏差　是指极限尺寸减其基本尺寸所得的代数差。极限偏差又分为上偏差和下偏差。极限偏差用于控制实际偏差，零件的实际偏差在极限偏差之间为合格。

（2）尺寸公差　尺寸公差是指允许尺寸的变动量，简称公差。公差值不能为零，更不能为负。

（3）标准公差与基本偏差

1）标准公差　是指用以确定公差带大小的任一公差。标准公差共有 20 个公差等级，即 IT01、IT0、IT1、IT2、…、IT18。"IT"表示标准公差，后面的数字是公差等级代号。

2）基本偏差　是指确定公差带相对于零线位置的上偏差或下偏差，一般为靠近零线的那个偏差。国家标准对孔和轴的每一个基本尺寸段规定了 28 个基本偏差。

（4）配合的种类

1）配合的种类　配合有间隙配合、过盈配合和过渡配合三种类型。

2）基准制　国家标准规定了两种基准制度，即基孔制与基轴制。

① 基孔制配合　是指基本偏差为一定的孔公差带与不同基本偏差的轴的公差带形成各种配合的一种制度。基孔制中的孔称为基准孔，其基本偏差代号规定为 H，其下偏差为零。

② 基轴制配合　是指基本偏差为一定的轴公差带与不同基本偏差的孔的公差带形成各种配合的一种制度。基轴制中的轴称为基准轴，其基本偏差代号规定为 h，其上偏差为零。

（5）未注尺寸公差　未注公差是指在车间一般加工条件下可以保证的公差。国家标准对线性尺寸的未注公差规定了四个公差等级：精密级、中等级、粗糙级和最粗级，分别用字母 f、m、c 和 v 表示。

3. 尺寸公差带代号的识读

尺寸公差带是由代表上、下偏差或最大、最小极限尺寸的两条直线所限定的一个区域。公差带有公差带大小和位置两个要素，其大小由标准公差确定，位置由基本偏差确定。

（1）孔、轴公差带代号　孔、轴公差带代号均由基本偏差代号与标准公差等级代号组成。如 φ30H7 表示基本尺寸为 φ30mm，公差等级为 7 级的基准孔。可简读为基本尺寸

ϕ30mm，H7 孔；ϕ30f6 表示基本尺寸为 ϕ30mm，公差等级为 6 级，基本偏差为 f 的轴。可简读为基本尺寸 ϕ30mm，f6 轴。

（2）配合代号 配合代号由孔与轴的公差带代号组合而成，并写成分数形式，分子代表孔的公差带代号，分母代表轴的公差带代号。如 ϕ30H7/f6 表示孔、轴的基本尺寸为 ϕ30mm，孔的公差等级为 7 级的基准孔，轴的公差等级为 6 级，基本偏差为 f 的轴，属于基孔制间隙配合。可简读为基本尺寸 ϕ30mm，基孔制 H7 孔与 f6 轴的配合。

4. 形位公差的标注与识读

（1）形位公差的基本概念

1）形状公差 是指单一实际要素的形状所允许的变动全量。

2）位置公差 是指关联实际要素的位置对基准所允许的变动全量。

（2）形位公差项目 按照国家标准，形位公差分为形状公差、形状或位置公差和位置公差三大类，共 14 项。形位公差的项目和符号以及标注时的其他有关符号见表 1-1。

表 1-1　形位公差符号

类别		名称	符号	类别		名称	符号	类别	名称	符号
形状	形状	直线度	—	定向		平行度	//	其他有关符号	公差带为圆或圆柱时的符号	ϕ
		平面度	▱			垂直度	⊥		最大实体要求	Ⓜ
						倾斜度	∠		延伸公差带	Ⓟ
		圆度	○	位置	定位	同轴度	◎		包容要求	Ⓔ
									最小实体要求	Ⓛ
		圆柱度	⌭			对称度	⌖		可逆要求	Ⓡ
						位置度	⊕		自由状态条件	Ⓕ
形状或位置	轮廓	线轮廓度	⌒		跳动	圆跳动	↗		理论正确尺寸	50
									基准目标	(ϕ10/A1)
		面轮廓度	◠			全跳动	⌰		全周（轮廓）	⟡

（3）形位公差代号 形位公差代号由形位公差框格和指引线、形位公差项目的符号、形位公差数值和有关符号以及基准代号等组成。

1）形状公差框格为 2 格，位置公差框格为 2~5 格。框格形式及填写项目如图 1-4 所示，框格应水平或垂直放置，不可斜放。

2）指引线应与框格线垂直，指引线只可引出一条，一般从框格的左端或右端引出，也

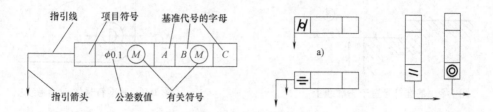

图1-4 形位公差框格和指引线

可以从侧边直接引出；当多个部位有相同形位公差要求时，可从框格引出线上分出多个指引箭头；指引线指向被测要素时可以弯折，但要尽量避免，且不得多于两次。

3）指引线箭头应指向公差带的宽度或直径方向。

4）形位公差有附加要求时，应加注其他有关符号。其他有关符号见表1-1。

5）基准代号由基准符号、圆圈、连线和相应的基准字母组成，基准字母在任何情况下都应水平书写。基准字母不得采用E、I、J、M、O、P、L、R、F等字母。

（4）形位公差标注方法

1）被测要素的标注

① 当公差涉及轮廓线或表面时，应将指引线箭头置于要素的轮廓线或轮廓线的延长线上（必须与尺寸线明显地错开），如图1-5所示。

② 当指向实际表面时，箭头可置于带点的参考线上，该点指在实际表面上，如图1-6所示。

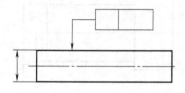

图1-5 箭头置于要素的轮廓线上

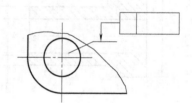

图1-6 箭头置于参考线上

③ 当公差涉及轴线、中心平面或带尺寸要素确定的点时，则带箭头的指引线应与尺寸线的延长线重合，如图1-7所示。

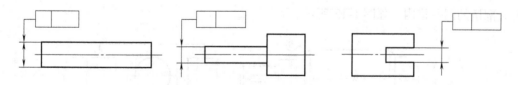

图1-7 箭头的指引线与尺寸线的延长线重合

2）基准要素的标注

① 当基准要素是轮廓线或表面时，其基准字母的短横线应放置在要素的外轮廓线或它的延长线上（必须与尺寸线明显地错开），如图1-8所示。另外，基准符号还可置于用圆点指向实际表面的参考线上，如图1-9所示。

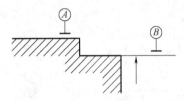

图 1-8　基准符号置于轮廓线上

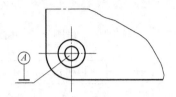

图 1-9　基准符号置于参考线上

② 当基准要素是轴线、中心平面或由带尺寸的要素确定的点时，则基准符号中的线与尺寸线对齐，如图 1-10 所示。

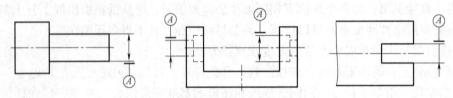

图 1-10　基准符号中的线与尺寸线对齐

3）形位公差的简化标注

① 当多个被测要素有相同的形位公差时，可以从一个框格内的同一端引出多个指示箭头与各被测要素相连，如图 1-11a 所示。当同一个被测要素有多项形位公差要求而标注形式又一致时，可以在一条指引线上画出多个公差框格，如图 1-11b 所示。

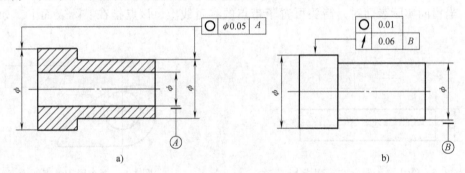

图 1-11　形位公差的简化标注

a）单项形位公差　b）多项形位公差

② 对于由两个或两个以上要素组成的公共基准，其基准字母应用横线连起来，并写在公共框格的同一格内，如图 1-12 所示。

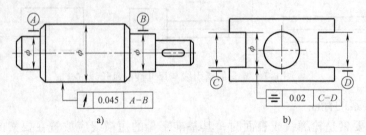

图 1-12　公共基准的简化标注

a）公共轴线　b）公共中心平面

5. 表面粗糙度的标注与识读

（1）表面粗糙度的基本概念 表面粗糙度直接影响零件的配合、耐磨性、抗腐蚀性、密封性、抗疲劳强度等。其常用的评定参数有三个：轮廓算术平均偏差 R_a、微观不平度 + 点高度 R_z、轮廓最大高度 R_Y。

（2）表面粗糙度符号 表面粗糙度高度参数 R_a 的标注及其意义见表1-2。

表1-2 表面粗糙度高度参数 R_a 的标注及其意义

代号	意 义	代号	意 义
3.2	用任何方法获得的表面，R_a 的上限值为 3.2μm	3.2max	用去除材料方法获得的表面，R_a 的最大值为 3.2μm
3.2	用去除材料方法获得的表面，R_a 的上限值为 3.2μm	3.2	用不去除材料方法获得的表面，R_a 的上限值为 3.2μm

（3）表面粗糙度的标注 表面粗糙度的标注如图1-13所示，R_a 标注时可省略代号。其标注的基本规则如下。

1）同一零件图中，每个表面一般应标注一次表面粗糙度代（符）号。

2）表面粗糙度代（符）号一般注在可见轮廓线、尺寸线、尺寸界线或它们的延长线上，也可注在引出线上。符号的尖端必须从材料外指向表面。

3）表面粗糙度代号中数字及符号的方向必须与尺寸数字方向一致，如图1-14所示。

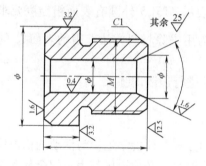

图1-13 表面粗糙度的标注位置

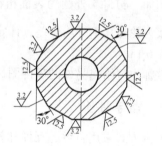

图1-14 表面粗糙度符号和数字的方向

4）当零件的大部分表面具有相同的表面粗糙度要求时，可将代号统一注写在图样右上角，代号前加注"其余"两字；当零件所有表面具有相同的表面粗糙度要求时，其符号、代号可在图样的右上角统一标注，代号前加注"全部"两字。

1.1.4 任务实施

正确识读图1-1所示内螺纹轴的零件图样。

（1）正确读图 指出图中采用了哪些表达方式；指出径向、长度方向的主要基准等。

该零件的材料是40Cr，画图比例为1:1，属轴类零件。该图样只有一个基本视图——主视图。轴线水平放置，除能反映出轴的结构特征外，还便于车削和磨削加工时的识图。内螺纹和带键槽的内孔采用局部剖方式表达，键槽采用局部剖和移出剖面的方法表达，这样有利于标注尺寸。轴肩和轴肩槽采用局部放大的方法表达，这样有利于标注尺寸和清楚识图。径向尺寸均以轴心线作为标注尺寸的基准，长度方向以轴两端面为主要尺寸的标注基准，而一些台阶面则为辅助尺寸的基准，这样既有利于加工，也便于测量。

（2）正确识读公差带代号　正确识读出公差带代号的所有含义：包括基本尺寸、基本偏差代号、标准公差等级代号等。并通过查有关公差表格得出其上、下偏差值。

例如，该零件中间三段外圆直径均为 ϕ15js5，其表示为基本尺寸为 ϕ15mm，基本偏差代号为 js，标准公差等级为 5 级，上偏差为 +0.004mm，下偏差为 -0.004mm。

M5-6H 是普通内螺纹的标记，表示为公称直径为 ϕ5mm、螺距为 0.8mm、中径和顶径的公差带代号为 6H 的普通内螺纹。6H 表示中径和顶径的公差等级为 6 级，基本偏差代号为 H，上偏差为 +0.125mm，下偏差为 0。

（3）正确识读形位公差标注　正确识读出形位公差标注的所有含义：包括基准要素、被测要素、形位公差项目、形位公差带形状、形位公差值大小等。

例如，形位公差代号 ⊚ ϕ0.01 A-B ，表示为基准要素为由两个 ϕ15js5 外圆的轴心线形成的公共轴心线，被测要素为 ϕ12$^{+0.012}_{+0.001}$mm 圆柱面的轴心线，形位公差项目为同轴度，形位公差值大小为 ϕ0.01mm，形位公差带形状为直径为 ϕ0.01mm 的圆柱面内的区域，该圆柱面的轴线与基准公共轴线同轴。读解为：ϕ12$^{+0.012}_{+0.001}$mm 圆柱面的轴心线对由两个 ϕ15js5 外圆的轴心线形成的公共轴心线的同轴度公差为 ϕ0.01mm。

（4）正确识读表面粗糙度标注　正确识读出表面粗糙度标注的所有含义：包括哪个表面有表面粗糙度要求、评定参数名称、评定参数表示的意义等。

例如，ϕ15js5 外圆的表面粗糙度代号为 $\overset{1.6}{\bigvee}$ ，表示 ϕ15js5 外圆有表面粗糙度要求，评定参数为轮廓算术平均偏差，评定参数表示的意义为用去除材料方法获得的表面 R_a 的上限值为 1.6μm。

教师也可给出另外的零件图，让同学们按照要求进行识读训练。

1.1.5　教学评价

评价方式采用自评、互评和教师点评三者结合的方式。评价学生参与活动的积极性，是否能正确识读零件图样。在进行公差与表面粗糙度读解时，必须说出其表示的全部含义。

1.2　加工工艺的制定

知识点
数控加工工艺分析的内容和步骤。

技能点
能编制典型零件的数控加工工艺。

1.2.1　任务描述

编制图 1-15 所示螺纹特型轴零件的数控加工工艺。

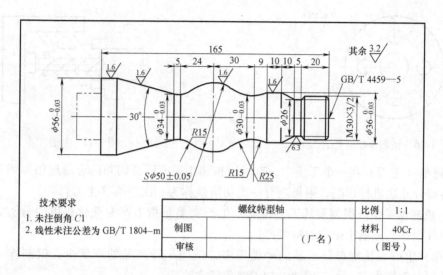

图 1-15 螺纹特型轴

1.2.2 任务分析

该任务要求能编制零件的数控加工工艺。要完成该任务,必须了解数控加工的主要加工对象、数控加工工艺文件所包含的内容、数控加工工艺的分析过程等方面的知识。

1.2.3 知识链接

1. 机械加工工艺的基本知识

(1)生产过程和工艺过程

1)生产过程 是指在机械产品制造时,由原材料或半成品转变为成品的全过程。

2)工艺过程 是指在生产过程中那些与原材料变为成品直接有关的过程。工艺过程可分为毛坯制造、机械加工、热处理、装配等工艺过程。其中利用机械加工的方法,直接改变毛坯的形状、尺寸和表面质量,使其成为零件的过程称为机械加工工艺过程。

(2)机械加工工艺过程的组成 机械加工工艺过程是由一个或若干个按一定顺序排列的工序组成。工序又可分为安装、工位、工步和进给(走刀)。

1)工序 是指一个(或一组)工人在一个工作地点对一个(或同时对几个)工件所连续完成的那一部分工艺过程。工序是组成工艺过程的基本单元。

2)安装 是指工件每定位和夹紧一次所完成的那一部分工序。

3)工位 是指工件在每一个加工位置上所完成的那一部分工艺过程。

4)工步 是指在一个工位中,加工表面、加工工具、切削速度和进给量都不变的情况下所完成的那一部分工艺过程。构成工步的任一因素改变后,一般即为另一个工步。但对于那些在一次安装中连续进行的若干相同工步,在工艺文件上常将其作为一个工步,例如,在图 1-16 所示零件上加工四个 $\phi15mm$ 的孔,可简写成一个工步,即钻 $4 \times \phi15mm$ 孔。有时为了提高生产效率,用几把不同刀具或者用一把复合刀具,同时加工几个不同表面的工步,称为复合工步。在工艺文件上,复合工步应视为一个工步,如图 1-17 所示。

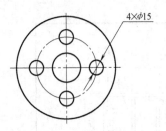

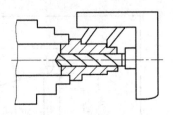

图 1-16 钻四个相同孔的工步　　　　　　图 1-17 复合工步

5) 进给（走刀）在一个工步中，有时因被加工表面所要切除的金属层很厚而不能一次切完，需要分几次进行切削，则每进行一次切削就称为一次进给（走刀）。

（3）机械加工生产类型及其工艺特点　生产类型是指生产专业化程度的分类方式。它可分为单件生产、成批生产和大量生产。

1) 单件生产　其特点是产品的种类繁多，但同一种产品的产量少，仅制作一件或几件，而且很少重复生产，各工作地的加工对象经常改变。

2) 成批生产　是在一年中分批生产相同的零件，生产呈周期性重复。每批生产相同零件的数量称为批量。按照批量的大小，成批生产又可分为小批生产、中批生产和大批生产。

3) 大量生产　其特点是产品的产量大、产品的结构和规格比较固定，产品生产可以连续进行，大多数工作地长期重复地进行某一零件的某一工序的加工。

（4）机械加工工艺规程的制定　机械加工工艺规程简称工艺规程，是规定零件制造工艺过程和操作方法的工艺文件。

1) 工艺规程的作用　工艺规程一般包括的内容有：毛坯类型和材料、零件加工工艺路线、各工序的加工内容和要求、采用的加工设备和工艺装备、工件质量的检验项目及检验方法、切削用量、时间定额、工人技术等级等。因此，工艺规程具有以下几个方面的作用：是指导生产的重要技术文件；是组织生产、进行计划调度的依据；是新建和扩建工厂或车间的技术依据。

2) 制定工艺规程的步骤

① 计算年生产纲领，确定生产类型。

② 阅读零件图及产品装配图。

③ 确定毛坯，包括选择毛坯类型及其制造方法，并绘制毛坯图。

④ 拟定工艺路线。

⑤ 确定各工序的加工余量，计算工序尺寸及公差。

⑥ 确定各工序所用的设备及刀具、夹具、量具和辅助工具。

⑦ 选择切削用量及计算时间定额。

⑧ 确定各主要工序的技术要求及检验方法。

⑨ 进行技术经济分析，选择最佳方案。

⑩ 填写工艺文件。

（5）工艺文件形式

1) 机械加工工艺过程卡　机械加工工艺过程卡简称过程卡。它是以工序为单位，简要地列出整个零件的加工过程，包括毛坯制造、机械加工和热处理等，是制定其他工艺文件的基础。

2）机械加工工艺卡 机械加工工艺卡是以工序为单位，详细说明一个零件的全部加工过程。内容包括工序号，工序名称，工序内容，工艺参数，操作要求以及采用的设备和工艺装备等。

3）机械加工工序卡 机械加工工序卡是在过程卡或工艺卡的基础上，按每道工序编制的工艺文件。它更详细地说明整个零件各个工序的加工要求。在工序卡上要画出工序简图，注明该工序的加工表面及其尺寸、精度、表面粗糙度和技术要求；加工用的定位基准、夹紧部位等，并详细说明该工序每一工步的内容、工艺参数、操作要求以及所用的设备和工艺装备等。

（6）定位基准的选择原则 定位基准分为粗基准与精基准。在加工起始工序中，只能用毛坯上未加工过的表面作为定位基准，则该表面称为粗基准。利用已加工过的表面作为定位基准，则该表面称为精基准。

1）精基准的选择原则 精基准的选择应从保证零件加工精度出发，同时考虑装夹方便、夹具结构简单。选择时一般应遵循以下原则。

① 基准重合原则 为了较容易地获得加工表面对其设计基准的相对位置精度要求，应选择加工表面的设计基准（或工序基准）作为定位基准，这一原则称为基准重合原则。

② 基准统一原则 当工件以某一组精基准定位可以比较方便地加工其他各表面时，应尽可能在多数工序中采用此组精基准定位，这就是基准统一原则。

③ 自为基准原则 当工件精加工或光整加工工序要求余量尽可能小而且均匀时，应选择加工表面本身作为定位基准，这就是自为基准原则。

④ 互为基准原则 为了获得均匀的加工余量或较高的位置精度，可采用互为基准、反复加工的原则。

⑤ 保证工件定位准确、夹紧可靠、操作方便的原则。

2）粗基准的选择原则 选择粗基准时，主要考虑两个问题：一是保证加工面都能分配到合理的加工余量；二是保证加工面与非加工面之间的相互位置精度的要求，同时还要为后续工序提供可靠的精基准。选择时一般应遵循以下原则。

① 选择非加工面作为粗基准。对于同时具有加工表面和非加工表面的零件，应选择非加工表面作为粗基准。如果零件上有多个非加工表面时，应选择其中与加工面相互位置精度要求高的非加工面作为粗基准。

② 合理分配加工余量。对于具有较多加工表面的工件，选择粗基准时，应考虑合理分配各加工表面的加工余量。一是应保证各主要加工表面都有足够的余量，则应选择毛坯余量最小的表面作为粗基准；二是对于工件上的某些重要表面，为了尽可能使其表面加工余量均匀，则应选择重要表面作为粗基准。

③ 粗基准应避免重复使用。

④ 选择毛坯上精度较好的表面作粗基准。

（7）加工经济精度与加工方法的选择

1）加工经济精度的选择 加工经济精度是指在正常加工条件下所能保证的加工精度和表面粗糙度。

2）加工方法的选择 所选加工方法应能获得相应的经济精度及表面粗糙度；应考虑工

件材料的可加工性;应考虑工件的结构形状和尺寸;应考虑生产类型和现场生产条件。

(8) 加工阶段的划分及原因

1) 加工阶段的划分　零件的加工过程一般划分为粗加工、半精加工和精加工三个阶段。如零件要求的精度特别高,表面粗糙度值很小时,还应增加光整加工和超精密加工阶段。

① 粗加工阶段　粗加工阶段的主要任务是尽快切除毛坯上各加工表面的大部分加工余量,使毛坯在形状和尺寸上接近零件成品,同时为半精加工阶段提供精基准。

② 半精加工阶段　半精加工阶段的主要任务是减小粗加工中留下的误差和表面缺陷层,使加工面达到一定的精度,并为主要表面的精加工做好准备,同时完成一些次要表面的最后加工。

③ 精加工阶段　精加工阶段的主要任务是保证零件各主要表面达到图样规定的技术要求。

④ 光整加工阶段　光整加工阶段的主要任务是减小表面粗糙度值或进一步提高尺寸精度和形状精度,达到零件对精度和表面粗糙度的要求。

2) 划分加工阶段的主要原因　划分加工阶段利于保证加工质量;利于合理使用机床设备;利于及时发现毛坯缺陷;便于安排热处理。

(9) 工序的集中与分散　工序集中原则是指零件的加工集中在少数工序内完成,而每一道工序的加工内容却比较多。工序分散原则是指整个工艺过程中工序数量多,而每一道工序的加工内容却比较少。

1) 工序集中的特点　便于采用高效的专用设备和工艺装备及数控加工技术,从而大大提高生产效率;可减少工件的装夹次数,也易于保证加工表面的相互位置精度;简化生产计划和生产组织工作;生产准备周期长及投资比较大,产品变换比较困难。

2) 工序分散的特点　可采用结构比较简单的机床设备和工艺装备,调整容易,对工人的技术水平要求低;可采用最合理的切削用量,减少机动时间;生产准备工作量小,变换产品容易;机床设备数量多,工人数量多,生产面积大;由于工序数目多,较难保证零件加工表面的相互位置精度。

(10) 工序顺序的安排

1) 机械加工工序的安排

① 基准先行　精基准一般应安排在工艺过程一开始就进行加工。如基准面不止一个时,应按照逐步提高精度的原则,先确定基准面的转换顺序,然后考虑其他各表面的加工顺序。

② 先粗后精　精基准加工好以后,整个零件的加工工序,应是先进行粗加工,再进行半精加工,最后进行精加工及光整加工。

③ 先主后次　先安排主要表面的加工,再把次要表面(如键槽、螺孔、销孔等)的加工穿插其中。次要表面的加工一般应放在主要表面的半精加工以后、精加工以前进行。

④ 先面后孔　箱体、底座、支架类等零件,具有轮廓尺寸远比其他表面尺寸大的平面,用它作为精基准加工孔,比较稳定可靠,也容易加工,有利于保证孔的精度。

⑤ 配套加工　配合面的最后精加工应安排在部装或总装的过程中进行。

2) 常用热处理工序的安排

① 正火和退火　通常安排在毛坯制造之后粗加工之前进行,其目的是改善切削加工性

能，消除毛坯制造时产生的内应力。

② 调质 就是淬火后的高温回火。经调质处理的钢材，可得到较好的综合力学性能，常安排在粗加工之后，半精加工之前进行。调质也可作为要求不高的零件的最终热处理。

③ 淬火 可提高零件的硬度和耐磨性。一般安排在半精加工之后，精加工之前进行。

2. 数控加工工艺的基本知识

数控加工工艺是指使用数控机床加工零件的一种工艺方法。

（1）数控加工工艺的特点

1）数控加工的工艺内容更加具体、明确 进行数控加工时，数控机床是通过接受数控系统的指令来完成各种运动而实现加工的。因此，在编制加工程序之前，需要对影响加工过程的各种工艺因素，如切削用量、进给路线、刀具的几何形状，甚至工步的划分与安排等都得做定量描述，对每一个问题都要给出确切的答案和选择。

2）数控加工工艺制定更加严密、精确 由于数控加工过程是自动连续进行的，不能像普通机床加工时，操作工人可以适时的随意调整。因此，在编制加工程序时，必须认真分析加工过程中的每个细小环节，稍有疏忽或经验不足就会发生错误，甚至酿成重大机损、人伤及质量事故。

3）工序相对集中 因数控机床的功能复合化程度较高，所以数控加工工艺采用的工序相对集中。

4）需要对零件图形进行必要的数学处理 根据零件的几何尺寸、加工路线和刀具补偿方式，计算刀具的运动轨迹，以获得刀位资料。

5）需要考虑进给速度对零件形状精度的影响 例如在高速进给的轮廓加工中，当零件有圆弧或拐角时由于惯性作用刀具在切削时容易产生过切现象。

6）数控加工程序的编写、校验与修改 是数控加工工艺的一项特殊内容。

7）数控加工工艺的特殊要求 由于数控机床的功率较大，刚度较高，所配数控刀具性能好，因此，在相同情况下，加工所用的切削用量较普通机床大，加工效率高。数控加工过程是自动进行，还应特别注意避免刀具与夹具、工件的碰撞及干涉。

（2）适合于数控加工的内容 适合于数控加工的内容有：通用机床无法加工的内容应作为优先选择内容；通用机床难加工、质量也难以保证的内容应作为重点选择内容；通用机床加工效率低、工人手工操作劳动强度大的内容，可在数控机床尚存在富裕加工能力时选择。

（3）不适合于数控加工的内容 不适合于数控加工的内容有：占机调整时间长；加工部位分散，需要多次安装、设置原点；按某些特定的制造依据（如样板等）加工的型面轮廓。

（4）数控加工工艺的主要内容

1）选择适合在数控机床上加工的零件，确定工序内容。

2）分析被加工零件的图样，明确加工内容及技术要求。

3）确定零件的加工方案，制定数控加工工艺路线。

4）加工工序的设计。

5）确定各工序的加工余量，计算工序尺寸及公差。

6）数控加工程序的调整。

7）数控加工专用技术文件的编写。

（5）数控加工工艺文件　数控加工工艺文件主要有：数控编程任务书、工件安装和原点设定卡片、数控加工工序卡片、数控加工走刀路线图、数控刀具卡片等。但是，这些文件尚无统一的国家标准，但在各企业或行业内部已有一定的规范可循。

1）数控编程任务书　阐明了工艺人员对数控加工工序的技术要求和工序说明，以及数控加工前应保证的加工余量。具体见任务实施中的表1-3。

2）数控加工工件安装和原点设定卡片（简称装夹图和零件设定卡）　应表示出数控加工原点定位方法和夹紧方法，并应注明加工原点设置位置和坐标方向，使用的夹具名称和编号等，具体见任务实施中的表1-4。

3）数控加工走刀路线图　在数控加工中，常常要注意并防止刀具在运动过程中与夹具或工件发生意外碰撞，为此必须设法告诉操作者关于编程中的刀具运动路线（如从哪里进刀、在哪里退刀、哪里是斜进刀等）。为简化走刀路线图，一般可采用统一约定的符号来表示。不同的机床可以采用不同的图例与格式，任务实施中的表1-5为一种常用格式。

4）数控刀具卡片　数控加工时，对刀具的要求十分严格，一般要在机外对刀仪上预先调整好刀具直径和长度。刀具卡反映刀具编号、刀具结构、规格、组合件名称代号、刀片型号和材料等。它是组装刀具和调整刀具的依据，具体见任务实施中的表1-6。

5）数控加工工序卡片　与普通加工工序卡有许多相似之处，所不同的是：工序简图中应注明编程原点与对刀点，要进行简要编程说明（如所用机床型号、编程序号、刀具半径补偿、镜向对称加工方式等）及切削参数的选择。具体见任务实施中的表1-7。

不同的机床或不同的加工目的可能会需要不同形式的数控加工专用技术文件。在工作中，可根据具体情况设计文件格式。

3. 数控加工工艺性分析

工艺制定是数控加工的前期工艺准备工作。工艺制定得合理与否，对程序编制、机床的加工效率和零件的加工精度都有重要影响。因此，应遵循一般的工艺原则并结合数控机床的特点，认真而详细地制定好零件的数控加工工艺。其主要内容如下。

（1）零件图样分析　分析零件图样是进行工艺分析的前提，它直接影响零件加工程序的编制与加工。

1）构成零件轮廓的几何条件应完整准确　在数控加工手工编程时，要计算每个节点坐标；在自动编程时，要对构成零件轮廓所有几何元素进行定义，因此在分析零件图时应注意：零件图上是否漏掉某尺寸，使其几何条件不充分，影响到零件轮廓的构成；零件图上给定的几何条件是否不合理，造成数学处理困难。

2）尺寸精度要求　分析零件图样尺寸精度的要求，以判断能否利用数控加工工艺达到，并确定控制尺寸精度的工艺方法。为保持在设计基准、工艺基准、测量基准与编程原点设置的一致性方面带来方便，对数控加工来说，零件图上尺寸标注方法应适应数控机床加工的特点，最好以同一基准标注尺寸或直接给出坐标尺寸。对于回转体零件而言，其径向尺寸一般不需要调整标注，其轴向尺寸要根据有关的形状公差的要求作适当调整，并完成尺寸链的换算，将公差值计算到节点坐标中，其基准的选择最好能与对刀的基准相关联。在该项分析过程中，还可以同时进行一些尺寸的换算，如增量尺寸与绝对尺寸等。在利用数控机床加工零件时，常常对零件要求的尺寸取最大和最小极限尺寸的平均值作为编程的尺寸依据。

3）形状和位置精度要求　加工时，要按照其要求确定零件的定位基准和测量基准，还可以根据机床的特殊需要作一些技术处理，以便有效地控制零件的形状和位置精度。

4）表面粗糙度要求　表面粗糙度是保证零件表面微观精度的重要要求，也是合理选择机床、刀具及确定切削用量的依据。

5）材料与热处理要求　零件图样上给定的材料与热处理要求，是选择刀具、机床型号、确定切削用量的依据。

（2）零件的结构工艺性分析　零件的结构工艺性是指零件对加工方法的适应性，即所设计的零件结构应便于加工成形。在数控机床上加工零件时，应根据数控加工的特点，认真分析零件结构的合理性。

1）零件的内腔和外形应尽量采用统一的几何类型和尺寸，尤其是加工面转接处的凹圆弧半径。一根轴上直径相差不大的各轴肩处的退刀槽宽度最好统一尺寸，这样只需一把刀即可切出多个槽，既减少了刀具数量，少占了刀架位，又节省了换刀时间。

2）内槽圆角的大小决定着刀具直径的大小，因而内槽圆角半径不应过小。如图 1-18 中，图 1-18b 与图 1-18a 相比，转接圆弧半径大，可以采用较大直径的铣刀来加工。加工平面时，进给次数也相应减少，表面加工质量也会好一些，所以工艺性较好。通常若 $R < 0.2H$ 时，可以判定零件的该部位工艺性不好。

3）铣削零件槽底平面时，槽底圆角半径 r 不要过大。如图 1-19 中，当铣刀直径 D 一定时，r 越大，铣刀端面刃与铣削平面的面积越小，加工平面的能力就越差，效率越低，工艺性也越差。当 r 大到一定程度时，甚至必须用球头铣刀加工，这是应该尽量避免的。

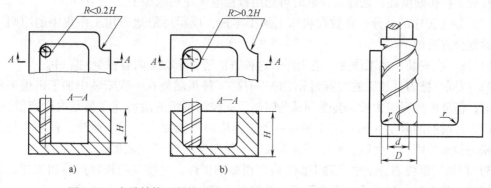

图 1-18　内槽结构工艺性对比　　　　　　图 1-19　零件底面圆弧的影响

4）应采用统一的基准定位。在数控加工中，若没有统一的基准定位，无法保证二次装夹加工后其相对位置的准确性，会因工件的重新安装而影响加工精度。

5）零件上最好有合适的孔作为定位基准孔，若没有，要设置工艺孔作为定位基准孔。若无法制出工艺孔，也要用经过精加工的表面作为统一基准，以减少二次装夹产生的误差。

6）应分析零件所要求的加工精度、尺寸公差等是否可以得到保证，有没有引起矛盾的多余尺寸或影响加工安排的封闭尺寸等。

（3）零件安装方式的选择　在数控机床上零件的安装方式与普通机床一样，主要注意以下两个方面：力求设计、工艺与编程计算的基准统一，这样有利于提高编程时的数值计算的简便性和精确性；尽量减少装夹次数，尽可能在一次装夹后，加工出全部待加工面。

4. 数控加工工艺路线设计

由于生产规模的差异，对于同一零件的加工工艺方案是有所不同的，应根据具体条件，选择经济、合理的加工工艺方案。

（1）加工方法的选择

1）回转体零件的加工　这类零件一般在数控车床上加工。毛坯多采用棒料或锻坯，零件往往是圆柱、圆锥等形状的回转体，其加工特点是加工余量大。在编写加工程序时要考虑粗车时的加工路线，但对于有粗加工固定循环指令的数控系统，可以只考虑精加工路线。

2）孔系零件的加工　孔的加工方法较多，有钻孔、扩孔、铰孔、镗孔和铣削等。对于直径大于 $\phi30mm$ 的已铸出或锻出的毛坯孔，一般采用粗镗→半精镗→孔口倒角→精镗的加工方案。孔径较大的孔，可采用粗铣→精铣的加工方案；对于直径小于 $\phi30mm$ 且无底孔的孔加工，通常采用锪平端面→打中心孔→钻→扩→孔口倒角→铰的加工方案；对有同轴度要求的小孔，需采用锪平端面→打中心孔→钻→半精镗→孔口倒角→精镗（铰）的加工方案。

3）平面和曲面轮廓的加工　平面轮廓零件一般在数控铣床、线切割机床及数控磨床上加工。对于外平面轮廓，通常采用数控铣削方法加工，对于内平面轮廓，当曲率半径较小时，可采用数控线切割加工方法。对精度及表面粗糙度要求较高的轮廓表面，在数控切削加工之后，再进行数控磨削加工，但数控磨削不能加工有色金属；加工曲面轮廓的零件，多采用数控铣床或加工中心，根据曲面形状、刀具形状以及精度要求采用二轴半联动或三轴联动。精度和表面粗糙度要求高的曲面，可用模具铣刀，选择四坐标或五坐标联动加工。

4）模具型腔的加工　这类零件通常型腔表面复杂、不规则，尺寸精度及表面质量要求高，且加工材料硬度高、韧性大，此时可选用数控电火花机床加工。

（2）加工工序的划分　在数控机床上加工零件，应尽可能地采用工序集中的原则。其工序的划分方法如下。

1）以一次安装、加工作为一道工序　这种方法适合于加工内容较少的零件。

2）以同一把刀具加工的内容划分工序　有些零件虽然能在一次安装中加工出很多待加工表面，但考虑到程序太长，会受到某些限制，如控制系统的限制（主要是内存容量）、机床连续工作时间的限制（如一道工序在一个工作班内不能完成）等。此外，程序太长会增加出错与检索的困难。所以，程序不能太长，一道工序的内容不能太多。

3）以加工部位划分工序　对于加工内容很多的工件，可按其结构特点将加工部位分成几个部分，如内腔、外形、曲面或平面，并将每一部分的加工作为一道工序。

4）以粗、精加工划分工序　对于经过加工后易发生变形的工件，由于对粗加工后可能发生的变形需要进行校形，故一般来说，凡要进行粗、精加工的过程，都要将工序分开。

（3）加工路线的确定　在数控加工中，刀具（严格地说是刀位点）相对于工件的运动轨迹和方向称为加工路线，即刀具从对刀点开始运动起，直至加工结束所经过的路径，它包括切削加工的路径及刀具引入、返回等非切削空行程。加工路线的确定，首先必须保证被加工零件的尺寸精度和表面质量，其次考虑数值计算简单、走刀路线尽量短、效率较高等。

1）最终轮廓一次走刀完成　为保证工件轮廓表面加工后的粗糙度要求，最终轮廓应安排在最后一次走刀中连续加工出来。图 1-20a 所示为用行切方式加工内腔的走刀路线，这种走刀能切除内腔中的全部余量，不留死角，不伤轮廓。但行切法将在二次走刀的起点和终点间留下残留高度，而达不到要求的表面粗糙度。所以如采用图 1-20b 所示的走刀路线，先用行切法，最后沿周向环切一刀，光整轮廓表面，能获得较好的效果。图 1-20c 所示也是一种较好的走刀路线方式。

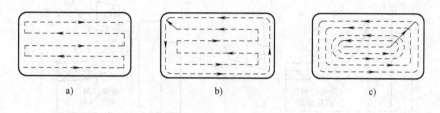

图 1-20 铣削内腔的 3 种走刀路线
a）路线 1 b）路线 2 c）路线 3

2）最短的切削进给路线 如加工图 1-21a 所示零件上的孔系。图 1-21b 所示的走刀路线为先加工完外圈孔后，再加工内圈孔。若改用图 1-21c 所示的走刀路线，减少了空刀时间，可节省定位时间近一半，提高了加工效率。

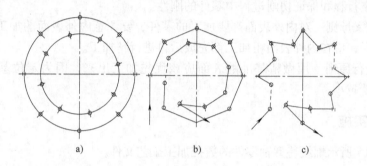

图 1-21 最短走刀路线的设计
a）零件图样 b）路线 1 c）路线 2

3）选择切入、切出方向 考虑刀具的切入、切出路线时，其切入或切出点应在沿零件轮廓的切线上，以保证工件轮廓的光滑，如图 1-22 所示。应避免在工件轮廓面上垂直上、下刀而划伤工件表面，尽量减少在轮廓加工切削过程中的暂停（切削力突然变化造成弹性变形），以免留下刀痕。

4）大余量毛坯的切削进给路线选择 图 1-23 所示为车削大余量的两种加工路线，其中图 1-23a 所示的由"小"到"大"的切削方法，在同样的背吃刀量的条件下，所剩余量过大；而按图 1-23b 所示由"大"到"小"的切削方法，则可保证每次的车削所留余量基本相等，因此，该方法切削大余量较为合理。

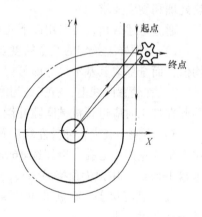

图 1-22 刀具切入、切出时的外延

（4）加工顺序的安排

1）先粗后精原则 按照粗加工、半精加工、精加工的顺序进行，逐步地去除毛坯的多余材料和逐步接近并达到零件图样规定的各种技术要求。

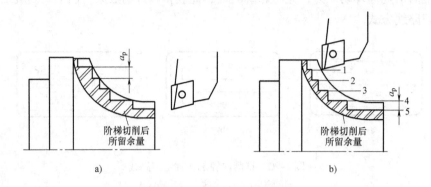

图 1-23　大余量毛坯的切削进给路线
a) 由 "小" 到 "大" 切削　b) 由 "大" 到 "小" 切削

2) 先近后远原则　在一般情况下，离对刀点近的部位先加工，离对刀点远的部位后加工，以便减少空行程和保证切削过程中零件的刚性。

3) 内外交叉原则　对内外表面都要加工的零件，要注意内外表面的加工顺序，为保证刚性和防止变形，应在内外表面粗加工都完成后再进行精加工。

4) 基面先行原则　用做精基准的表面应该优先加工出来，因为定位基准的表面越精确，装夹误差就越小。

1.2.4　任务实施

编制图 1-15 所示螺纹特型轴零件的数控加工工艺文件。

(1) 零件图工艺分析　该零件表面由圆柱、圆锥、顺逆圆弧及螺纹等表面组成。其中多个直径尺寸有较严的尺寸精度和表面粗糙度等要求；球面 $S\phi50\text{mm}$ 的尺寸公差还兼有控制该球面形状（线轮廓）误差的作用。尺寸标注完整，轮廓描述清楚。零件材料为 40Cr，无热处理和硬度要求。

通过上述分析，可采用以下几点工艺措施。

1) 对图样上给定的几个精度要求较高的尺寸，因其公差数值较小，故编程时不必取平均值，而全部取其基本尺寸即可。

2) 在轮廓曲线上，有三处为圆弧，其中两处为既过象限又改变进给方向的轮廓曲线，因此在加工时应进行机械间隙补偿，以保证轮廓曲线的准确性。

3) 为便于装夹，坯件左端应预先车出夹持部分（图中双点画线部分），右端面也应先粗车出并钻好中心孔。毛坯选 $\phi60\text{mm}$ 的棒料。用三爪自定心卡盘夹持工艺头，使工件伸出卡盘 175mm，用顶尖顶持另一头，一次装夹完成粗精加工（注：切断时将顶尖退出）。

(2) 选择设备　根据被加工零件的外形和材料等条件，选用 CK6140 数控车床。其数控编程任务书见表 1-3。

(3) 确定零件的定位基准和装夹方式

1) 定位基准　确定坯料轴线和左端大端面（设计基准）为定位基准。

2) 装夹方式　左端工艺头采用三爪自定心卡盘定心夹紧，右端采用活动顶尖支承的装夹方式。其工件安装和原点设定卡片见表 1-4。

表1-3 数控编程任务书

×××厂	数控编程任务书	产品零件图号	SK01	任务书编号	
		零件名称	螺纹特型轴	18	
工艺处		使用数控设备	CK6140	共1页第1页	

主要工序说明及技术要求:

1. 数控车削加工零件上各部轨迹曲线尺寸的精度达到图样要求。
2. 数控车削加工要求详见产品工艺卡片。
3. 技术要求见零件图。

编程收到日期			经手人		批准		
编制		审核		编程		审核	批准

表1-4 工件安装和原点设定卡片

零件图号	SK01	数控加工工件安装和原点设定卡片	工序号	01
零件名称	螺纹特型轴		装夹次数	1次

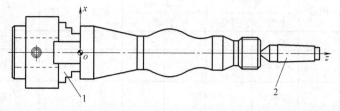

				2	活动顶尖	
编制(日期)	审核(日期)	批准(日期)	第 页	1	三爪自定心卡盘	
			共 页	序号	夹具名称	夹具图号

(4)确定加工顺序及进给路线 加工顺序按由粗到精、由近到远(由右到左)的原则确定。即先从右到左进行粗车,然后从右到左进行精车,最后车削螺纹。

CK6140数控车床具有粗车循环和车螺纹循环功能,只要正确使用编程指令,机床数控系统就会自动确定其进给路线,因此,该零件的粗车循环和车螺纹循环不需要人为确定其进给路线(但精车的进给路线需要人为确定)。该零件从右到左沿零件表面轮廓精车进给路线见表1-5。

表1-5 数控加工走刀路线图

数控加工走刀路线图		零件图号	SK01	工序号	01	工步号	6	程序号	O0001
机床型号	CK6140	程序段号	N330~N430	加工内容	精车外轮廓			共页	第页

			对刀点		编程
					校对
					审批

符号	⊙	⊗	◓	●→	→	↓	○-→	⋀	▭→
含义	抬刀	下刀	编程原点	起刀点	走刀方向	走刀线相交	爬斜坡	铰孔	行切

（5）刀具选择

1）选用 $\phi 5mm$ 中心钻钻削中心孔。

2）粗车及平端面选用 90°硬质合金右偏刀，为防止副后刀面与工件轮廓干涉（可用 CAD 作图法检验），副偏角不宜太小，选 $\kappa_r' = 35°$。

3）精车选用 93°硬质合金右偏刀，车螺纹选用硬质合金 60°外螺纹车刀，刀尖圆弧半径应小于轮廓最小圆角半径，取 $\gamma_\varepsilon = 0.15 \sim 0.2mm$。将所选定的刀具参数填入数控加工刀具卡片中（见表 1-6），以便编程和操作管理。

表 1-6　数控刀具卡片

零件图号	零件名称	材料	数控刀具明细表		程序编号	车间	使用设备
SK01	螺纹特型轴	40Cr			O0001		CK6140
刀具号	刀位号	刀具名称	刀具图号	刀具 规格 设定	刀具 规格 补偿	刀具 长度/mm 设定	刀补地址 直径	刀补地址 长度	换刀方式 自动/手动	加工部位
T0		中心钻		$\phi 5mm$					手动	零件右端
T1	1	外圆车刀		$\kappa_r = 90°$					自动	粗车零件外形
T2	2	外圆车刀		$\kappa_r = 93°$					自动	精车零件外形
T3	3	切槽车刀		$B = 3mm$					自动	零件右端 零件左端
T4	4	螺纹车刀		$\kappa_r = 60°$					自动	零件右端

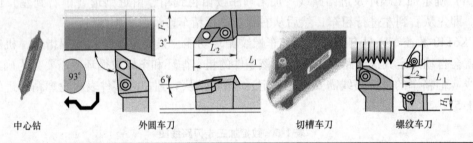

中心钻　　外圆车刀　　切槽车刀　　螺纹车刀

（6）切削用量选择

1）背吃刀量的选择　轮廓粗车循环时选 $a_p = 2mm$，精车 $a_p = 0.25mm$；螺纹粗车时选 $a_p = 0.4mm$，逐刀减少，精车 $a_p = 0.1mm$。

2）主轴转速的选择　车直线和圆弧时，选粗车切削速度 $v_c = 90m/min$、精车切削速度 $v_c = 120m/min$，利用公式 $v_c = \pi dn/1000$ 计算主轴转速 n（粗车直径 $D = 60mm$，精车工件直径取平均值）：粗车 500r/min、精车 1200r/min。车螺纹时，参照计算主轴转速 $n = 320r/min$。

3）进给速度的选择　选择粗车、精车每转进给量，再根据加工的实际情况确定粗车每转进给量为 0.4mm/r，精车每转进给量为 0.15mm/r，最后根据公式 $v_f = nf$ 计算粗车、精车进给速度分别为 200mm/min 和 180mm/min。

（7）确定工艺方案及加工路线

1）粗车外圆面。粗车外圆面时采用阶梯切削路线，粗车 $\phi56mm$、$S\phi50mm$、$\phi36mm$、$M30mm$ 各外圆段以及锥长为 10mm 的圆锥段，留 1mm 的余量。

2）自右向左精车各外圆面。螺纹段右倒角→切削螺纹段外圆 $\phi30mm$→车锥长 10mm 的圆锥→车 $\phi36mm$ 圆柱段→车 $\phi56mm$ 圆柱段。

3）车 $5mm \times \phi26mm$ 螺纹退刀槽，倒螺纹段左倒角，车 $5mm \times \phi34mm$ 的槽。

4）车螺纹。

5）自右向左粗车 $R15mm$、$R25mm$、$S\phi50mm$、$R15mm$ 各圆弧面及 30°的圆锥面。

6）自右向左精车 $R15mm$、$R25mm$、$S\phi50mm$、$R15mm$ 各圆弧面及 30°的圆锥面。

7）切断。

综合前面分析的各项内容，并将其填入表 1-7 所示的数控加工工序卡片。

表 1-7 数控加工工序卡片

×××厂	数控加工工序卡	产品名称和代号		零件名称	零件图号
				螺纹特型轴	SK01
工序序号	程序编号	夹具名称		使用设备	车间
01	O0001	三爪卡盘、顶尖		CK6140	

工步号	工步内容	加工面	刀具号	刀具规格	主轴转速 /(r/min)	进给速度 /(mm/r)	背吃刀量/mm	备注
1	粗车外圆面	外圆面	T1	$\kappa_r = 90°$、$\kappa_r' = 35°$	500	0.4	1.5	
2	精车外圆面	外圆面	T2	$\kappa_r = 93°$、$\kappa_r' = 57°$	1200	0.15	0.25	
4	车退刀槽	退刀槽	T3	$B = 3mm$	150	0.1		
4	车削螺纹	螺纹	T4	$\kappa_r = 60°$	320			
5	粗车外轮廓	外轮廓	T1	$\kappa_r = 90°$、$\kappa_r' = 35°$	500	0.4	2	
6	精车外轮廓	外轮廓	T2	$\kappa_r = 93°$、$\kappa_r' = 57°$	1200	0.15	0.25	
7	切断	左端	T3	$B = 3mm$	150	0.1		

教师也可给出另外的零件图，让同学们按照要求进行数控工艺编制训练。

1.2.5 教学评价

评价方式采用自评、互评和教师点评三者结合的方式。评价学生参与活动的积极性，是否能正确编制出数控加工工艺，是否能正确填写数控加工工艺文件。

1.3 零件的定位与装夹

知识点

1. 零件的定位方法和定位元件的应用。

2. 工件的装夹方法。

技能点

能使用夹具进行零件的定位与装夹。

1.3.1　任务描述

加工图 1-24 所示的零件，确定其粗基准、精基准以及装夹方法。

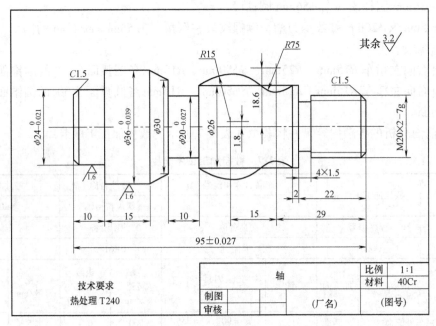

图 1-24　零件图

1.3.2　任务分析

该任务要求能根据零件图的要求，正确选用零件加工的定位与装夹方法，要完成该项任务，必须了解基准的概念、六点定位原理及应用、零件的定位方法、定位元件的应用和工件的装夹方法等方面的知识。

1.3.3　知识链接

1. 基准的定义及分类

基准是用来确定生产对象上几何要素间的几何关系所依据的那些点、线、面。它是计算、测量或标注尺寸的起点。根据基准的作用不同，可以分为设计基准和工艺基准两大类。

（1）设计基准　设计基准是指在设计图样上所采用的基准。

（2）工艺基准　工艺基准是指在加工工艺过程中所采用的基准。它又可分为工序基准、定位基准、测量基准和装配基准。

1）工序基准　是指在工序图上用以确定本工序被加工表面加工后的尺寸、形状及位置的基准。其所标注的加工面尺寸，称为工序尺寸。

2）定位基准　是指在加工中用于工件定位的基准。

3）测量基准　是指在加工中或加工后对工件进行测量时所采用的基准。

4）装配基准　是指装配时，用来确定零件或部件在产品中的相对位置所用的基准。

2. 六点定位原理及其应用

（1）六点定位原理 任何一个自由刚体（工件）在空间直角坐标系中都有六个自由度。工件可以沿三个互相垂直的坐标轴移动，分别用 $\vec{X}$、$\vec{Y}$、$\vec{Z}$ 表示。还可以绕三个坐标轴转动，分别用 $\hat{X}$、$\hat{Y}$、$\hat{Z}$ 表示。这样，工件在这六个自由度方向上的位置就没有被确定。工件要正确定位，就必须限制这六个自由度，方法是用适当布置的六个支承点来限制工件的六个自由度。如图 1-25 所示，在空间坐标系的 *XOY* 平面上布置三个支承点 1、2、3，使工件的底面紧贴在这三点上，限制了 $\vec{Z}$、$\hat{X}$、$\hat{Y}$ 三个自由度；在 *YOZ* 平面上布置两个支承点 4、5，使工件的侧面紧贴在这两点上，限制了 $\vec{X}$、$\hat{Z}$ 两个自由度；在 *XOZ* 平面上布置一个支承点，使工件的端面紧贴在这一点上，限制了 $\vec{Y}$ 一个自由度。这种用合理分布的六个支承点限制工件六个自由度的方法，称为六点定位原理。

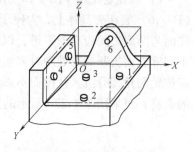

图 1-25 工件的六点定位

（2）四种定位情况

1）完全定位 完全定位是指工件的六个自由度全部被限制的一种定位状态。

2）不完全定位 不完全定位是指工件被限制的自由度数目少于六个，但能保证加工要求的一种定位状态。

3）欠定位 欠定位是指工件实际定位所限制的自由度数目少于按其加工要求所必须限制的自由度数目时的一种定位状态。欠定位是不允许的。

4）过定位 过定位是指多个支承点重复限制同一个自由度的一种定位状态，又称为重复定位。但过定位若使用得当，则可起到增加刚性和定位稳定性的作用。

3. 工件的定位方法及定位元件

（1）工件以平面定位的定位元件

1）支承钉 支承钉有三种形式，如图 1-26a 所示。其中 A 型是平头支承钉，它与工件的接触面较大，用于精基准定位；B 型是球头支承钉，它与定位基面的接触为点接触，因此容易保证接触点位置的相对稳定，但易磨损，多用于粗基准定位；C 型是齿纹头支承钉，常

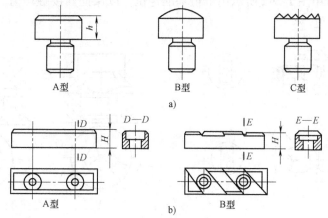

图 1-26 支承钉与支承板

a）支承钉 b）支承板

用于工件侧面定位，以增加摩擦系数，防止工件受力后滑动，但其上的切屑不易清除。

2）支承板　大中型工件以精基准面定位时，多采用支承板定位，图1-26b所示为支承板的结构形式，其中A型支承板适用于侧面及顶面的定位；B型支承板适用于底面定位。

（2）工件以圆孔定位的定位元件

1）圆柱定位销　图1-27所示为常用的定位销结构，它们的共同特点是直接用过盈配合（H7/r6）装在夹具体上，为便于工件顺利装入，在其头部应有15°倒角，和夹具体配合的圆柱面与凸肩之间应有退刀槽，以保证装配质量。当定位销直径 $D > 3 \sim 10$ mm时，为避免销子因撞击而折断或热处理时淬裂，通常把根部倒出圆角 R，应用时在夹具体上锪出沉孔，使定位销圆角部分沉入孔内而不影响定位，如图1-27a所示。大批量生产时，为了便于定位销的更换，可采用图1-27d所示的定位销。

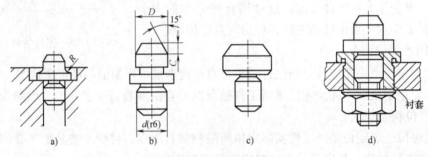

图1-27　圆柱定位销

2）圆柱定位心轴　圆柱定位心轴是指用内孔表面作为定位基准的定位元件。心轴的结构形状很多，图1-28所示为常用的几种心轴结构形式。图1-28a所示为间隙配合心轴，装卸工件方便，但定位精度不高。图1-28b所示为过盈配合心轴，适用于加工工件外圆及端面。它由引导部分1、工作部分2和传动部分3组成。这种心轴结构简单，制造方便且定心精度高，无需夹紧装置，但装卸工件不方便，因此多用于定心精度要求高的精加工场合。

3）圆锥销　图1-29所示为工件以圆孔在圆锥销上定位的示意图，它限制了工件的 $\overrightarrow{X}$、$\overrightarrow{Y}$、$\overrightarrow{Z}$ 三个自由度。其中图1-29a所示用于粗基准定位，以保证其接触均匀。图1-29b所示的圆锥销用于精基准定位。

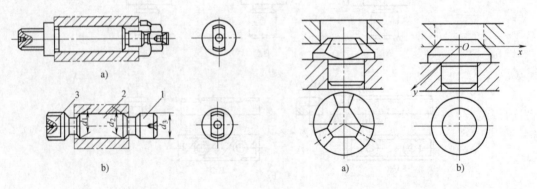

图1-28　圆柱心轴　　　　　　　　　　图1-29　圆锥销定位
1—引导部分　2—工作部分　3—传动部分

（3）工件以外圆柱面定位的定位元件

1）V 形块　V 形块定位的最大优点是对中性好。图 1-30 所示为常用 V 形块的结构。图 1-30a 是用于精基准的短 V 形块；图 1-30b 是用于粗基准和阶梯定位面的长 V 形块；图 1-30c 是用于较长的基准面和相距较远的两个定位面的 V 形块。V 形块有活动式与固定式之分。活动式 V 形块如图 1-31 所示，它除限制工件一个转动自由度外，还起到夹紧的作用。

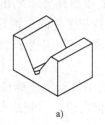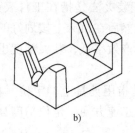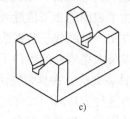

图 1-30　V 形块的结构形式

2）半圆套　图 1-32 所示为两种结构的半圆套定位装置，主要用于大型轴类工件以及不便于轴向装夹的工件，其下半圆套是定位元件，上半圆套起夹紧作用。

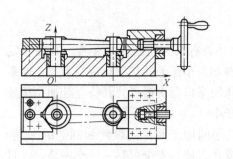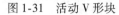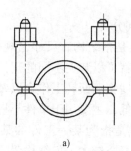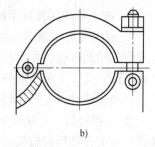

图 1-31　活动 V 形块　　　　　　　　　　图 1-32　半圆套定位装置

3）定位套　工件以外圆柱面定位时采用图 1-33 所示的定位套。其中图 1-33a 所示为长定位套，限制工件四个自由度；图 1-33b 所示为短定位套，限制工件两个自由度。定位套结构简单，制造容易，一般适用于精基准定位。

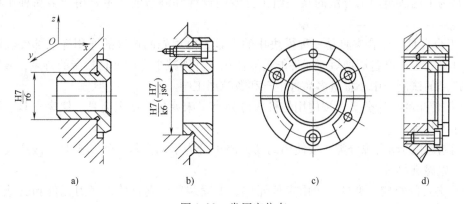

图 1-33　常用定位套

4. 工件的装夹

常用的装夹方式有以下三种。

（1）直接找正装夹法 直接找正装夹法是指工件定位时，由操作工人利用百分表、划针等量具（量仪）或目测在机床上直接找正工件上某些有相互位置要求的表面，使工件处于正确的位置，然后夹紧的一种装夹方法。直接找正装夹法生产效率低，加工精度取决于工人操作技术水平和所使用量具的精确度，一般用于单件小批量生产中。

（2）划线找正装夹法 划线找正装夹法是指在工件表面上按图样要求划出中心线、对称线和各待加工表面的加工位置线，然后在机床上按划好的线找正工件的位置并将工件夹紧的一种装夹方法。划线找正装夹法生产效率低，装夹精度也不高，多用于生产批量较小、毛坯精度较低以及大型零件的粗加工中。

（3）夹具装夹法 夹具装夹法是指用夹具上的定位元件使工件获得正确位置的一种装夹方法。采用这种方法时，工件定位迅速方便，定位精度高，但需设计、制造专用夹具。夹具装夹法广泛用于大批量生产中。

5. 夹具的作用、分类及组成

（1）夹具的作用 夹具的作用是：保证加工精度的稳定；缩短辅助时间，提高劳动生产率；扩大机床的使用范围；减轻劳动强度，保证安全生产。

（2）夹具的分类

1）按夹具通用程度不同分类

① 通用夹具 通用夹具是指结构、尺寸已规格化并具有很大通用性的夹具，其在一定范围内无须调整或稍加调整就可以装夹不同的工件。例如，车床上的三爪自定心卡盘、四爪单动卡盘，铣床上的万能分度头、回转工作台以及机床用平口台虎钳等。其特点是加工精度不高，操作费时，生产率较低，主要用于单件小批生产中。

② 专用夹具 专用夹具是指为某一工件的某道工序的加工而专门设计和制造的夹具。这类夹具的设计周期较长、投资较大，但结构紧凑、操作方便、安全可靠、生产率高，并且能获得较高的加工精度，因此适用于大批量生产中。

③ 可调夹具 可调夹具是综合了通用夹具和专用夹具的特点而发展起来的一种新型夹具，在加工不同类型和尺寸的工件时，只需调整或更换原夹具上个别元件便可使用。它一般可分为通用可调夹具和成组夹具两种，前者的通用性比通用夹具更大；后者是一种专用可调夹具，是为采用成组加工方法的某一组工件专门设计和制造的，主要用于多品种小批量生产中。

④ 组合夹具 组合夹具是一种模块化的夹具，由预先制造好的通用标准部件经组装而成。因其具有生产准备周期短，元件能重复使用，并能减少专用夹具数量的特点，故特别适合于新产品的试制、中小批量多品种生产和数控加工中。

2）按使用的机床分类 按使用的机床可分为车床夹具、钻床夹具、铣床夹具、镗床夹具、磨床夹具等。

3）按使用的动力源分类 按使用的动力源可分为手动夹具、气动夹具、液压夹具、电动夹具、电磁夹具等。

（3）夹具的组成 夹具一般由定位元件、夹紧装置、夹具体、对刀元件和其他装置或元件组成。

6. 夹紧装置

工件定位后，为保持其定位时所确定的正确加工位置，必须采用一定的机构将工件压紧夹牢，夹具上这种用来把工件压紧夹牢的机构叫夹紧装置。

（1）夹紧装置的组成 夹紧装置一般由力源装置、中间传力机构和夹紧元件组成。

（2）夹紧装置的基本要求 夹紧装置在夹紧和加工过程中，应能保证工件定位后所获得的正确位置不会改变；夹紧力的大小要适当；工艺性要好，使用性好。

（3）夹紧力的确定 确定夹紧力就是确定夹紧力的方向、作用点和大小三个要素。

1）夹紧力方向的确定

① 夹紧力的方向应朝向主要的定位基准面。

② 夹紧力的方向应尽量与工件刚度最大的方向相一致，以减小工件变形。

③ 夹紧力的方向应尽量与切削力、工件重力的方向一致，以减小夹紧力。

2）夹紧力作用点的确定

① 夹紧力的作用点应落在支承点上或几个支承元件所形成的支承区域内。

② 夹紧力的作用点应落在工件刚性最好的部位，以减小工件的夹紧变形。

③ 夹紧力作用点应尽量靠近被加工表面，以减小对工件造成的翻转力矩。

3）夹紧力大小的确定 夹紧力的计算是一个很复杂的问题，通常只对夹紧力的大小进行粗略估算。

7. 数控机床常用的夹具

（1）数控车床常用夹具

1）三爪自定心卡盘 三爪自定心卡盘装夹工件方便、快速，但夹紧力较小，适用于装夹中小型圆柱形、正三边形或正六边形工件。

2）四爪单动卡盘 四爪单动卡盘装夹工件时，可通过调节卡爪的位置对工件位置进行校正。其夹紧力较大，但校正工件位置麻烦、费时，适用于单件、小批量生产中装夹非圆形工件。

3）其他夹具 数控车床加工中还有其他多种相应的夹具，主要分为两大类。一类是用于轴类零件的夹具，如自动夹紧拨动卡盘、拨齿顶尖、三爪拨动卡盘、快速可调万能卡盘等，车削空心轴时常用圆柱心轴、圆锥心轴或各种锥套或堵头作为定位装置；另一类是用于盘类零件的夹具，适用在无尾座的卡盘式数控车床上，如可调卡爪式卡盘、快速可调卡盘等。

（2）数控铣床常用夹具 数控铣床上的夹具一般安装在工作台上，其形式根据被加工工件的特点可多种多样，如通用平口钳、组合夹具、数控分度转台（图1-34）等，根据工件加工情况也常用螺栓螺母、压板和垫铁夹紧。对于斜面零件可用正弦平口钳夹紧，其结构如图1-35所示。正弦平口钳通过钳身上的孔及滑槽来改变角度。

组合夹具适用于新产品研制、单件小批量生产和生产周期短的产品零件。组合夹具有以下两类。一类是孔系组合夹具，根据零件的加工要求，用孔系列组合夹具组件即可快速组装成机床夹具，该系列组件结构简单，组装方便；一类是槽系组合夹具，夹具组件是靠基础板定位基准槽、键来连接各组件而组合成的夹具。所有组件可以拆卸、反复组装、重复使用。

图 1-34　数控分度转台

图 1-35　正弦平口钳

1.3.4　任务实施

加工图 1-24 所示的零件，确定其粗基准、精基准以及装夹方法。

（1）确定粗基准　选择毛坯外圆作为粗基准，加工好零件的左端 $\phi 24\text{mm} \times 10\text{mm}$ 以及 $\phi 36\text{mm} \times 10\text{mm}$ 圆柱面。

（2）确定精基准　以加工好的 $\phi 24\text{mm} \times 10\text{mm}$ 圆柱面和右端中心孔作为精基准。

（3）装夹方法　该零件先夹一端，粗精加工零件左端，再采用一夹一顶以 $\phi 24\text{mm}$ 外圆和中心孔定位粗精加工零件右端。左端采用三爪自定心卡盘定心夹紧，右端采用活动顶尖支承的装夹方式。

教师也可给出另外的零件图，让同学们按照要求进行训练。

1.3.5　教学评价

评价方式采用自评、互评和教师点评三者结合的方式。评价学生参与活动的积极性，是否能正确确定其粗基准、精基准以及装夹方法。

1.4　刀具的准备

知识点
数控机床常用刀具的结构、类型及特点。

技能点
根据零件图要求正确选用数控加工刀具。

1.4.1　任务描述

正确选用数控刀具加工图 1-36 所示的泵盖零件。

1.4.2　任务分析

该任务是进行零件加工的首要任务，要加工出合格的零件，先要能正确选用刀具。而要完成该任务，必须了解数控机床常用刀具的结构、类型及特点等知识。

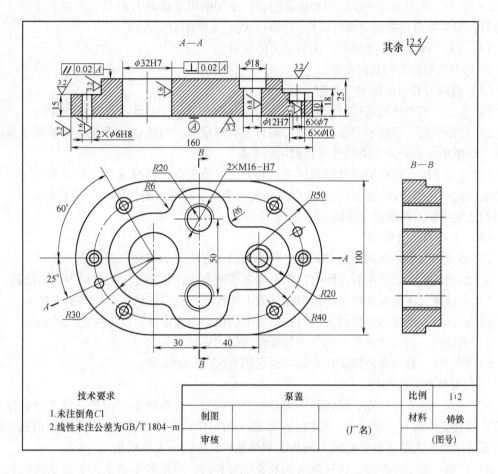

图 1-36 泵盖

1.4.3 知识链接

1. 常用刀具的结构

刀具的结构有多种形式,下面以图 1-37 所示的常用焊接式外圆车刀为例说明刀具的结构。刀具的基本组成部分包括夹持部分和切削部分。

(1) 夹持部分 夹持部分俗称刀柄或刀体,主要用于刀具的安装与标注。通常用普通碳钢、球墨铸铁等材料制造,横截面一般为矩形或圆形。

(2) 切削部分 切削部分俗称刀头,是刀具的工作部分。切削部分采用各种专用刀具材料,根据需要制造成不同形状。其组成要素一般由三面二刃一尖组成。

1) 三面 三面即指前刀面、主后刀面和副后刀面。前刀面是指刀具上切屑流过的表面;主后刀面是指与工件上过渡表面相对的表面;副后刀面是指与工件上已加工表面相对的表面。

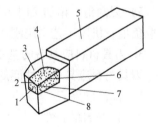

图 1-37 车刀的几何构成

1—副后刀面 2—副切削刃 3—刀头
4—前刀面 5—刀体 6—主切削刃
7—刀尖 8—主后刀面

2）二刃　二刃即指主切削刃和副切削刃。主切削刃是指前刀面与后刀面的交线，又称主刀刃；副切削刃是指前刀面与副后刀面的交线，又称副刀刃。

3）一尖　即刀尖，是指主、副切削刃的交点。

2. 车刀切削部分的几何参数

（1）确定刀具角度的参考平面

1）基面　基面是指通过切削刃上的选定点并垂直于假定主运动方向的平面。

2）切削平面　切削平面是指通过切削刃上的选定点，与该切削刃相切并垂直于基面的平面。切削平面也分为主切削平面和副切削平面。

3）正交平面　正交平面是指通过主切削刃上的选定点并同时垂直于基面和主切削平面的平面。此外，通过副切削刃上的选定点并同时垂直于基面和副切削平面的平面，称为副切削刃的正交平面，即副正交平面。

（2）刀具的几何角度

1）前角　前角是指前刀面与基面之间的夹角，它决定了刀具前刀面的位置。

2）后角　后角是指主后刀面与切削平面之间的夹角，它决定了刀具后刀面的位置。

3）主偏角　主偏角是指主切削刃在基面上的投影与假定进给方向之间的夹角。

4）副偏角　副偏角是指副切削刃在基面上的投影与假定进给反方向之间的夹角。

5）刃倾角　刃倾角是指主切削刃与基面之间的夹角。

6）副后角　副后角是指副后刀面与副切削平面之间的夹角。

（3）刀具角度的选择

1）前角　加工硬度高、机械强度大及脆性材料时，应取较小的前角。反之应取较大的前角；粗加工应取较小的前角，精加工应取较大的前角；刀具材料坚韧性差时应取较小的前角，反之应取较大的前角；机床工艺系统刚性差时，应取较大的前角。

2）后角　加工硬度高、机械强度大及脆性材料时，应取较小的后角。反之应取较大的后角；粗加工应取较小的后角，精加工应取较大的后角；采用负前角车刀，应取较大的后角；工件与车刀的刚性差时，应取较小的后角。

3）主偏角　工件材料硬应选取较小的主偏角；刚性差的工件（如细长轴）应增大主偏角，减小径向切削分力；在机床工艺系统刚性较好的情况下，主偏角应尽可能选小些。

4）副偏角　机床工艺系统刚性较好时，可选较小的副偏角；精加工刀具应取较小的副偏角；加工细长轴工件时应取较大的副偏角。

5）刃倾角　精加工时刃倾角应取正值，粗加工时刃倾角应取负值；断续切削时刃倾角应取负值；机床工艺系统刚性较好时，刃倾角可加大负值，反之增大刃倾角。

3. 刀具材料应具备的基本性能

刀具材料应具备的性能如下。

1）高的硬度。

2）良好的耐磨性。

3）足够的强度和韧性。

4）高的耐热性。

5）良好的导热性。

6）良好的工艺性和较好的经济性。

4. 常用刀具切削部分材料的性能和用途

（1）高速钢 高速钢是在钢中加入较多的钨、钼、铬、钒等合金元素的高合金工具钢。常用的牌号有 W18Cr4V、W6Mo5Cr4V2、W9Cr4V2。高速钢具有较高的硬度和耐磨性、良好的耐热性、高的强度和韧性，具有较好的制造工艺性，容易锻造和切削加工，容易磨出锋利的切削刃。所以，它主要用来制造钻头、丝锥、板牙、拉刀、齿轮刀具和成形刀具等形状复杂的刀具。高速钢刀具可加工的材料范围非常广，可加工碳钢、合金钢、有色金属、铸铁等多种材料。

（2）硬质合金

1）硬质合金的组成和特点 硬质合金是用粉末冶金的方法制成的，硬质合金的硬度很高，耐磨性好，在 800~1000℃ 的高温下仍能保持良好的切削能力。能加工包括淬硬钢在内的多种材料，但其抗弯强度低、冲击韧性差、不能承受振动和冲击，制造工艺性差，多用于制造刀片，很少做成形状复杂的整体刀具。

2）硬质合金的种类、牌号、性能及选用 国际标准 ISO 将硬质合金分为三大类：一类是 K 类，相当于我国的 YG 类硬质合金，外包装用红色标志；一类是 P 类，相当于我国的 YT 类硬质合金，外包装用蓝色标志；一类是 M 类，相当于我国的 YW 类硬质合金，外包装用黄色标志。

① 钨钴类（YG）硬质合金 常用牌号有 YG3、YG6、YG8 等。牌号中的数字表示含钴量的百分比，含钴量越多，其韧性就越大，抗弯强度就越高，但其硬度和耐磨性则降低。钨钴类硬质合金适用于切削铸铁、有色金属及其合金，以及非金属材料和含 Ti 元素的不锈钢等工件材料，其中 YG3 适用于精加工，YG8 适用于粗加工，YG6 适用于半精加工。

② 钨钛钴类（YT）硬质合金 常用牌号有 YT5、YT15、YT14、YT30 等。牌号中的数字表示含碳化钛量的百分比，含碳化钛量越多，其韧性和抗弯强度下降，但其硬度增大。钨钛钴类硬质合金通常情况下适宜加工塑性材料，其中 YT30 适用于精加工钢材，YT5 适用于粗加工塑性较大的材料，YT15 适用于半精加工钢材。

③ 钨钛钽钴类（YW）硬质合金 是一种既能加工钢，又能加工铸铁和有色金属及其合金通用性较好的刀具材料。常用牌号有 YW1、YW2。

5. 数控机床刀具概述

（1）数控机床对刀具的要求 数控机床对刀具的要求：适应高速切削要求，具有良好的切削性能；有高的可靠性；具有较高的尺寸耐用度；高精度；具有可靠断屑及排屑措施；能精确而迅速的调整；能自动且快速的换刀；刀具标准化、模块化、通用化及复合化。

（2）数控刀具的种类

1）按刀具的结构可分为整体式、镶嵌式、减振式、内冷式和特殊型式等。

2）按刀具的材料可分为高速钢、硬质合金、金刚石、立方氮化硼和陶瓷等。

3）按刀具切削工艺可分为车削刀具、钻削刀具、镗削刀具和铣削刀具等。

（3）数控刀具的特点 数控刀具的特点：具有很高的切削效率；具有高的精度和重复定位精度；具有很高的可靠性和耐用度；刀具尺寸可以预调和快速换刀；具有一个比较完善的工具系统；应建立刀具管理系统；应有刀具在线监控及尺寸补偿系统。

6. 数控车削常用刀具的种类

（1）按形状分

1）尖形车刀　尖形车刀是以直线形切削刃为特征的车刀。这类车刀的刀尖由直线形的主、副切削刃构成，如90°内外圆车刀、左右端面车刀、切槽（切断）车刀及刀尖倒棱很小的各种外圆和内孔车刀。

2）圆弧形车刀　圆弧形车刀（图1-38）是以一圆度或线轮廓度误差很小的圆弧形切削刃为特征的车刀。该车刀圆弧刃每一点都是圆弧形车刀的刀尖，因此，刀位点不在圆弧上，而在该圆弧的圆心上，编程时要进行刀具半径补偿。当某些尖形车刀或成形车刀（如螺纹车刀）的刀尖具有一定的圆弧形状时，也可作为这类车刀使用。圆弧形车刀可以用于车削内、外表面，特别适宜于车削精度要求较高的凹曲面或大外圆弧面，以及尖形车刀所不能完成的加工。

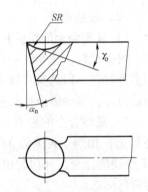

3）成型车刀　成型车刀俗称样板车刀，其加工零件的轮廓形状完全由车刀刀刃的形状和尺寸决定。在数控车削加工中，应尽量少用或不用成型车刀。

（2）按结构形式分

1）整体式车刀　整体式车刀主要指整体式高速钢车刀。通

图1-38　圆弧形车刀

常是指小型车刀、螺纹车刀和形状复杂的成型车刀。它具有抗弯强度高、冲击韧性好，制造简单、价格低廉、刃磨方便和刃口锋利等特点。

2）焊接式车刀　焊接式车刀是指将硬质合金刀片用焊接的方法固定在刀体上的车刀。可分为切断刀、外圆刀、端面车刀、内孔车刀、螺纹车刀以及成型车刀等，如图1-39所示。

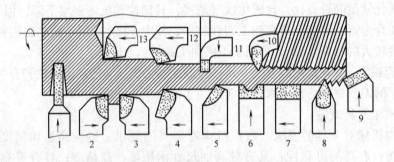

图1-39　焊接式车刀的种类

1—切断刀　2—90°左偏刀　3—90°右偏刀　4—弯头车刀　5—直头车刀　6—成型车刀

7—宽刃精车刀　8—外螺纹车刀　9—端面车刀　10—内螺纹车刀　11—内切槽刀

12—内孔镗刀（通孔用）　13—内孔镗刀（盲孔用）

3）机械夹固式车刀　机械夹固式车刀是数控车床上用得较多的一种车刀，它分为机械夹固式可重磨车刀和机械夹固式不重磨车刀。机械夹固式可重磨车刀，如图1-40所示，是将普通硬质合金刀片用机械夹固的方法安装在刀杆上。刀片用后可修磨，通过调节螺钉把刃口调整到适当位置，压紧后便可继续使用。机械夹固式不重磨（可转位）车刀，如图1-41所示，刀片为多边形，有多条切削刃，当某条切削刃磨损钝化后，只需松开夹固元件，将刀

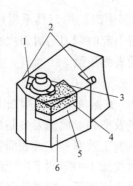

图1-40 机械夹固式可重磨车刀
1—桥式压板 2—调节螺钉 3—压紧螺钉
4—刀片 5—垫片 6—刀杆

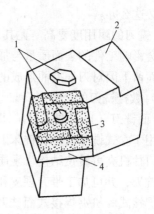

图1-41 机械夹固式可转位车刀
1—夹固元件 2—刀杆 3—刀片 4—刀垫

片转一个位置便可继续使用。其最大的优点是车刀几何角度完全由刀片保证，切削性能稳定，刀杆和刀片已标准化，加工质量好。

数控车床常用的机械夹固可转位车刀常用刀片形式如图1-42所示。

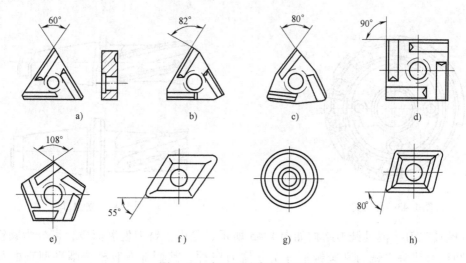

图1-42 常见可转位车刀刀片
a) T型 b) F型 c) W型 d) S型 e) P型 f) D型 g) R型 h) C型

7. 数控铣削常用刀具的种类

（1）数控铣床对刀具的要求

1）铣刀刚性要好 一是为提高生产效率而采用大切削用量的需要；二是为适应数控铣床加工过程中难以调整切削用量的特点。当工件各处的加工余量相差悬殊时，通用铣床遇到这种情况很容易采取分层铣削方法加以解决，而数控铣削就必须按程序规定的走刀路线前进，遇到余量大时无法像通用铣床那样"随机应变"，除非工艺人员在编程时能够预先考虑到，否则铣刀必须返回原点，用改变切削面高度或加大刀具半径补偿值的方法从头开始加工，多走几刀。但这样势必造成余量少的地方经常走空刀，降低了生产效率，如铣刀刚性较好就不必这么办。

2）铣刀的耐用度要高　尤其是当一把铣刀加工的内容很多时，如刀具不耐用而磨损较快，就会影响工件的表面质量与加工精度，而且会增加换刀引起的调刀与对刀次数，也会使工作表面留下因对刀误差而形成的接刀台阶，降低了工件的表面质量。

（2）数控铣刀的分类

1）面铣刀（也叫端铣刀）　面铣刀结构如图 1-43 所示，其圆周表面和端面上都有切削刃，可用于立式铣床或卧式铣床上加工台阶面和平面，生产效率高。面铣刀多制成套式镶齿结构和刀片机夹可转位结构。硬质合金面铣刀的铣削速度、加工效率和工件表面质量均高于高速钢铣刀，并可加工带有硬皮和淬硬层的工件，因而在数控加工中得到了广泛的应用。由于整体焊接式和机夹焊接式面铣刀难于保证焊接质量，刀具耐用度低，重磨较费时，目前已被可转位式面铣刀所取代。

2）立铣刀　立铣刀结构如图 1-44 所示。立铣刀的圆柱表面和端面上都有切削刃，它们可同时进行切削，也可单独进行切削。主要用于加工凹槽、台阶面和小的平面。结构有整体式和机夹式等。立铣刀圆柱表面的切削刃为主切削刃，端面上的切削刃为副切削刃。主切削刃一般为螺旋齿，这样可以增加切削平稳性，提高加工精度。由于普通立铣刀端面中心处无切削刃，所以立铣刀不能作轴向进给，端面刃主要用来加工与侧面相垂直的底平面。

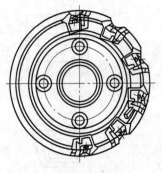

图 1-43　面铣刀

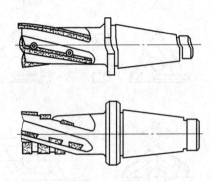

图 1-44　立铣刀

3）模具铣刀　模具铣刀结构如图 1-45 所示，是由立铣刀发展而成，可分为圆锥形立铣刀、圆柱形球头立铣刀和圆锥形球头立铣刀三种，其柄部有直柄、削平型直柄和莫氏锥柄。它的结构特点是球头或端面上布满切削刃，圆周刃与球头刃圆弧连接，可以作径向和轴向进给，主要用于加工模具型腔和凸模成形面。铣刀工作部分用高速钢或硬质合金制造。小规格的硬质合金铣刀多制成整体结构，$\phi16mm$ 以上直径的，制成焊接式或机夹可转位刀片结构。

4）键槽铣刀　键槽铣刀结构如图 1-46 所示。它的外形与立铣刀相似，不同的是它在圆周上只有两个螺旋齿，其端面刀齿的刀刃延伸至中心，既像立铣刀，又像钻头。因此在铣两端不通的键槽时，可以作适量的轴向进给。它主要用于加工圆头封闭键槽，加工时要作多次垂直和纵向进给才能完成键槽加工。键槽铣刀的圆周切削刃仅在靠近端面的一小段长度内发生磨损，重磨时，只需刃磨端面切削刃，因此重磨后铣刀直径不变。

5）鼓形铣刀　鼓形铣刀结构如图 1-47 所示，它的切削刃分布在半径为 R 的圆弧面上，端面无切削刃。加工时控制刀具上下位置，相应改变刀刃的切削部位，可以在工件上切出从负到正的不同斜角。所以主要用于对变斜角类零件的变斜角面的近似加工。鼓形铣刀的特点是刃磨困难，切削条件较差。

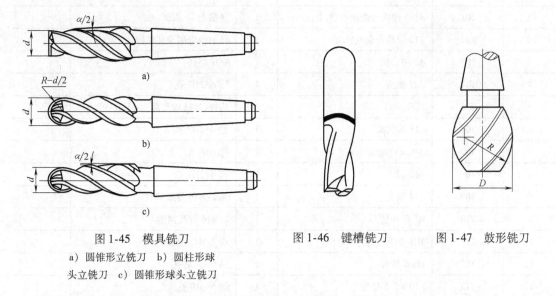

图 1-45　模具铣刀

a）圆锥形立铣刀　b）圆柱形球头立铣刀　c）圆锥形球头立铣刀

图 1-46　键槽铣刀

图 1-47　鼓形铣刀

6）成型铣刀　成型铣刀一般都是为特定的工件或加工内容专门设计制造的，适用于加工平面类零件的特定形状（如角度面、凹槽面等），也适用于特形孔或台。图 1-48 所示是几种常用的成型铣刀。

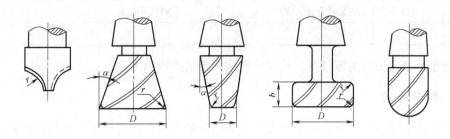

图 1-48　几种常用的成型铣刀

1.4.4　任务实施

正确选用数控刀具加工如图 1-36 所示的泵盖零件。

（1）零件上、下表面采用端铣刀加工，根据侧吃刀量选择端铣刀直径，使铣刀工作时有合理的切入/切出角；且铣刀直径应尽量包容工件整个加工宽度，以提高加工精度和效率，并减少相邻两次进给之间的接刀痕迹。

（2）台阶面及其轮廓采用立铣刀加工，铣刀半径只受轮廓最小曲率半径限制，取 $R = 6\text{mm}$。

（3）孔加工各工步的刀具直径根据加工余量和孔径确定。

该零件加工所需刀具详见表 1-8 泵盖零件数控加工刀具卡片。

表 1-8 泵盖零件数控加工刀具卡片

产品名称或代号				零件名称		泵盖	零件图号	
序号	刀具编号	刀具规格名称		数量	加工表面			备注
1	T01	φ125 硬质合金端面铣刀		1	铣削上、下表面			
2	T02	φ12 硬质合金立铣刀		1	铣削台阶面及其轮廓			
3	T03	φ3 中心钻		1	钻中心孔			
4	T04	φ27 钻头		1	钻 φ32H7 孔			
5	T05	内孔镗刀		1	粗镗、半精镗和精镗 φ32H7 孔			
6	T06	φ11.8 钻头		1	钻 φ12H7 孔			
7	T07	φ18×11 锪钻		1	锪 φ18 孔			
8	T08	φ12 铰刀		1	铰 φ12H7 孔			
9	T09	φ14 钻头		1	钻 2-M16 螺纹底孔			
10	T10	90°倒角铣刀		1	2-M16 螺孔倒角			
11	T11	M16 机用丝锥		1	攻 2-M16 螺纹孔			
12	T12	φ6.8 钻头		1	钻 6-φ7 底孔			
13	T13	φ10×5.5 锪钻		1	锪 6-φ10 孔			
14	T14	φ7 铰刀		1	铰 6-φ7 孔			
15	T15	φ5.8 钻头		1	钻 2-φ6H8 底孔			
16	T16	φ6 铰刀		1	铰 2-φ6H8 孔			
17	T17	φ35 硬质合金立铣刀		1	铣削外轮廓			
编制		审核		批准		年 月 日	共页	第页

教师也可给出另外的零件图，让同学们按照要求进行训练。

1.4.5 教学评价

评价方式采用自评、互评和教师点评三者结合的方式。评价学生参与活动的积极性，是否能根据零件加工要求正确选用数控刀具，并正确填写数控加工刀具卡片。

1.5 量具的准备

知识点
1. 常用计量器具的使用方法。
2. 零件精度检验及测量方法。

技能点
能正确测量并判断零件的合格性。

1.5.1 任务描述

正确选用计量器具检验图 1-49 所示的轴零件的尺寸，并判断其合格性。

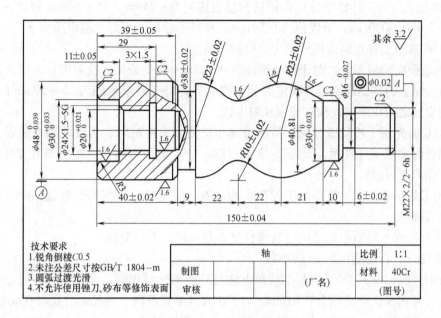

图 1-49 轴零件图

1.5.2 任务分析

该任务要求能正确选用计量器具对零件进行检验并判断其合格性,要完成该任务,必须了解常用计量器具的使用方法、零件精度检验及测量方法等方面的知识。

1.5.3 知识链接

1. 常用计量器具的使用

(1)游标量具 应用游标读数原理制成的量具叫游标量具。常用游标量具有游标卡尺、深度游标卡尺、高度游标卡尺等。游标卡尺中常用的是带深度尺的三用卡尺,它的游标读数值有 0.02mm、0.05mm 两种,测量范围有 0～125mm、0～150mm、0～300mm 三种。其使用与注意事项如下。

1)使用前,检查各部件的相互作用,如尺框和微动装置移动是否灵活,紧固螺钉能否起作用。

2)校对零位,使卡尺两量爪合拢后,观察游标的零刻线和尾刻线与尺身的对应线是否对齐。如果没有对齐,一般应送检或需加校正值。

3)因游标卡尺无测力装置,测量时要掌握好测力。既不能太大,也不能太小。

4)测量时,应以固定量爪定位,摆动活动量爪,找到正确位置后进行读数。

5)对于有测量深度尺的,以游标卡尺尺身端面定位,然后推动尺框使深度尺测量面与被测表面贴合,同时保证深度尺与被测尺寸方向一致,不能向任意方向倾斜。

6)有微调装置的卡尺,使用时必须拧紧微调装置上的紧固螺钉,再转动微调螺母。

(2)测微量具 应用螺旋微动原理制成的量具叫测微量具。常用的测微量具有外径千分尺、内径千分尺、深度千分尺和螺纹千分尺等。

1）外径千分尺　外径千分尺常用的测量范围有 0~25mm、25~50mm 和 50~75mm 等多种，最大可达 3000mm；分度值为 0.01mm。外径千分尺使用与注意事项如下。

① 根据被测工件正确选用外径千分尺的规格。

② 测量前应校对零位。对于测量范围为 0~25mm 的千分尺，校对零位时使两测量面接触，看微分筒上的零刻线是否与固定筒的中线对齐；对于测量范围为 25~50mm 的千分尺，应在两测量面之间正确安放校对棒来校对零位。

③ 测量时先用手转动微分筒，待测量面与被测表面接触时，再转动测力装置，使测微螺杆的测量面接触工件表面，听到 2~3 声"咔、咔"响声再读数，使用测力装置时应平稳地转动，用力不可过猛。

④ 为了防止手温使尺架膨胀引起微小的误差，使用时应手握绝热装置，而尽量少接触尺架的金属部位。

⑤ 千分尺测量轴的中心线应与被测长度方向一致，不要歪斜。

⑥ 读数时当心错读 0.5mm 的小数。

2）内径千分尺　内径千分尺的读数方法与外径千分尺相同，但其刻线方向与外径千分尺的刻线方向相反，分度值为 0.01mm。为了扩大其测量范围，内径千分尺附有成套接长杆，连接时去掉保护螺母，把接长杆右端与内径千分尺左端旋和。

3）深度千分尺　深度千分尺的结构、读数原理和读数方法与外径千分尺基本相同。分度值为 0.01mm。带有固定式测杆的深度千分尺，其测量范围为 0~25mm、25~50mm、50~75mm 和 75~100mm 四种；带有可换式测杆的深度千分尺，其测量范围为 0~100mm 和 0~150mm 两种。

4）螺纹千分尺　螺纹千分尺的结构与外径千分尺相似。其分度值为 0.01mm，测量范围为 0~25mm、25~50mm、50~75mm 和 75~100mm 等。螺纹千分尺使用与注意事项：

① 测量时，应根据被测螺纹的螺距选用相应测量头，使 V 形测量头与螺纹牙型的凸起部分相吻合，锥形测量头与螺纹牙型的沟槽部分相吻合，从固定套筒和微分筒上读数。

② 测量前，要反复校准零位的准确性，使用中要经常检查标准零位，确保测量的准确。

③ 测量时，工件被测部位牙型要干净无毛刺，确保螺纹千分尺两个测量头正确接触在工件的螺纹牙侧上。

（3）百分表　百分表是应用很广泛的量仪。其分度值为 0.01mm，测量范围一般为 0~3mm、0~5mm 及 0~10mm。百分表使用与注意事项如下。

1）根据被测工件选择不同行程的百分表。

2）测量前检查表盘和指针有无松动现象，检查表针转动的平稳性和稳定性。

3）测量时，测量杆应垂直于零件的被测表面。测圆柱时，测量杆应对准圆柱的轴心线。测量头与被测零件表面接触时，测量杆应预先留有 0.3~1mm 的压缩量，要保持一定的初始测力，以免零件的负偏差测不出来。

（4）万能角度尺　常用的万能角度尺的测量范围为 0~320°，游标读数值为 2′，使用与注意事项如下。

1）使用前，应观察游标的零刻线和尾刻线与尺身的对应线是否对齐并及时调整。

2）测量时，应使万能角度尺的两个测量面与被测零件表面在全长上保持良好接触，然后拧紧制动器上的螺母后读数。

2. 零件精度检验及测量方法

传统上，用通用计量器具检测零件时，将极限尺寸范围内的尺寸作为合格尺寸。但是，由于测量不确定度的存在，使一部分合格尺寸超差，造成误废；也使一部分不合格尺寸变成合格，造成误收。为了保证产品质量，减少误收，可以向极限尺寸内缩一个安全裕度 A 来验收产品，当然，这必然增加误废，提高成本。

（1）验收极限的确定　验收极限是检验工件尺寸时判断其是否合格的尺寸界限，它可以按照下列方式来确定。

1）内缩方式　内缩方式的验收极限是从规定的最大实体极限和最小实体极限分别向零件公差带内缩一个安全裕度 A 来确定的，如图1-50所示。

上验收极限 = 最大极限尺寸 $- A$

下验收极限 = 最小极限尺寸 $+ A$

A 值按零件公差的 1/10 确定。

安全裕度 A 相当于测量中总的不确定度，它表征了各种误差的综合影响。

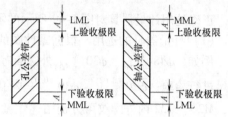

图1-50　验收极限与公差带关系图

2）不内缩方式　不内缩方式的验收极限等于零件的最大实体极限和最小实体极限，即 A 等于零。

（2）验收极限方式的选择

1）对遵循包容要求的尺寸、公差等级较高的尺寸，其验收极限按内缩方式确定。

2）对于非配合和一般公差的尺寸，其验收极限则选不内缩方式。

（3）计量器具的选择

1）所选计量器具的主要度量指标如示值范围、测量范围等应与被测零件的公差要求、外形大小、结构特点和被测参数等相适应。

2）所选计量器具的测量不确定度应小于或等于其允许值 μ_1。

（4）尺寸精度的检验及测量

1）长度、外径的检验及测量　测量零件的外径时，一般精度的尺寸常选取游标卡尺、外卡钳等。对于精度要求较高的工件则选用千分尺等。

2）高度、深度的检验及测量　测量零件的高度时，一般精度的尺寸可选用钢直尺、游标卡尺、样板等。对于精度要求较高的工件，可将零件立在检验平板上，利用百分表（或杠杆百分表）和量块进行比较测量。测量零件的深度时，一般精度的尺寸可选用游标深度尺。对于尺寸精度要求较高的则选用深度千分尺。

3）内径的检验及测量　测量零件内径时，一般精度的尺寸可选用钢直尺、游标卡尺等。对于精度要求较高的零件，可选用内径千分尺、塞规和内径百分表等。

4）螺纹的检验及测量　螺纹的检验有单项测量和综合测量两种。

① 单项测量是使用量具对螺纹的某一项参数进行测量。螺距一般用钢直尺、游标卡尺来测量；顶径一般用游标卡尺或千分尺来测量；中径一般用螺纹千分尺、三针测量法来测量。

② 综合测量是用螺纹量规对螺纹的各直径尺寸、牙型角、牙型半角和螺距等主要参数

进行综合性测量。螺纹量规包括螺纹环规和螺纹塞规。

5）角度的检验及测量　对于角度要求一般且小批量生产的零件可用万能角度尺进行测量，成批和大量生产的可用角度样板进行测量；在检验锥度配合精度要求较高的零件时（如莫氏圆锥和其他标准圆锥），可用标准圆锥塞规或圆锥套规来检验；对精度要求较高的单件或批量较小的零件也可用正弦规来检验。

1.5.4　任务实施

正确选用计量器具对图 1-49 所示的零件进行精度检验。

（1）计量器具的选用　根据零件图的要求，正确选用计量器具，不得超精度选择。

例如，$\phi 48 \, _{-0.039}^{0}$、$\phi 30 \, _{-0.033}^{0}$ 外圆直径尺寸可用 $25 \sim 50\mathrm{mm}$，分度值为 $0.01\mathrm{mm}$ 的外径千分尺进行检验；$\phi 20 \, _{0}^{+0.021}$、$\phi 30 \, _{0}^{+0.033}$ 内孔直径可用 $\phi 18\mathrm{mm} \sim \phi 35\mathrm{mm}$ 的内径百分表进行检验；M24、M22 内外螺纹可分别用螺纹塞规和螺纹环规进行检验；$39 \pm 0.05\mathrm{mm}$ 深度尺寸可用 $0 \sim 125\mathrm{mm}$，分度值为 $0.02\mathrm{mm}$ 的三用游标卡尺进行检验；圆弧尺寸可用 R 规和厚薄规进行检验；长度尺寸可用 $0 \sim 200\mathrm{mm}$，分度值为 $0.02\mathrm{mm}$ 的游标卡尺进行检验；表面粗糙度可用表面粗糙度样板进行比对检验等。

（2）检验方法的选用　根据所选计量器具及零件图尺寸公差与形位公差要求，正确选用检验方法。

（3）零件精度检验　对零件精度进行检验。考核整个检验过程：包括量具的取放、检查、对零位以及某些量具的组装，检验步骤，检验过程中须注意的事项等。

（4）合格性判断　对检验数据进行分析与处理后，判断每个检验项目的合格性与否。

注意：在实施该任务时，如果无法提供图 1-49 所示的零件，可以用复杂程度相似的其他零件代替。

1.5.5　教学评价

评价方式采用自评、互评和教师点评三者结合的方式。评价学生参与活动的积极性，是否能正确选用计量器具、检验方法是否正确、是否能正确判断零件的合格性。

学习领域 1　考 核 要 点

1. 图样分析
主要考核识读零件图和装配图的能力。
2. 加工工艺的制定
主要考核数控加工工艺的基本知识，数控加工工艺的制定，典型零件的加工工艺分析等内容。
3. 零件的定位与装夹
主要考核定位和基准的基本概念，六点定位原理，工件的定位方法和定位元件，工件在夹具中的夹紧，数控机床常用夹具的使用方法等内容。
4. 刀具的准备
主要考核切削原理基础，数控机床常用刀具的种类、结构和特点，数控机床常用刀具的选择等内容。

5. 量具的准备

主要考核常用量具、量仪的使用方法及注意事项，零件尺寸公差、形位公差的检验方法等内容。

学习领域1 测 试 题

一、**判断题**（下列判断正确的请打"√"，错误的请打"×"）

1. 将物体的某一部分向基本投影面投射所得的视图，称为局部视图。 （ ）

2. 零件图的三视图，主视图的投影方向应能最明显的反映零件图的内外结构形状特征。 （ ）

3. 零件图的内容包括视图、尺寸、技术要求和标题栏等。 （ ）

4. 零件图为能够正确、完整、清晰地表达零件内外结构，尽量用较多的视图。 （ ）

5. 一般来说，尺寸精度要求高，其粗糙度值应小，但粗糙度值要求小时，则尺寸精度不一定高。 （ ）

6. 孔、轴配合的最大过盈和最小过盈相差很大，这说明孔、轴的精度很低。 （ ）

7. 零件的最大实体尺寸一定大于其最小实体尺寸。 （ ）

8. 国标规定上偏差为零，下偏差为负值的配合称基轴制配合。 （ ）

9. 配合可以分为间隙配合和过盈配合两种。 （ ）

10. 公差是零件允许的最大偏差。 （ ）

11. 为提高孔的加工精度，应先加工孔，后加工面。 （ ）

12. 数控车床适宜加工轮廓形状特别复杂或难于控制尺寸的回转体零件、箱体类零件、精度要求高的回转体类零件、特殊的螺旋类零件等。 （ ）

13. 铣削内轮廓时，刀具应由过渡圆弧方向切入、切出。 （ ）

14. 同一工件，无论用数控机床加工还是用普通机床加工，其工序都一样。 （ ）

15. 编排数控机床加工工序时，为了提高加工精度，采用一次装夹多工序集中。 （ ）

16. 在数控机床上加工零件，应尽量选用组合夹具和通用夹具装夹工件。避免采用专用夹具。 （ ）

17. 1 个带圆柱孔的工件用心轴定位，可限制其四个自由度。 （ ）

18. 应尽量选择设计基准或装配基准作为定位基准。 （ ）

19. 夹具的基本体是定位元件。 （ ）

20. 加工中欠定位是允许的。 （ ）

21. 使用铣床虎钳夹持直立的圆柱工件时，直接夹持即可。 （ ）

22. 在粗加工时，产生积屑瘤对切削有一定好处；但在精加工时，应尽量避免积屑瘤的产生。 （ ）

23. 数控机床刀具应满足切削效率高、加工质量好、刀具寿命长、结构简单等要求。 （ ）

24. 当加工塑性材料时，可选择较锋利的车刀，以减小切削变形。 （ ）

25. 盲孔之孔底加工可使用刃口未过中心的端铣刀。 （ ）

26. 端铣刀之端面与柱面均有刃口。   （   ）

27. 扇形万能角度尺可以测量0°～360°范围内的任何角度。   （   ）

28. 游标卡尺之测爪可当作划线针划线。   （   ）

29. 检查加工零件尺寸时应选精度高的测量器具。   （   ）

30. 量测工件的平行度或垂直度，可将工件放置于任何平面上。   （   ）

二、**选择题**（下列每题的选项中，只有一个是正确的，请将其代号填在横线空白处）

1. 基本视图的"三等关系"为_____视图"长对正"。

A. 主左视图   B. 俯左视图   C. 主俯视图   D. 主右视图

2. _____视图用于表达不对称机件的内形，而外形已在其他视图中表达。

A. 全剖视图   B. 半剖视图   C. 局部剖视图   D. 都可以

3. 国家标准规定：零件图中单个齿轮的分度圆用_____表示。

A. 粗实线   B. 细实线   C. 虚线   D. 点划线

4. 机械制造中常用的优先配合的基准孔是_____。

A. H7   B. H2   C. D2   D. D7

5. 孔、轴公差带相对位置反映_____程度。

A. 加工难易   B. 配合松紧   C. 尺寸精确   D. 配合精度

6. 轴的最大实体尺寸是_____。

A. 最大极限尺寸   B. 最小极限尺寸   C. 基本尺寸   D. 实际尺寸

7. 加工后零件有关表面的位置精度用位置公差等级表示，可分为_____。

A. 12级   B. 18级   C. 20级   D. 22级

8. 在加工表面、刀具和切削用量中的切削速度和进给量都不变的情况下，所连续完成的那部分工艺过程称为_____。

A. 工步   B. 工序   C. 工位   D. 进给

9. 加工孔径较小的套一般采用_____方法。

A. 钻、铰   B. 钻、半精镗、精镗   C. 钻、扩、铰   D. 钻、精镗

10. 在铣削工件时，若铣刀的旋转方向与工件的进给方向相反称为_____。

A. 顺铣   B. 逆铣   C. 横铣   D. 纵铣

11. 机床主轴的最终热处理一般应安排在_____进行。

A. 粗磨前   B. 粗磨后   C. 精磨前   D. 精车后

12. 对于加工精度比较高的工件，在加工过程中应_____。

A. 将某一部分全部加工完毕后，再加工其他表面

B. 将所有面粗加工之后再进行精加工

C. 必须一把刀具使用完成后，再换另一把刀具

D. 无须考虑各个面粗精加工的先后顺序

13. 轴类零件用双中心孔定位，能消除_____个自由度。

A. 六   B. 五   C. 四   D. 三

14. 一面两销定位中所用的定位销为_____。

A. 圆柱销   B. 圆锥销   C. 菱形销   D. 都可以

15. 机床用平口虎钳的回转座和底面定位键，分别起角度分度和夹具定位作用，属

于_____。

  A. 定位元件　　　　B. 导向元件　　　　C. 其他元件和装置　D. 对刀元件

16. 夹持较薄工件使用下列何者较佳?_____。

  A. 万能台虎钳及平行块　　　　　　B. 转盘、台虎钳及平行块

  C. 台虎钳、平行块及压楔　　　　　D. 台虎钳即可

17. 机床上用的卡盘、平口钳、中心架均属于_____。

  A. 通用夹具　　　　B. 专用夹具　　　　C. 组合夹具　　　　D. 可调夹具

18. 下列_____机构在装夹过程中,同时实现定位、夹紧的作用。

  A. 螺旋夹紧　　　　B. 定位夹紧　　　　C. 楔形夹紧　　　　D. 偏心夹紧

19. 刀具材料中,制造各种结构复杂的刀具应选用_____。

  A. 碳素工具钢　　B. 合金工具钢　　C. 高速工具钢　　D. 硬质合金

20. 主刀刃与铣刀轴线之间的夹角称为_____。

  A. 螺旋角　　　　B. 前角　　　　C. 后角　　　　D. 主偏角

21. 在常用的钨钴类硬质合金中,粗铣时一般选用_____牌号的硬质合金。

  A. YG3　　　　B. YG6　　　　C. YG6X　　　　D. YG8

22. 主切削刃在基面上的投影与进给运动方向之间的夹角,称为_____。

  A. 前角　　　　B. 后角　　　　C. 主偏角　　　　D. 刃倾角

23. 切断时防止产生振动的措施是_____。

  A. 适当增大前角　　B. 减小前角　　　C. 增加刀头宽度　　D. 减小进给量

24. 切削用量中,对刀具磨损影响由大到小依次为_____。

  A. 切削速度、进给量、背吃刀量　　　　B. 切削速度、背吃刀量、进给量

  C. 背吃刀量、进给量、切削速度　　　　D. 进给量、切削速度、背吃刀量

25. 数控刀具按工作部分的材料可分为高速钢、_____、陶瓷、超硬刀具等四类。

  A. 金刚石　　　　B. 立方氮化硼　　　C. 硬质合金　　　D. 碳素工具钢

26. 螺纹的单项测量是使用量具对螺纹的_____参数进行测量。

  A. 螺距　　　　B. 导程　　　　C. 牙型角　　　　D. 某一项

27. 下列量具中属于标准量具的是_____。

  A. 钢直尺　　　　B. 量块　　　　C. 游标卡尺　　　D. 光滑极限量规

28. 利用游标卡尺测量孔的中心距,此测量方法为_____。

  A. 直接测量　　　B. 间接测量　　　C. 动态测量　　　D. 主动测量

29. 圆柱度检测方法与圆度的检测方法_____相同。

  A. 完全　　　　B. 基本　　　　C. 有时候　　　　D. 完全不

30. 三针测量法中用的量针直径尺寸与_____。

  A. 螺距有关、与牙型角无关　　　　B. 牙型角有关、与螺距无关

  C. 螺距和牙型角都有关　　　　　　D. 螺距和牙型角都无关

三、问答题

1. 数控加工工艺分析的目的是什么?包括哪些内容?

2. 什么叫粗、精加工分开?它有什么优点?

3. 按照基准统一原则选用精基准有何优点?

4. 确定夹紧力方向应遵循哪些原则?

5. 难加工材料的铣削特点主要表现在哪些方面?

6. 简述铣削难加工材料应采取哪些改善措施?

7. 车削圆柱形工件时,圆柱形工件的锥度缺陷与机床的哪些因素有关?

8. 制定数控车削加工工艺方案时应遵循哪些基本原则?

9. 数控加工对刀具有哪些要求?

10. 制定数控铣削加工工艺方案时应遵循哪些基本原则?

11. 在数控机床上按"工序集中"原则组织加工有何优点?

12. 数控加工工序顺序的安排原则是什么?

学习领域2　数控机床编程与操作基础

2.1　认识数控机床

知识点

1. 数控机床的基本组成、分类。
2. 数控机床加工的特点及应用。
3. 数控机床的操作规程。

技能点

建立对数控机床的感性认识，对数控机床的加工过程有一个完整的了解。

2.1.1　任务描述

到工厂及数控加工实训室观察各类数控设备的结构及其加工零件的运动过程，到图书馆或上网查阅相关资料，了解数控加工的最新动向和技术。

2.1.2　任务分析

数控机床又称数字控制（Numerical Control，简称 NC）机床，它可以按事先编制的加工程序自动对工件进行加工。数控机床集精密机械、电子技术、信息技术（包括传感检测）、计算机及软件技术和自动控制等技术于一体，具有高效率、高精度、高自动化和高柔性的特点，是当代机械制造业的主流装备。

为更好地掌握数控机床的编程与操作，首先必须了解数控机床的基本知识。

2.1.3　知识链接

1. 数控机床的组成

数控机床主要由输入输出装置、计算机数控装置（简称 CNC 单元）、伺服系统、可编程序控制器（PLC）、位置反馈系统和机床本体等部分组成，其组成框图如图 2-1 所示。

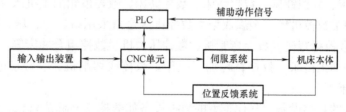

图 2-1　数控机床的组成框图

（1）输入输出装置　在数控机床上加工零件时，首先根据图样上的零件形状、尺寸和技术要求，确定加工工艺，然后编制出加工程序。程序通过输入装置输送给数控机床的

CNC 单元，并由数控系统显示数控机床的运行状态等。输入输出装置是机床与外部设备的接口，常用的输入装置有磁盘驱动器、RS-232C 串行通信口、MDI 方式等。

（2）CNC 单元　CNC 单元是数控机床的核心。它接收输入装置送来的数字信息，经过控制软件和逻辑电路进行译码、运算和逻辑处理后，将各种指令信息输出给伺服系统，使设备按规定的动作执行。

（3）伺服系统　伺服系统是数控机床的执行机构。它的作用是将 CNC 单元输出的信号经功率放大后，控制机床运动部件的速度、方向和位移。每一个脉冲信号使机床移动部件产生的位移量称为脉冲当量（也叫最小设定单位），常用的脉冲当量为 $0.001mm/$脉冲。因此，伺服系统的性能是决定数控机床的加工精度、工件表面质量和生产率的主要因素之一。伺服系统一般包括驱动装置和执行机构两大部分，常用执行机构有步进电动机、直流伺服电动机、交流伺服电动机等。

（4）可编程序控制器（PLC）　可编程序控制器（PLC）的作用是对数控机床进行辅助控制。CNC 单元送来的辅助控制指令，经可编程序控制器处理和辅助接口电路转换成强电信号，用来控制数控机床的工件装夹、刀具的更换、切削液的开停等辅助动作。PLC 还接受数控机床操作面板的控制信息，一方面直接控制机床的动作，另一方面将一部分指令送往 CNC 单元用于加工过程的控制。

（5）位置反馈系统　位置反馈系统的作用是通过传感器将驱动电动机的角位移和数控机床执行机构的直线位移转换成电信号，输送给 CNC 单元，与指令位置进行比较，并由 CNC 单元发出指令，纠正所产生的误差。

（6）机床本体　数控机床的机床本体包括主运动系统、进给运动系统及辅助装置。对于加工中心类数控机床，还有存放刀具的刀库、自动换刀装置（ATC）和自动托盘交换装置等部件。与普通机床相比，数控机床采用了高性能主轴部件及传动系统，机械传动系统简化，传动链较短；机械结构具有较高刚度和耐磨性，热变形小；更多地采用高效传动部件，如滚珠丝杠、静压导轨、滚动导轨等。很多零部件已标准化，如滚珠丝杠副、滚动导轨副、同步齿形带传动副等，为机械设计和制造带来方便。为了操作安全等，一般采用移动门结构的全封闭罩壳，对机床的加工部件进行全封闭。

2. 数控机床的分类

数控机床的种类很多，主要分类如下。

（1）按工艺用途分类

1）金属切削类数控机床　金属切削类数控机床与普通机床分类方法一样，可分为：数控车床、数控铣床、数控镗床、数控钻床、数控磨床、数控齿轮加工机床等。

2）金属成型类数控机床　金属成型类数控机床是指采用挤、冲、压、拉等成型工艺的数控机床，包括数控折弯机、数控弯管机、数控压力机、数控组合冲床等。

3）数控特种加工机床　数控特种加工机床如数控线切割机床、数控电火花加工机床、数控激光切割机床等。

4）其他类型的数控设备　其他类型的数控设备如数控三坐标测量仪、数控对刀仪、数控绘图仪等。

（2）按运动方式分类

1）点位控制数控机床　点位控制数控机床的数控系统只控制刀具从某一点到另一点的

准确定位, 对于两点之间的运动轨迹不作严格要求, 在移动过程中刀具不进行切削加工。这类机床主要有数控钻床、数控坐标镗床、数控冲床、数控点焊机等。

2) 直线控制数控机床 直线控制数控机床的数控系统除了控制点与点之间的准确定位以外, 还要保证两点之间移动的轨迹是一条与机床坐标轴平行的直线, 而且对移动的速度也要进行控制。这类机床主要有简易数控车床、数控镗铣床、数控磨床等。

3) 轮廓控制数控机床 轮廓控制数控机床的数控系统能对两个或两个以上运动坐标的位移及速度进行连续相关的控制, 使合成的运动轨迹能满足加工的要求。这类机床主要有数控车床、数控铣床等。

(3) 按伺服系统的控制方式分类

1) 开环控制系统的数控机床 开环控制系统的数控机床不带位置检测装置, 系统结构简单, 成本较低, 但精度低, 一般适用于经济型数控机床和普通机床的数控化改造。

2) 闭环控制系统的数控机床 闭环控制系统是在机床移动部件上直接装有位置检测装置, 将测量的结果直接反馈到数控装置中, 与输入的指令位移进行比较, 用偏差进行控制, 使移动部件按照实际的要求运动, 最终实现精确定位。

3) 半闭环控制系统的数控机床 半闭环控制系统是在驱动电动机或丝杠端部安装角位移检测装置, 通过检测驱动电动机或丝杠端部的转角间接测量移动部件的位移。它可以获得比开环控制系统更高的精度, 但它的位移精度比闭环控制系统要低。

(4) 按数控系统的功能水平分类

1) 经济型数控机床 经济型数控机床大多指采用开环控制系统的数控机床, 其功能简单, 价格便宜, 适用于自动化程度要求不高的场合。

2) 中档数控机床 中档数控机床一般采用半闭环控制系统, 功能较全, 价格适中, 应用较广。

3) 高档数控机床 高档数控机床一般采用闭环控制系统, 功能齐全, 价格较贵。

3. 数控机床的特点

(1) 对零件的适应性强, 可加工复杂形状的零件表面 在同一台数控机床上, 只需更换加工程序, 就可适应不同品种及尺寸工件的自动加工, 这就为复杂结构的单件、小批量生产以及新产品试制提供了极大的便利。特别是对那些普通机床很难加工或无法加工的精密复杂表面 (如螺旋表面), 数控机床也能实现自动加工。

(2) 加工精度高, 质量稳定 目前, 数控机床的脉冲当量普遍达到 0.001mm/脉冲, 而且数控系统可自动补偿进给传动链的反向间隙和丝杠螺距误差, 使数控机床达到很高的加工精度。此外, 数控机床的制造精度高, 其自动加工方式避免了生产者的人为操作误差; 又因为数控加工采用工序集中方式, 减少了工件多次装夹对加工精度的影响。因此, 同一批工件的尺寸一致性好, 产品合格率高, 加工质量稳定。

(3) 生产效率高 由于数控机床结构刚性好, 允许进行大切削用量的强力切削, 且主轴转速和进给量的变化范围比普通机床大, 因此在加工时可选用最佳切削用量, 提高了数控机床的切削效率, 节省了机动时间。另外, 数控机床的移动部件的空行程运动速度快, 对刀、换刀快; 因加工质量稳定, 一般只作首件检验和工序间关键尺寸的抽样检验, 节省了停机检验时间; 数控机床加工工件时一般不需制作专用工夹具, 节省了工夹具的设计、制造等时间。因此, 数控机床的辅助时间比普通机床少。与普通机床相比, 数控机床的生产效率可提高 2~3 倍。

（4）改善劳动条件　使用数控机床加工工件时，操作者的主要任务是编辑程序、输入程序、装卸工件、准备刀具、观测加工状态、检验工件等，劳动强度大大降低。另外，机床一般是封闭加工，既清洁，又安全。

（5）有利于生产管理现代化　使用数控机床加工工件，可预先精确估算工件的加工时间，所使用的刀具、夹具可进行规范化、现代化管理。目前数控机床已与计算机辅助设计与制造（CAD/CAM）有机结合起来，是现代集成制造技术的基础。

4. 数控机床的应用范围

数控机床最适合加工具有以下特点的工件。

（1）多品种、小批量生产的零件。

（2）形状、结构复杂的零件。

（3）精度及表面粗糙度要求高的零件。

（4）加工过程中需要进行多工序加工的零件。

（5）价格昂贵、不允许报废的零件。

5. 数控机床操作规程

操作者在使用数控机床过程中要严格遵守操作规程，数控机床的基本操作规程如下。

（1）按规定穿戴好劳动保护用品，不穿拖鞋、凉鞋、高跟鞋上岗，不戴手套、围巾及戒指、项链等各类饰物进行操作。

（2）操作者必须熟悉机床使用说明书等有关资料，熟悉数控机床的性能、结构、传动原理、润滑部位及维护保养等一般知识，严禁超性能使用。

（3）工作前，应按规定对机床进行检查，查明电气控制是否正常，各开关、手柄是否在规定的位置上，润滑油路是否畅通，油质是否良好，并按规定加好润滑剂。

（4）机床通电后，检查各开关、按钮和键是否正常、灵活，机床有无异常现象。并检查电压、气压、油压是否正常。

（5）开机时应低速运转 3~5min，查看各部分运转是否正常。并使机床空运转 15min 以上，使机床达到热平衡状态。

（6）刀具、工件安装完毕后，应检查安装是否牢固、调节工具是否已经移开。还要注意检查安全空间位置，并作模拟换刀过程试验，以免正式操作时发生碰撞事故。

（7）程序输入后，应对代码、指令、地址、数值、正负号、小数点及语法等进行认真核对，确保无误。

（8）加工工件前，必须进行加工模拟或试运行，严格检查加工原点、刀具参数、加工参数、运动轨迹是否正确与合理，如有问题及时修正。

（9）手摇进给和手动连续进给操作时，必须检查各种开关所选择的位置是否正确，弄清正、负方向，认准按键，然后再进行操作。

（10）在确认工件夹紧后才能起动机床，严禁工件转动时测量、触摸工件。

（11）工作中发生不正常现象或故障时，应立即停机排除，或通知维修人员检修。

（12）自动加工过程中，不允许打开机床防护门。

（13）在加工过程中，操作者须经常观察，对加工过程中出现的问题应及时处理，不得随意离开岗位。

（14）工作完毕后，应及时清扫机床，擦净导轨面上的切削液，并将机床恢复到原始状态，各开关、手柄放于非工作位置上，依次关闭机床操作面板上的电源和总电源开关，认真执行交接班制度。

2.1.4 任务实施

1. 数控机床的结构及应用

通过看录像或到工厂及数控加工实训室参观，了解数控设备的种类、结构，并对数控加工的全过程有一个初步的认识。教师提供一些与数控加工技术、数控刀具有关的网址，让学生到图书馆查阅文献或利用互联网提供的丰富资源了解数控技术的新知识、新动向。每 4 人一组，在班上进行介绍。

2. 数控机床操作规程

选用一台数控机床，每 2 人一组，一人按照数控机床操作规程的要求进行操作，另一人对照标准进行评分，然后互换。指导教师进行巡回检查，并进行提问。

2.1.5 教学评价

评价方式采用自评、互评和教师点评三者结合的方式。评价学生参与活动的积极性，以及是否掌握了数控机床的基本知识和安全操作规程。

2.2 数控机床坐标系的建立及数学处理

知识点

1. 数控机床坐标系的规定。
2. 数控机床的坐标系。
3. 数控编程中的数学处理。

技能点

数控机床坐标系的确定及数控编程的数值计算。

2.2.1 任务描述

在数控机床上加工图 2-2 所示零件，试建立工件坐标系，并写出轮廓上 $A \sim K$ 点的坐标值。

2.2.2 任务分析

在数控机床上，刀具的运动是在坐标系中进行的。数控编程是用指令代码和坐标值来表示刀具与工件的相对运动以及刀具运动的准确位置。为了更好地掌握数控编程与加工技术，就要对数控机床坐标系和机床中各点的位置、作用及相互关系有明确的认识。

2.2.3 知识链接

1. 数控机床坐标系的规定

（1）数控机床的坐标系和运动方向的命名原则 数控机床坐标和运动方向的命名在 JB/

T 3051—1999 中有统一规定。

1）机床坐标系的规定　标准的机床坐标系是一个右手直角笛卡儿坐标系，如图 2-3 所示。右手的大拇指、食指、中指互相垂直，并分别代表 +X、+Y、+Z 轴。围绕 +X、+Y、+Z 轴的回转运动分别用 +A、+B、+C 表示，其正方向用右手螺旋定则确定。

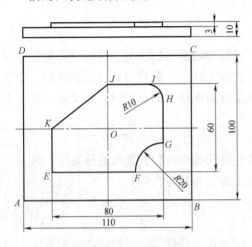

图 2-2　数控机床坐标系的建立任务图

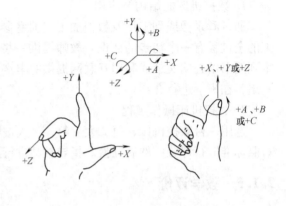

图 2-3　右手直角笛卡儿坐标系

2）刀具相对静止工件而运动的原则　不论机床的具体结构是工件静止、刀具运动，或是工件运动、刀具静止，在确定坐标系时，一律看做是刀具相对于静止的工件运动。

3）运动方向的规定　刀具与工件之间距离增大的方向为坐标正方向。

（2）数控机床的坐标轴

1）Z 轴　规定平行于机床主轴轴线的坐标为 Z 轴。规定刀具远离工件的方向为 Z 轴的正方向。

2）X 轴　X 轴通常是水平轴，且平行于工件装夹平面。对于工件作旋转运动的机床（如车床、磨床等），X 轴的方向是在工件的径向上，且平行于横滑座，刀具离开工件旋转中心的方向为 X 轴正方向，如图 2-4 所示的数控车床坐标系。对于刀具作旋转运动的机床（如铣床、钻床等），当 Z 轴垂直时，对于单立柱机床，从主轴向立柱看时，水平向右方向

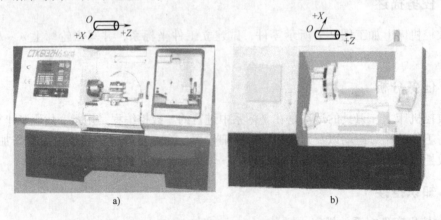

a)　　　　　　　　　　　　　　b)

图 2-4　数控车床坐标系

a）带前置刀架的数控车床　b）带后置刀架的数控车床

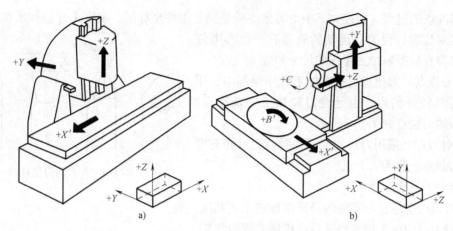

图 2-5　数控铣床坐标系
a）立式数控铣床　b）卧式数控铣床

为 X 轴的正方向，如图 2-5a 所示；当 Z 轴水平时，从主轴向工件看时，向右方向为 X 轴的正方向，如图 2-5b 所示的数控铣床坐标系。

3）Y 轴　Y 轴的正方向根据 X 和 Z 轴正方向，按照右手直角笛卡儿坐标系来判断。

4）旋转运动 A、B 和 C　A、B 和 C 表示其轴线平行于 X、Y 和 Z 坐标的旋转运动。A、B 和 C 的正方向可用右手螺旋定则确定。

2. 数控机床的坐标系

（1）机床坐标系　数控机床出厂时，制造厂家在机床上设置了一个固定的点，以这一点为坐标原点而建立的坐标系称为机床坐标系。卧式数控车床的机床原点（也称机床零点）一般取在主轴前端面与中心线交点处，但这个点不是一个物理点，而是一个定义点，它是通过机床参考点间接确定的。机床参考点是一个物理点，其位置由 X、Z 向的挡块和行程开关确定。对某台数控车床来讲，机床参考点与机床原点之间有严格的位置关系，机床出厂前已调试准确，确定为某一固定值，这个值就是机床参考点在机床坐标系中的坐标。

在数控机床每次通电之后，必须进行回机床参考点操作（即回零操作），使刀架运动到机床参考点，其位置由机械挡块确定。这样通过机床回零操作，确定了机床原点，从而准确地建立机床坐标系。

（2）工件坐标系　编程人员在编程时设定的坐标系，也称编程坐标系。工件装夹到机床上，应使工件坐标系与机床坐标系的坐标轴方向保持一致。工件坐标系原点的设置一般应遵循下列原则。

1）工件坐标系原点与设计基准或装配基准重合，以利于编程。

2）工件坐标系原点尽量选在尺寸精度高、表面粗糙度值小的工件表面上。

3）工件坐标系原点最好选在工件的对称中心上。

4）要便于测量和检验。

不同数控系统定义工件坐标系的指令及执行细节不一定相同。FANUC 系统通过 G50 ~ G59 指令来定义工件坐标系，其中 G54 ~ G59 是依据机床坐标系来定义的，而 G50 是依据刀具当前位置定义。

（3）对刀点和换刀点　对刀是指执行程序前，调整刀具的刀位点，使其尽量重合于某一理想基准点的过程。数控加工中对刀的本质是建立工件坐标系，确定工件坐标系在机床坐标系的相对位置，使刀具运动的轨迹有一个参考依据。对刀将直接影响加工零件的尺寸精度。

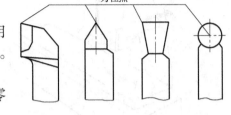

图 2-6　车刀的刀位点

1) 刀位点　刀位点是指在加工程序编制中，用以表示刀具特征的点，也是对刀和加工的基准点。各类车刀的刀位点如图 2-6 所示。

2) 对刀点　采用刀具加工零件时，刀具相对零件运动的起点，称为对刀点。

确定对刀点应注意以下原则。

① 对刀点应尽量与零件的设计基准或工艺基准一致。

② 对刀点应便于用常规量具在机床上进行找正。

③ 该点的对刀误差应较小，或可能引起的加工误差为最小。

④ 尽量使加工程序中的引入或返回路线短，并便于换刀。

3) 换刀点　换刀点是指在加工过程中，自动换刀装置的换刀位置。换刀点的位置应保证刀具转位时不碰撞被加工零件或夹具。换刀点可选在远离工件和尾座并便于换刀的任何地方。

3. 数控编程中的数学处理

(1) 数值换算　图样上的尺寸基准与编程所需要的尺寸基准不一致时，应将图样上的尺寸基准、尺寸换算为编程坐标系中的尺寸。对于有尺寸公差要求的尺寸，应取极限尺寸中值，并根据数控系统的最小编程单位进行圆整，其中基准孔按照"四舍五入"的方法，基准轴则按进位原则。

例如，若数控系统最小编程单位规定为 0.01mm 时

1) 当孔尺寸为 $\phi 30^{+0.025}_{0}$ mm 时，其中值尺寸取 $\phi 30.01$mm。

2) 当孔尺寸为 $\phi 20^{+0.07}_{0}$ mm 时，其中值尺寸取 $\phi 20.04$mm。

3) 当轴尺寸为 $\phi 18^{0}_{-0.07}$ mm 时，其中值尺寸取 $\phi(17.965+0.005)$mm = $\phi 17.97$mm。

(2) 基点与节点

1) 基点　一个零件的轮廓曲线可能由许多不同的几何元素所组成，如直线、圆弧、二次曲线等。构成零件轮廓的不同几何元素的交点或切点，称为基点，它可以直接作为其运动轨迹的起点或终点。如图 2-2 中的 $A \sim K$ 点即为基点。

2) 节点　数控机床通常只有直线和圆弧插补功能，如要加工圆、双曲线、抛物线等曲线时，只能用直线或圆弧去逼近被加工曲线。逼近线段与被加工曲线的交点称为节点。

3) 基点的计算　基点的计算内容主要有每条运动轨迹（线段）的起点或终点在选定坐标系中的各坐标值和圆弧运动轨迹的圆心坐标值。如图 2-7 所示零件，在进行编程前，必须计算出 $R10$mm 圆弧的起始点 D 的坐标值。

将工件坐标系原点设在工件右端面的中心，工件坐标系如图 2-7 所示。设 O 点为 $R10$mm 的圆弧的圆心，D 点为直线 ED 与 $R10$mm 圆弧相切的切点。连接 OA 和 OD，作 $AB \perp OD$，且 $OD \perp ED$，$OA = OD = 10$mm，$BD = (34-26)/2$mm = 4mm。所以 $OB = 10-4$mm = 6mm。

在直角 $\triangle ABO$ 中

$$AB = \sqrt{OA^2 - OB^2} = \sqrt{10^2 - 6^2}\,\text{mm} = 8\text{mm}$$

所以　　　　　　　　　　　　　　　$Z_D = -27\text{mm}$

2.2.4　任务实施

（1）观察工厂及数控加工实训室的数控机床，判断每种数控机床的坐标系。

（2）图 2-2 所示零件需在数控铣床上铣削加工，以工件中心 O 点为原点建立工件坐标系如图 2-8 所示，则 X、Y 坐标值分别为 $A(-55,-50)$，$B(55,-50)$、$C(55,50)$、$D(-55,50)$、$E(-40,-30)$、$F(20,-30)$、$G(40,-10)$、$H(40,20)$、$I(30,30)$、$J(0,30)$、$K(-40,0)$。

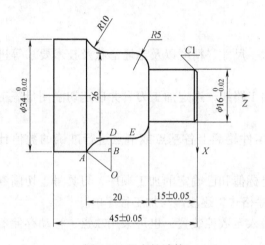

图 2-7　基点的计算

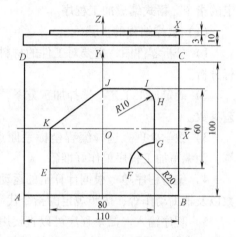

图 2-8　工件坐标系的建立

2.2.5　教学评价

评价方式采用自评、互评和教师点评三者结合的方式。评价学生参与活动的积极性和对数控机床坐标系建立的掌握程度。

2.3　数控机床的编程规则

知识点

1. 数控编程的步骤和方法。
2. 数控机床的编程规则。
3. 数控程序的格式。
4. 常用编程代码。

技能点

F、S、T、M 指令的应用。

2.3.1　任务描述

根据数控机床中存储的程序，了解数控加工程序的结构和数控机床的编程规则，并初步掌握数控系统的常用编程代码。

2.3.2　任务分析

要完成数控编程的任务，需掌握数控编程的步骤和方法、数控机床的编程规则、数控程序与程序段格式以及数控系统的常用编程代码等知识。

2.3.3　知识链接

1. 数控编程的步骤和方法

所谓编程，即将零件的全部加工工艺过程和其他辅助动作，按动作顺序，用数控系统规定的指令、格式编成加工程序。

（1）数控编程的步骤

1）分析零件图　主要对工件的材料、形状、尺寸、精度以及毛坯形状及技术要求等进行分析。

2）确定加工工艺　选择加工方案，确定加工路线，选定加工刀具并确定切削用量等工艺参数。

3）数学处理　选择编程坐标系原点，对零件轮廓上各基点或节点进行准确的数值计算，为编写加工程序单作好准备。

4）编写程序单　根据计算出的运动轨迹坐标值和已确定的加工顺序、刀具号、切削参数以及辅助动作等，按照规定的指令代码及程序格式，逐段编写加工程序单。

5）程序输入　简单程序可以直接用键盘输入至数控装置，也可采用软盘、移动存储器等作为存储介质，通过计算机传输进行自动输入。

6）程序检验　检查由于计算或编写程序单造成的错误等。程序检验方法如下。

① 空运行　机床上不装夹工件，空运行程序，通过检查工件和刀具的轨迹、坐标显示值的变化来检验程序；也可把机床锁住，只观察坐标显示值的变化来检验。

② 图形模拟　在具有图形模拟功能的数控机床上，可通过显示进给轨迹或模拟刀具对工件的切削过程，对程序进行检查。

（2）数控编程的方法　数控编程一般分为手工编程和自动编程两种。

手工编程是指在编程过程中，全部或主要工作由人工进行。对于加工形状简单、计算量小、程序不多的零件，采用手工编程较容易，而且经济、及时。

自动编程是应用计算机专用软件编制数控加工程序的过程。编程人员只需根据零件图样的要求，将零件的图形信息输入计算机，或使用编程语言编写源程序，由计算机自动地进行数值计算及后置处理，编写出零件加工程序单。自动编程使得一些计算繁琐、手工编程困难或无法编出的程序能顺利地编制出来。

2. 数控机床的编程规则

（1）绝对值编程和增量值编程　数控车床编程时，可以采用绝对值编程、增量值（也称相对值）编程或混合值编程。

绝对值编程是采用已设定的工件坐标系计算出工件轮廓上各点的绝对值进行编程的方法，程序中常用 $X^{\ominus}$、Y、Z 表示。增量值编程是用相对前一个位置的坐标增量来表示坐标

　⊖　本书中凡涉及数控编程及对程序的注解中的字母均为正体。

值的编程方法，程序中用 U、V、W 表示，其正负由行程方向确定，当行程方向与工件坐标轴正方向一致时为正，反之为负。混合编程是将绝对值编程和增量值编程混合起来进行编程的方法。

图 2-9 所示的位移编程有如下方法。

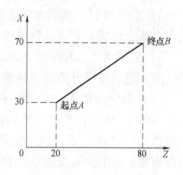

用绝对值编程为 X70.0 Z80.0；

用增量值编程为 U40.0 W60.0；

用混合值编程为 X70.0 W60.0；或 U40.0 Z80.0；

当 X 和 U 或 Z 和 W 在一个程序段中同时指令时，后面的指令有效。

有些数控系统，用 G90 表示绝对值编程，用 G91 表示增量值编程，编程时都使用 X、Z。

G90   X70.0 Z80.0；

G91   X40.0 Z60.0；

图 2-9 绝对值和增量值编程

（2）直径编程和半径编程   因为车削零件的横截面一般都为圆形，所以数控车床的编程有直径、半径两种编程方法。所谓直径编程是指 X 轴上的有关尺寸为直径值，半径编程是指 X 轴上的有关尺寸为半径值。数控机床是用直径还是半径编程，可以用参数设置。在后面的说明中，凡是没有特别指出的，均为直径编程。

（3）小数点编程   数控系统可以输入带小数点的数值，对于表示距离、时间和速度单位的指令值，小数点的位置以毫米（mm）（英制为英寸：in.；角度为度:°）表示。例如 X100.0 表示 100mm。

数控系统可以用参数设置两种类型的小数点表示法，即计算器型和常用型。当用计算器型表示法时，不带小数点的值的单位为 mm，如 X100 表示 100mm。当用常用型表示法时，则以脉冲当量为不带小数点的值的单位。若机床的脉冲当量为 0.001mm，则 X100 表示 0.1mm。

FANUC 数控系统一般设置为常用型小数点表示法，若忽略了小数点，则将指令值变为 1/1000，此时若加工，则必出事故。

（4）米、英制编程   坐标功能字是使用米制还是英制，多数系统用准备功能字来选择，如 FANUC 数控系统采用 G21/G20 指令来进行米、英制的切换。

3. 数控程序的格式

（1）程序的结构   一个完整的程序由程序号、程序内容和程序结束三部分组成。

O0001；   程序号

N10   T0101 M03 S600；

N20   G00 X30.0 Z2.0；

N30   G01 Z－20.0 F0.2；

N40   X34.0 Z－35.0；   程序内容

N90   G00 Z50.0；

N100   M30；   程序结束

1）程序号   程序号为程序的开始部分，为了区别存贮器中的程序，程序都要有程序号，程序号由程序号地址和程序的编号组成。如 FANUC 系统程序号的书写格式为 O×××，其中英文字母"O"为地址符，其后为四位数字，数值为 0～9999，在书写时其数字前的零可以省略不写，如 O0020 可写成 O20。而有的系统采用"P、%"作为地址符。

2）程序内容　程序内容是整个程序的核心，是由许多程序段组成，每个程序段由一个或多个指令组成，它表示数控机床要完成的全部动作。

3）程序结束　程序结束表示加工程序结束。例如，FANUC 系统用 M02 表示。若需程序结束并返回程序开始处，则需使用 M30 指令。

（2）程序段格式　一个程序段定义一个将由数控装置执行的指令行。例如：N30　G01　Z-20.0　F0.2；其中 N30 是程序段号，用地址码 N 和后面的若干位数字表示。程序段号一般作为"跳转"或"程序检索"的目标位置指示，因此，它的大小及次序可以颠倒，也可以省略；G01 为直线插补指令；Z-20.0 是坐标轴地址；F0.2 是进给速度指令；每段程序最后应加";"，以示此段程序结束。

4. 常用编程代码

在数控加工程序中，主要有准备功能 G 代码、辅助功能 M 代码、进给功能 F 代码、主轴功能 S 代码和刀具功能 T 代码。

（1）准备功能 G 代码　G 功能是用来规定刀具和工件的相对运动轨迹、机床坐标系、坐标平面、刀具补偿、坐标偏置等多种加工操作的指令，用地址符 G 和两位数字来表示，从 G00～G99 共 100 种。

G 功能有非模态 G 功能和模态 G 功能之分。非模态 G 功能只在所规定的程序段中有效，程序段结束时被注销。模态 G 功能是一组可相互注销的 G 功能，这些功能一旦被执行则一直有效，直到被同一组的 G 功能注销为止。

模态 G 功能组中包含一个默认 G 功能，上电时将被初始化为该功能。没有共同参数的不同组 G 代码可以放在同一程序段中，而且与顺序无关。如果在同一程序段中指定同组 G 代码，最后指定的 G 代码有效。

（2）辅助功能 M 代码　辅助功能用以指令数控机床中辅助装置的开关动作或状态。表 2-1 中列出了部分常用的 M 代码。

表 2-1　常用辅助功能指令 M 代码一览表

代　码	功 能 说 明	代　码	功 能 说 明
M00	程序暂停	M06	换刀
M01	程序选择停止	M08	切削液打开
M02	程序结束	M09	切削液关闭
M03	主轴正转	M30	程序结束并返回
M04	主轴反转	M98	子程序调用
M05	主轴停止	M99	子程序调用返回

M 功能可分为前作用 M 功能和后作用 M 功能。前作用 M 功能在程序段编制的轴运动之前执行。后作用 M 功能在程序段编制的轴运动之后执行。

1）程序暂停指令 M00　当 CNC 执行到 M00 指令时将暂停执行当前程序，以方便操作者进行刀具和工件的尺寸测量、工件调头、手动变速等操作。暂停时，机床的主轴进给及切削液停止，而全部现存的模态信息保持不变，欲继续执行后续程序，重按"循环启动"键即可。M00 为非模态后作用 M 功能。

2）程序选择停止指令 M01　M01 作用与 M00 类似，区别是只有当机床操作面板上的"选择停止"的开关置 1 时，该指令才有效，否则机床继续执行后面的程序。该指令一般用于抽查工件的关键尺寸。M01 为非模态后作用 M 功能。

3）程序结束指令 M02　M02 编在主程序的最后一个程序段中。当 CNC 执行到 M02 指令时，机床的主轴进给、切削液全部停止，加工结束，且光标停留在 M02 指令上。M02 为非模态后作用 M 功能。

4）程序结束并返回指令 M30　M30 和 M02 功能基本相同，只是 M30 指令还兼有控制光标返回到零件程序头（O）的作用。使用 M30 的程序结束后，若要重新执行该程序只需再次按操作面板上的"循环启动"键。

5）主轴控制指令 M03、M04、M05　M03 起动主轴，以程序中编制的主轴速度顺时针方向（从 Z 轴正向朝 Z 轴负向看）旋转；M04 起动主轴，以程序中编制的主轴速度逆时针方向旋转；M05 使主轴停止旋转。M03、M04 为模态前作用 M 功能。M05 为模态后作用 M 功能，M05 为默认功能。

6）换刀指令 M06　M06 用于具有自动换刀装置的加工中心等，可实现自动换刀。

7）切削液打开及关闭指令 M08、M09　M08 指令为打开切削液管道；M09 指令将关闭切削液管道。M08 为模态前作用 M 功能，M09 为模态后作用 M 功能。M09 为默认功能。

8）子程序调用及返回指令 M98、M99　编程时，为了简化程序的编制，当一个工件上有相同的加工内容时，常用调用子程序的方法进行编程。调用子程序的程序叫做主程序。子程序的编号与一般程序基本相同，只是程序结束字为 M99，表示子程序结束，返回到调用子程序的主程序中继续执行。

（3）进给功能 F 代码　F 功能指令切削的进给速度。FANUC 0i TC 系统规定，F 指令的单位取决于 G98（每分钟进给量，单位为 mm/min）或 G99（每转进给量，单位为 mm/r）。

F 为模态指令，借助操作面板上的倍率按键，F 可在一定范围内进行倍率修调。

（4）主轴功能 S 代码　主轴功能 S 控制主轴转速，其后的数值表示主轴速度，单位为转/分（r/min）。

在使用恒线速度切削时（G96 为恒线速度切削，G97 为取消恒线速度切削），S 指令为切削线速度，单位为 m/min。S 是模态指令。S 功能只在主轴速度可调节的车床上有效。S 限定的主轴转速还可借助操作面板上的主轴转速倍率开关进行修调。

（5）刀具功能 T 代码　T 代码用于选择刀具，其后的数值表示选择的刀具号和刀具补偿号。T 代码与刀具的关系是由机床制造厂规定的。例如：T0101 表示选择 01 号刀并调用 01 号刀具补偿值；T0100 表示选择 01 号刀，取消刀具补偿。

2.3.4　任务实施

每 2 人一组，选用一台数控机床，根据数控机床中存储的程序，进一步了解数控加工程序的构成和数控机床的编程规则，并初步掌握数控系统的常用编程代码。指导教师进行巡回检查，并进行提问。

2.3.5　教学评价

采用自评、互评和教师点评三者结合的方式，评价学生参与活动的积极性，以及数控加工程序的构成、数控机床的编程规则等内容的掌握程度。

学习领域2　考核要点

1. 认识数控机床

主要考核数控机床的组成及种类，数控机床加工的特点及加工对象。

2. 数控机床坐标系的建立及数学处理

主要考核数控机床坐标系的建立及数控编程中的数值计算。

3. 数控机床的编程规则

主要考核数控编程的步骤和方法、数控编程的规则、数控程序的结构及常用的 F、S、T、M 指令的功能。

学习领域2　测试题

一、判断题（下列判断正确的请打"√"，错误的请打"×"）

1. 半闭环、闭环数控机床都带有检测反馈装置。　　　　　　　　　　　　（　　）

2. 确定机床参考点，就是确定刀具与机床零点的相对位置。　　　　　　（　　）

3. 当设定为直径编程时，与 X 轴有关的各项尺寸一定要用直径编程。（　　）

4. 非模态 G 代码只限定在被指定的程序段中有效。　　　　　　　　　　（　　）

5. 不同组的模态 G 代码在同一个程序段中可指定多个。　　　　　　　　（　　）

6. 数控车床中的机床坐标系与工件坐标系不重合。　　　　　　　　　　（　　）

7. 点位控制的特点是，可以任意途径达到要计算的点，因在定位中不进行加工。

　　　　　　　　　　　　　　　　　　　　　　　　　　　　　　　　（　　）

8. 伺服系统包括驱动装置和执行机构两大部分。　　　　　　　　　　　（　　）

9. 换刀点应设在工件的外部，避免换刀时碰伤工件。　　　　　　　　　（　　）

10. 辅助功能指令主要用于机床加工操作时的工艺性指令。　　　　　　（　　）

11. 数控车床的机床坐标系和工件坐标系零点相重合。　　　　　　　　（　　）

12. 不同的数控机床可选用不同的数控系统，但数控加工程序指令都是相同的。（　　）

13. 数控机床是在普通机床的基础上将普通电气装置更换成 CNC 控制装置。　（　　）

14. 编程时，重复出现的程序可以单独编成子程序。　　　　　　　　　　（　　）

15. 在编制加工程序时，程序段号可以不写或不按顺序书写。　　　　　（　　）

16. 数控机床的进给速度指令为 G 代码指令。　　　　　　　　　　　　（　　）

17. 数控机床采用的是笛卡儿坐标系，各轴的方向是用左手来判定的。　（　　）

18. 主程序与子程序的内容不同，但两者的程序格式应相同。　　　　　（　　）

19. 主轴的正反转控制是辅助功能。　　　　　　　　　　　　　　　　　（　　）

20. 快速移动速度可用 F 代码指定。　　　　　　　　　　　　　　　　（　　）

二、选择题（下列每题的选项中，只有一个是正确的，请将其代号填在横线空白处）

1. 在数控车床中，主轴的起停属于_____功能。

A. 控制　　　　　B. 准备　　　　　C. 插补　　　　　D. 辅助

2. 程序结束并使程序返回到程序开始的代码是_____。

A. M08　　　　　B. M09　　　　　C. M05　　　　　D. M30

3. 编程时，数值计算的主要任务是求出各点的_____。

A. 运动速度　　　B. 刀补量　　　　C. 坐标　　　　　D. 长度

4. _____坐标系是机床固有的坐标系，是固定不变的。

A. 机床　　　　　B. 工件　　　　　C. 刀架　　　　　D. 编程

5. 数控车床以主轴轴线方向为_____轴方向，刀具远离工件的方向为正方向。

A. X　　　　　B. Y　　　　　C. Z　　　　　D. A

6. 刀具补偿号为_____时，表示不进行补偿或取消刀具补偿。

A. 00　　　　　B. 01　　　　　C. 02　　　　　D. 03

7. _____控制的数控机床，其刀具只作快速空行程的定位运动。

A. 直线　　　　　B. 连续　　　　　C. 点位　　　　　D. 圆弧

8. 更换刀具所消耗的时间，属于_____时间。

A. 辅助　　　　　B. 布置工作场地　C. 准备与终结　　D. 以上皆错

9. 各几何元素间的连接点称为_____。

A. 基点　　　　　B. 节点　　　　　C. 交点　　　　　D. 端点

10. _____伺服系统的控制精度最高。

A. 开环　　　　　B. 半闭环　　　　C. 闭环　　　　　D. 混合环

11. 确定数控机床坐标轴时，一般应先确定_____。

A. X轴　　　　B. Y轴　　　　C. Z轴　　　　D. A轴

12. 数控机床加工依赖于各种_____。

A. 位置数据　　　B. 模拟量信息　　C. 准备功能　　　D. 数字化信息

13. 数控机床的核心是_____。

A. 伺服系统　　　B. 数控系统　　　C. 反馈系统　　　D. 传动系统

14. 用于指令动作方式的准备功能的指令代码是_____。

A. F 代码　　　　B. G 代码　　　　C. T 代码　　　　D. M 代码

15. 能满足新产品开发及多品种、小批量生产自动化要求的机床是_____机床。

A. 通用　　　　　B. 专用　　　　　C. 组合　　　　　D. 数控

16. _____功能是表示进给速度的功能。

A. N　　　　　　B. F　　　　　　C. T　　　　　　D. S

17. 直线控制的数控机床可以加工_____。

A. 圆柱面　　　　B. 圆弧面　　　　C. 长圆锥面　　　D. 螺纹

18. 数控机床的开环控制系统大多采用_____驱动进给系统。

A. 步进电动机　　　　　　　　　　B. 直流伺服电动机

C. 交流伺服电动机　　　　　　　　D. 交流异步电动机

19. 数控机床与普通机床相比，其传动系统_____。

A. 更简单　　　　　B. 更复杂　　　　　C. 相似　　　　　D. 完全不同

20. 中档数控机床的分辨率一般为_____。

A. 0.1mm　　　　　B. 0.01mm　　　　C. 0.001mm　　　　D. 0.0001mm

21. 手工编程是指利用一般的计算工具，通过各种计算方法，人工进行_____的运算，并进行指令编制。

A. 刀具轨迹　　　B. 机床运动　　　C. 夹紧过程　　　D. 机构分析

22. 在 FANUC 系统中，采用英文字母"_____"作为程序编号地址。

A. G　　　　　　　B. M　　　　　　C. N　　　　　　D. O

23. 一个程序段包含程序顺序字（N），程序主体和_____。

A. 提示符　　　　B. 功能代码　　　C. 结束符　　　　D. 程序号

24. 普通数控机床与加工中心比较，错误的说法是_____。

A. 能加工复杂零件　　　　　　　　B. 加工精度都较高

C. 都有刀库　　　　　　　　　　　D. 加工中心比普通数控机床的加工效率高

25. 为防止换刀时碰伤工件或夹具，换刀点常设在加工工件或夹具的_____。

A. 中心　　　　　　B. 外圆　　　　　C. 外面　　　　　D. 里面

26. 在执行程序前，将每把刀具的刀位点尽量_____于某一理想基准点，这一过程称为对刀。

A. 靠近　　　　　　B. 重合　　　　　C. 保持一定距离　D. 移近

27. 加工中心最突出的特点是_____。

A. 工序集中　　　　　　　　　　　B. 对加工对象适应性强

C. 加工精度高　　　　　　　　　　D. 加工效率高

28. 数控机床中将脉冲信号转换成机床移动部件运动的组成部分是_____。

A. 数控装置　　　B. 输入装置　　　C. 伺服系统　　　D. 机床本体

29. 辅助功能 M00 的作用是_____。

A. 条件停止　　　B. 无条件停止　　C. 程序结束　　　D. 主轴停止

30. 数控机床坐标轴确定的步骤是_____。

A. $X \rightarrow Y \rightarrow Z$　　B. $X \rightarrow Z \rightarrow Y$　　C. $Z \rightarrow X \rightarrow Y$　　D. $Z \rightarrow Y \rightarrow X$

三、问答题

1. 什么是数控技术、数控机床？

2. 与传统机械加工方法相比，数控加工有哪些特点？

3. 数控加工的主要对象是什么？

4. 什么是机床坐标系、工件坐标系？

5. 简述数控编程的一般步骤。

6. 什么是模态指令？什么是非模态指令？

7. 简述辅助功能指令中 M00 与 M01 的区别。

8. 确定对刀点时应注意哪些原则？

9. 什么是刀位点、对刀点、换刀点？

10. 数控机床回参考点的目的及注意事项是什么？

学习领域3　数控车床的编程与操作

3.1　数控车床仿真加工

3.1.1　上海宇龙（FANUC）数控车床仿真软件的操作

知识点

1. 上海宇龙仿真软件的进入。

2. 上海宇龙（FANUC）数控车床仿真软件的工作窗口。

3. 上海宇龙（FANUC）数控车床仿真软件的操作。

技能点

熟悉 FANUC 0i 数控车床的操作界面，掌握宇龙仿真软件的应用。

3.1.1.1　任务描述

已知毛坯尺寸为 $\phi36 \times 100$mm，1 号刀为 93°外圆车刀，编程原点设在工件右端面的中心。运用上海宇龙数控加工仿真系统，输入下列数控程序，进行自动加工。

O0001；

T0101　M03　S600；

G00　X30.0　Z2.0；

G01　Z－20.0　F0.2；

X34.0　Z－35.0；

Z－50.0；

G00　X50.0；

Z50.0；

M05；

M30；

3.1.1.2　任务分析

随着数控加工在机械制造业中的广泛应用，企业急需大量经过专门培训的数控机床操作工。如果初学者直接在实际机床上操作，会很容易因误操作导致昂贵设备的损坏。目前，随着计算机的发展，尤其是虚拟技术和理念的发展，产生了可模拟实际设备加工环境及其工作状态的计算机仿真加工系统。利用计算机仿真加工系统进行学习，不仅可提高操作者的素质，而且安全可靠，费用低。同时，也比较适合工厂、企业对新产品的开发和试制工作，提高数控机床的利用率，缩短新产品的开发、试制和生产周期。上海宇龙数控加工仿真系统含有多种数控系统的数控车床、数控铣床和加工中心，可实现对零件数控加工全过程的仿真。本任务主要介绍上海宇龙数控加工仿真系统 4.1 版的基本用法和操作要点。

3.1.1.3 知识链接

1. 上海宇龙仿真软件的进入

在计算机上的"开始/程序/数控加工仿真系统"菜单中单击"加密锁管理程序",如图 3-1 所示。加密锁程序启动后,屏幕右下方工具栏中出现 📠 的图标,表示加密锁管理程序启动成功。此时重复上面的步骤,在最后弹出的目录中点击"数控加工仿真系统",系统弹出"用户登录"界面,如图 3-2 所示。点击"快速登录"按钮或输入用户名、密码后,再点击"快速登录"按钮进入系统。

图 3-1 从开始菜单进入数控加工仿真系统　　　图 3-2 数控加工仿真系统登录界面

2. 上海宇龙仿真软件的工作窗口

数控车床仿真软件的工作窗口分为标题栏区、菜单区、工具栏区、机床显示区、机床操作面板区和数控系统操作区,如图 3-3 所示。

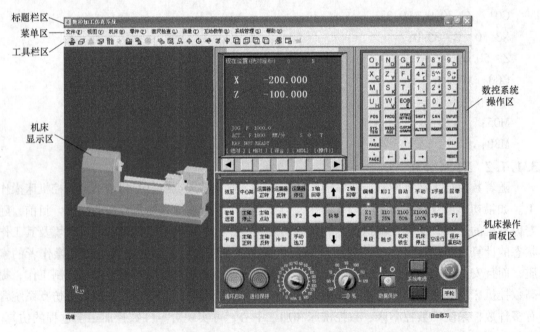

图 3-3 FANUC 数控加工仿真系统工作窗口

　　由于数控机床的生产厂家众多，同一系统数控机床的操作面板也各不相同，但由于同一系统的功能相同，因此操作方法基本相似。现以沈阳机床厂生产的CAK6136V为例说明操作面板上各按钮的功能。

　　（1）MDI键盘　MDI键盘位于数控系统操作区，用于程序编辑、参数输入等功能。MDI键盘上各个键的功能见表3-1。

表3-1　FANUC 0i 系统键盘说明

MDI 软键	功　　能
`↑PAGE` `↓PAGE`	软键 `PAGE` 实现左侧 CRT 中显示内容的向上翻页；软键 `PAGE` 实现左侧 CRT 显示内容的向下翻页
`↑` `←` `↓` `→`	移动 CRT 中的光标位置。软键 `↑` 实现光标的向上移动；软键 `↓` 实现光标的向下移动；软键 `←` 实现光标的向左移动；软键 `→` 实现光标的向右移动
`O_P N_Q G_R` `X_U Y_V Z_W` `M_I S_J T_K` `F_L H_D EOB_E`	实现字符的输入，点击 `shift` 键后再点击字符键，将输入右下角的字符。软键 `EOB_E` 中的"EOB"将输入";"号，表示换行结束
`7_A 8_B 9_C` `4_↑ 5_\] 6_SP` `1_√ 2_# 3_·` `-_+ 0_≠ ·_·`	实现字符的输入，例如：点击软键 `5_\]` 将在光标所在位置输入"5"字符，点击软键 `shift` 后再点击 `5_\]` 将在光标所在位置处输入"]"
`POS`	在 CRT 中显示位置画面
`PROG`	CRT 将进入程序编辑和显示界面
`OFFSET SETTING`	CRT 将进入刀偏/设定显示界面
`SYS-TEM`	CRT 将进入系统画面
`MESS-AGE`	CRT 将进入信息画面
`CUSTOM GRAPH`	CRT 将进入显示图形画面
`SHIFT`	输入字符切换键
`CAN`	删除单个字符

（续）

MDI 软键	功　能
INPUT	将数据域中的数据输入到指定的区域
ALTER	字符替换
INSERT	将输入域中的内容输入到指定区域
DELETE	删除一段字符
HELP	帮助功能
RESET	使 CNC 复位；用以消除报警；在编程方式时返回到程序开始处等

（2）机床操作面板　沈阳机床厂 CAK6136V 数控车床操作面板按钮的功能见表 3-2。

表 3-2　数控车床操作面板按钮的功能

名　称	功能说明
主轴正转	按下该按钮，主轴正转
主轴反转	按下该按钮，主轴反转
主轴停止	按下该按钮，主轴停止
手动选刀	按下该按钮将手动换刀
↑ X 轴负方向移动按钮	按下该按钮将使得刀架向 X 轴负方向移动
↓ X 轴正方向移动按钮	按下该按钮将使得刀架向 X 轴正方向移动
← Z 轴负方向移动按钮	按下该按钮将使得刀架向 Z 轴负方向移动
→ Z 轴正方向移动按钮	按下该按钮将使得刀架向 Z 轴正方向移动
 快速	在手动方式下使得刀架快速移动
X 轴回零	在回零方式下，按下该按钮，X 轴将返回参考点
Z 轴回零	在回零方式下，按下该按钮，Z 轴将返回参考点
回零	按下该按钮，系统进入返回参考点（回零）模式
X 手摇	在手轮模式下选择 X 轴
Z 手摇	在手轮模式下选择 Z 轴

（续）

名　称	功 能 说 明
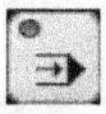 自动	按下该按钮使得系统处于自动运行模式
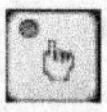 手动	按下该按钮使得系统处于手动(JOG)模式,手动连续移动机床
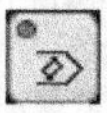 编辑	按下该按钮使得系统处于编辑模式,用于直接通过操作面板输入数控程序和编辑程序
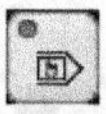 MDI	按下该按钮使得系统处于 MDI 模式,手动输入并执行指令
循环启动	按下该按钮使得系统进入循环启动状态
循环保持	程序暂停按钮,重新按“循环启动”按钮,程序继续执行
机床锁住	按下该按钮将锁定机床
空运行	按下该按钮将使得机床处于空运行状态
跳步	按下该按钮后,数控程序中的注释符号“/”有效
单段	按下该按钮后,运行程序时每次执行一条数控指令
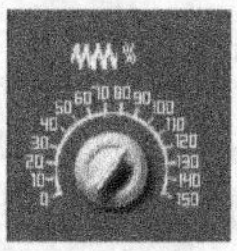 进给倍率选择旋钮	用来调节进给倍率
X1 F0	X10 25%	X100 50%	X1000 100%　手轮进给倍率	调节手轮操作时的进给速度倍率
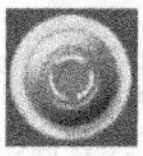 急停按钮	按下急停按钮,使机床移动立即停止,并且所有的输出如主轴的转动等都会关闭
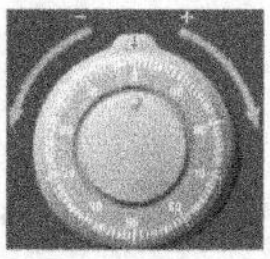	手轮
数据保护	用钥匙打开时,方可修改程序

（3）CRT 显示器下的软键功能　在 CRT 显示器下，有一排软按键，这一排软键的功能根据 CRT 中对应的提示来指定。

3. 上海宇龙（FANUC）数控车床仿真软件的操作

（1）选择机床类型　打开菜单“机床/选择机床”或在工具条上选择 ，在选择机床对话框中先选择控制系统类型（如 FANUC 或 SIEMENS……等），然后选择控制系统的型号（如 FANUC 中的 FANUC 0、FANUC 0i 等），再选择机床类型（如车床、铣床或加工中心），最后选择机床生产厂家并按确定按钮，此时界面如图 3-4 所示。

（2）工件的定义和使用

1）定义毛坯　打开菜单"零件/定义毛坯"或在工具条上选择 ⊿，打开图 3-5 所示对话框。

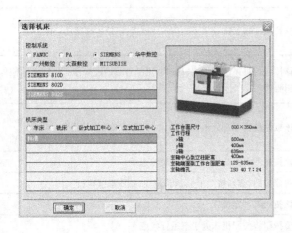

图 3-4　机床选择界面　　　　　　　　图 3-5　定义毛坯界面

在"名字"输入框内输入毛坯名，也可使用默认值。在"形状"下拉列表中选择毛坯形状。然后，根据需要在"材料"下拉列表中选择毛坯材料。在尺寸输入框输入毛坯尺寸，单位：mm。按"确定"按钮，保存定义的毛坯并退出本操作。

2）导出零件模型　打开菜单"文件/导出零件模型"，系统弹出"另存为"对话框，可将经过部分加工的零件作为成型毛坯予以单独保存。

3）导入零件模型　打开菜单"文件/导入零件模型"，若已通过导出零件模型功能保存过成型毛坯，则系统将弹出"打开"对话框，在此对话框中选择并且打开所需的后缀名为"prt"的零件文件，则选中的零件模型被放置在卡盘上或机床工作台面上。

4）放置零件　打开菜单"零件/放置零件"或者在工具条上选择图标 ➶，系统弹出操作对话框。在列表中点击所需的零件，选中的零件信息加亮显示，按下"安装零件"按钮，系统自动关闭对话框，零件将被放到卡盘上。

5）调整零件位置　零件放置好后可以移动。打开菜单"零件/移动零件"，系统弹出图 3-6 所示窗口，通过点击其上的方向按钮，实现零件的平移或调头。小键盘上的"退出"按钮用于关闭小键盘。

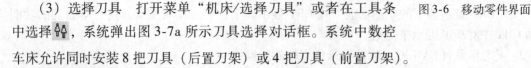

图 3-6　移动零件界面

（3）选择刀具　打开菜单"机床/选择刀具"或者在工具条中选择 ⚒，系统弹出图 3-7a 所示刀具选择对话框。系统中数控车床允许同时安装 8 把刀具（后置刀架）或 4 把刀具（前置刀架）。

1）选择车刀

① 在刀架图中点击所需的刀位。该刀位对应程序中的 T01～T04。

② 选择刀片类型，系统弹出图 3-7b 所示对话框。

③ 在刀片列表框中选择刀片。

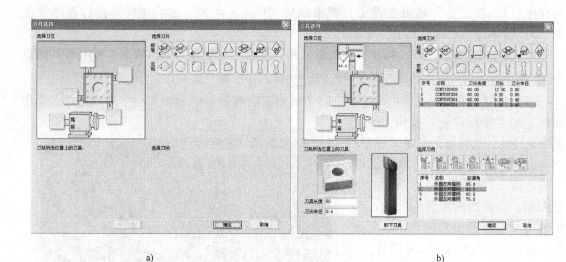

a)   b)

图 3-7 刀具选择界面

④ 选择刀柄类型。

⑤ 在刀柄列表框中选择刀柄。

2）变更刀具长度和刀尖半径 "选择车刀"完成后，该界面的左下部位显示出刀架所选位置上的刀具。其中显示的"刀具长度"和"刀尖半径"均可以由操作者修改。

3）拆除刀具 在刀架图中点击要拆除刀具的刀位，点击"卸下刀具"按钮。

4）确认操作完成 点击"确认"按钮。

（4）数控程序的输入与删除

1）新建数控程序 数控程序可以通过记事本或写字板等编辑软件输入并保存为文本格式（＊．txt 格式）文件，也可直接用系统的 MDI 键盘输入。

导入数控程序的方法：按下操作面板上的"编辑"键和 MDI 键盘上的 **PROG**，CRT 界面转入编辑页面。再按菜单软键 ［操作］，在出现的下级子菜单中按软键 "▶"，按菜单软键 ［READ］，并输入程序号"O××××"（×为任意不超过四位的数字），按软键 ［EXEC］；点击菜单"机床/DNC 传送"，在弹出的对话框中选择事先输入并保存好的文本文件，按"打开"确认，则数控程序被导入并显示在 CRT 界面上。

MDI 键盘新建程序的方法：按下操作面板上的"编辑"键和 MDI 键盘上的 **PROG**，CRT 界面转入编辑页面。利用 MDI 键盘输入"O××××"（程序号，但不能与已有的程序号重复），按 **INSERT** 键，CRT 界面上将显示一个空程序，可以通过 MDI 键盘开始程序输入。

2）显示数控程序目录 经过导入数控程序操作后，按下操作面板上的"编辑"键和 MDI 键盘上的 **PROG**，CRT 界面转入编辑页面。按菜单软键 ［DIR］，经过 DNC 传送的数控程序名列表显示在 CRT 界面上。

3）选择一个数控程序 经过导入数控程序操作后，点击 MDI 键盘上的 **PROG** 键，CRT 界面转入编辑页面。利用 MDI 键盘输入"O××××"（××××为数控程序目录中显示的程序号），按"↓"键开始搜索，搜索到后"O××××"显示在屏幕首行程序号位置，NC 程序将显示在屏幕上。

4）删除一个数控程序 按下操作面板上的"编辑"键，进入编辑状态。利用 MDI 键盘输入"O××××"（要删除的程序号），按 [DELETE]键，程序即被删除。

（5）尺寸的测量 在数控车床上进行仿真加工需测量零件的加工尺寸时，先点击操作面板上的"主轴停止"按钮，使主轴停止转动，然后点击菜单"测量/剖面图测量"，在系统弹出的对话框上按"否"，就出现图 3-8 所示的测量画面，点击所需测量的线段，选中的线段由红色变为黄色，在下面的对话框中读取对应的尺寸即可。

（6）对刀 对刀的目的是调整数控车床每把刀的刀位点，使其尽量重合于某一理想基准点的过程。数控加工中对刀的实质是建立工件坐标系，使刀具运动的轨迹有一个参考依据。数控车床的对刀方法较多，下面主要介绍试切法对刀。

1）外圆刀对刀（设置为 1 号刀）

① 按下"手动"方式按钮，换上 1 号刀，并使主轴转动。

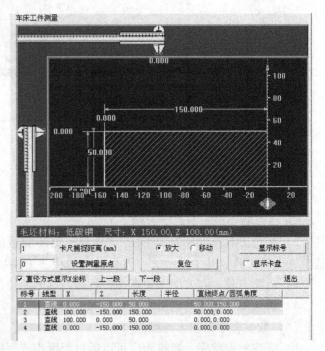

图 3-8 车床工件测量界面

② 利用"方向"键并结合"进给倍率"旋钮移动 1 号刀，切削端面，如图 3-9a 所示。切削完端面后，不要移动 Z 轴，按"+X"键以原进给速度退出，如图 3-9b 所示。退出后，按下"主轴停止"按钮，使主轴停止。

③ 按功能键中的"OFS/SET"键和按软键［形状］进入图 3-10 所示的页面，利用光标移动键使光标移动到"01"番号，输入"Z0"→按"测量"软键，完成 1 号刀 Z 向的对刀。

④ 重新使主轴转动，利用方向键移动 1 号刀，试切一段外圆，如图 3-9c 所示。不要移动 X 轴，按"+Z"键以原进给速度退刀后，按下"主轴停止"按钮，使主轴停止。进入图 3-8 所示界面测量试切部分的外圆直径，如图 3-9d 中的 $\phi36.73$mm。

⑤ 再次进入图 3-10 所示的页面，在番号"01"下，输入"X36.73"→按"测量"软键，完成 1 号刀 X 向对刀。

⑥ 完成 1 号刀的对刀后，利用"方向"键使刀架离开工件，退回到换刀位置附近。

2）切槽刀对刀（设置为 2 号刀）

① 按下"手动"方式按钮，换上 2 号刀，并使主轴转动。

② 利用"方向"键并结合"进给倍率"旋钮移动 2 号刀，使 2 号刀刀尖与已加工好的端面接触（在接近端面时，可采用"×1"的手轮进给倍率用手轮方式逼近），如图 3-11a 所

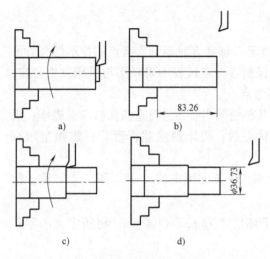

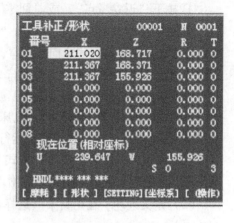

图 3-9 试切端面及外圆   图 3-10 工具补正设置页面

示。进入图 3-10 所示的页面，把光标移动到番号"02"，输入"Z0"→按"测量"软键，完成 2 号刀 Z 向的对刀。

③ 继续利用方向键并结合"进给倍率"旋钮移动 2 号刀，使 2 号刀刀刃与已加工好的外圆接触，如图 3-11 b 所示。进入图 3-10 所示的页面，把光标移动到番号"02"，输入"X36.73"→按"测量"软键，完成 2 号刀 X 向的对刀。

④ 完成对 2 号刀的对刀后，利用方向键使刀架离开工件，退回到换刀位置附近。

3）螺纹刀对刀（设置为 3 号刀） 如图 3-12 所示，移动 3 号刀，使 3 号刀刀尖与已加工好的外圆接触，刀尖恰好与外圆接触为最佳。然后将刀具沿 +Z 移动，当观察到刀尖与端面平齐时停止移动。进入图 3-10 所示的页面，把光标移动到番号"03"，输入"X36.73"→"测量"→输入"Z0"→"测量"，完成 3 号刀的对刀。

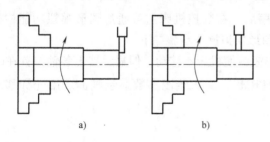

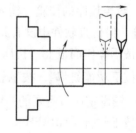

图 3-11 切槽刀的对刀   图 3-12 螺纹刀的对刀

在工作过程中，如果某把刀具出现崩刀，则更换刀具或合金刀片后，需要对更换的刀具重新对刀。

3.1.1.4 任务实施

为完成本次任务的加工，操作如下。

（1）开机与回参考点（回零）操作

1）开机 松开急停按钮，按下操作面板上的电源按钮。

2）机床回参考点（回零）。

① 按下"返参考点"（或"回零"）按钮 ；

② 分别按下方向键中"↓"和"→"键，直至 X 轴和 Z 轴返回参考点的指示灯亮。虽然数控车床两个轴可以同时回参考点，但为了确保回参考点过程中刀具不与机床发生碰撞，一般先进行 X 轴的回参考点，再进行 Z 轴的回参考点。

即使机床已进行回参考点操作，如出现下面几种情况仍必须进行重新回参考点操作：机床关机后马上重新接通电源时；机床解除急停状态后；机床解除超行程后；数控车床在"机床锁住"状态下进行程序的空运行操作后。

回参考点后，按下"手动"方式按钮，再分别按下方向键中的"←"和"↑"键，使刀架离开参考点位置，回到换刀点附近。

（2）定义毛坯　在工具条上选择 ⊿，设置毛坯尺寸为 φ36 × 100mm。将所定义的零件安装到卡盘上。

（3）定义刀具　在工具条中选择 ⚏，如图 3-7b 所示。先选择 1 号刀位，再选择刀尖角为 80°、刀尖半径为 0.4mm 的菱形刀片以及 93°外圆刀。

（4）输入本任务程序　按下操作面板上的"编辑"键和 MDI 键盘上的 PROG 键，按照下列按键操作顺序输入本任务程序。

O0001 INSERT EOB INSERT

T0101 M03 S600 EOB INSERT

G00 X30. Z2. EOB INSERT

G01 Z – 20. F0. 2 EOB INSERT

……

M30 EOB INSERT

（5）数控程序的校验　输入数控程序后，在数控机床上可通过图形模拟功能检查刀具运动轨迹，但仿真软件中没有此功能。图形模拟操作步骤如下。

1）按下操作面板上"机床锁住"按钮，使机床不移动，但显示器上各轴位置在改变。

2）按下功能键 CUSTOM GRAPH，按下软键［G. PRM］，进入绘图参数显示画面。用光标移动键和"INPUT"键设定所有需要的参数。

3）按下软键［GRAPH］。

4）按下操作面板上"自动"按钮，再按下"循环启动"，在画面上绘出刀具的运动轨迹。

也可通过"机床锁住"或"机床空运行"等方式，通过检查工件和刀具的轨迹、坐标显示值的变化来校验程序。

（6）对刀　如图 3-9 所示，完成外圆刀的对刀操作，并在图 3-10 所示的刀补设置页面的 01 番号中输入刀补值。

（7）自动运行程序　在机床显示区单击鼠标右键选择"俯视图"，或单击工具栏上的 以显示俯视图。

单击 按钮，将机床设置为自动运行模式。单击机床面板上的"循环启动"按钮，开始自动运行程序。加工结果如图 3-13 所示。

单击菜单"测量/剖面图测量"，测量各段加工尺寸以验证加工质量。

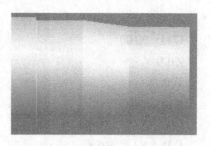

图 3-13　加工结果

3.1.1.5　教学评价

评价方式采用自评、互评和教师点评三者结合的方式。从加工质量、程序与工艺、机床操作和安全文明生产等方面对学生进行评价。配分权重表见表 3-3。

表 3-3　上海宇龙（FANUC）数控车床仿真软件的操作配分权重表

项目与权重	序号	技术要求	配分	评分标准	检测记录	得分
加工质量 （20%）	1	外形正确	10	不正确全扣		
	2	加工尺寸	10	每错一处扣 2 分		
程序与工艺 （15%）	3	坐标点正确	5	每错一处扣 2 分		
	4	刀具选择	5	不合理全扣		
	5	进给参数设定合理	5	不合理每处扣 2 分		
机床操作 （50%）	6	回参考点操作	10	不正确全扣		
	7	程序输入操作	10	误操作每次扣 2 分		
	8	程序编辑操作	10	误操作每次扣 2 分		
	9	对刀操作	10	每错一次扣 3 分		
	10	机床操作	10	每错一次扣 5 分		
安全文明生产 （15%）	11	安全操作	15	出错全扣		

3.1.2　上海宇龙（HNC-21T）数控车床仿真软件的操作

知识点

1. 上海宇龙（HNC-21T）数控车床操作面板。

2. 上海宇龙（HNC-21T）数控车床仿真软件的操作。

技能点

熟悉 HNC-21T 数控车床的操作界面，掌握宇龙仿真软件的应用。

3.1.2.1　任务描述

已知毛坯尺寸为 $\phi35 \times 80$mm，1 号刀为 93°外圆车刀，2 号刀为刃宽 4mm 的切断刀，编程原点设在工件右端面的中心，数控加工程序如下，要求应用上海宇龙（HNC-21T）数控加工仿真系统，进行模拟加工。

```
%0001
T0101   M03   S500
G00   X30   Z2
G01   Z - 20   F100
X34   Z - 35
```

Z－55

G00　X100

Z100

T0202

M03　S400

G00　X36　Z－54

G01　X1　F50

G00　X100

Z100

M05

M30

3.1.2.2　任务分析

HNC-21T 为武汉华中数控股份有限公司生产的"世纪星"系列数控系统，本任务主要介绍华中世纪星 HNC-21T 上海宇龙数控车床仿真软件的基本操作。

3.1.2.3　知识链接

1. 上海宇龙（HNC-21T）数控车床操作面板

图 3-14 所示为上海宇龙（HNC-21T）数控车床操作面板。由急停按钮、MDI 键盘、功能键、机床控制面板和液晶显示器等组成。

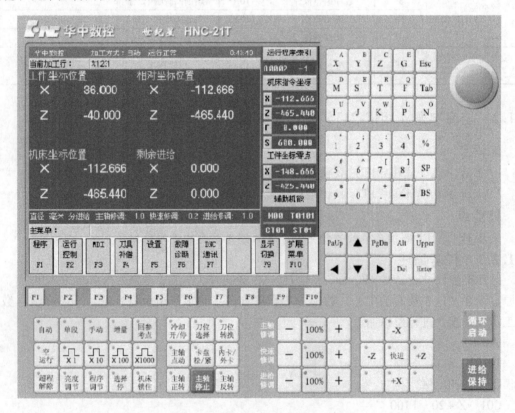

图 3-14　HNC-21T 数控车床操作面板

2. 上海宇龙（HNC-21T）数控车床仿真软件的操作

（1）数控程序处理　在图 3-14 所示主菜单软件操作界面下，按 F1 键进入图 3-15 所示的程序功能菜单。在程序功能菜单下，可以对零件程序进行编辑、保存、效验以及对文件进行管理。

图 3-15　程序功能菜单

1）程序编辑　在图 3-15 所示的程序功能菜单下，按 F2 键进入图 3-16 所示的编辑程序功能子菜单。在编辑程序功能子菜单下，可新建一个程序，或对磁盘程序进行编辑。

图 3-16　编辑程序功能子菜单

2）程序效验　程序效验用于对调入加工缓冲区的程序进行效验，并提示可能的错误。其操作步骤为

① 调入要效验的加工程序。

② 按机床控制面板上的"自动"按键进入程序运行方式。

③ 在程序功能菜单下，按 F5 键，此时软件操作界面的工作方式改为"程序效验"。

④ 按机床控制面板上的"循环启动"按键，进入程序效验。

⑤ 若程序有错，命令行将提示程序的哪一行有错。

注意：程序效验时，机床不动作；为确保加工程序正确无误，可选择不同的图形显示方式来观察效验运行的结果。

（2）对刀操作　采用试切法对刀时，手动输入刀具数据的步骤如下。

1）在图 3-14 所示主菜单软件操作界面下，按"刀具补偿"F4 键后，再按 F1 键进入图 3-17 所示的绝对刀偏表编辑功能子菜单，图形显示窗口将出现刀具数据。

2）按下"手动"方式按钮，利用"方向"键并结合"进给倍率"旋钮移动刀具，切削端面。切削完端面后，不要移动 Z 轴，按"＋X"键以原进给速度退出后，按下"主轴停止"按钮，使主轴停止。

3）用移动键移动蓝色亮条选择要编辑的选项。将蓝色亮条移动到"试切长度"下，按 ENTER 键，蓝色亮条所指刀具数据的背景发生变化，同时有一光标在闪烁。输入数据"0"，按 ENTER 键，完成该刀具 Z 向的对刀。

4）重新使主轴转动，利用方向键移动该刀具，试切外圆。车一段外圆后，不要移动 X 轴，按"＋Z"键以原进给速度退出，退出后，按下"主轴停止"按钮，使主轴停止。测量试切部分的外圆直径（如 $\phi33.706\text{mm}$）。

5）用移动键将蓝色亮条移动到"试切直径"下，按 ENTER 键，输入数据"33.706"，

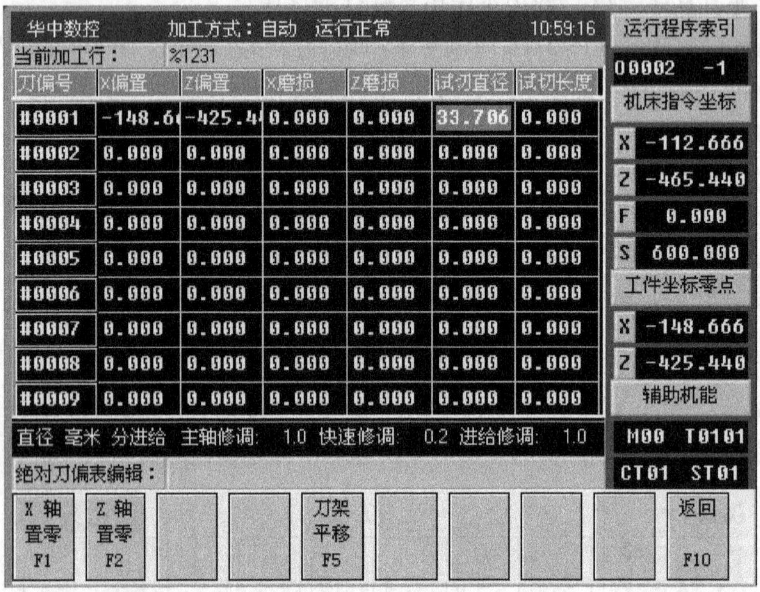

图 3-17　绝对刀偏表编辑功能子菜单

按 ENTER 键，完成该刀具 X 向的对刀。

当刀具磨损后或工件加工后的尺寸有误差时，只要修改该页面中每把刀具相应的"X磨损"、"Z磨损"中的数值即可。

（3）程序运行控制　系统调入零件加工程序，经效验无误后，可在"自动"方式下，按"循环启动"自动运行调入的程序。

程序启动后，可暂停、终止或再启动。在自动运行暂停状态下，除了能从暂停处重启动继续运行外，还可控制程序从任意行执行。

在图 3-14 所示主菜单界面下，按 F2 键进入图 3-18 所示运行控制功能子菜单，可控制程序从指定行运行。

图 3-18　运行控制功能子菜单

3.1.2.4　任务实施

（1）选择 HNC-21T 数控车床

（2）开机并回参考点

（3）定义毛坯与刀具　按本任务要求，设置毛坯尺寸为 $\phi35mm \times 80mm$。选择 1 号刀位安装刀尖角为 80°、刀尖半径为 0.4mm 的 93°外圆刀；2 号刀位安装宽度为 4mm 的切断刀。

（4）输入本任务程序　在图 3-15 所示的程序功能菜单下，按 F2 键进入图 3-16 所示的编辑程序功能子菜单。再按 F3 键新建一个程序。按照下列按键操作顺序输入本任务程序。

%0001 [Enter]

T0101 M03 S500 [Enter]

G00 X30 Z2 [Enter]

……

M30 [Enter]

（5）对刀　采用试切法完成外圆刀和切断刀的对刀操作，并分别在图 3-17 所示刀偏表的 01、02 号单元中输入刀偏值。

（6）自动运行程序　在"自动"方式下，按"循环启动"自动运行输入的程序。测量各段加工尺寸以验证加工质量。

3.1.2.5　教学评价

采用自评、互评和教师点评三者结合的方式。从加工质量、程序与工艺、机床操作和安全文明生产等方面对学生进行评价。配分权重表参见表 3-3。

3.2　FANUC 系统数控车床的编程与操作

3.2.1　外圆与端面加工

知识点

1. G00、G01 指令的功能。

2. G20、G21、G22、G50、G96、G97、G98、G99 指令的功能。

3. G90、G94、G71、G73、G70 等循环指令的格式及功能。

技能点

按零件图样要求编程加工端面、圆柱面及圆锥面等。

3.2.1.1　任务描述

任务 1：在 FANUC 0i Mate TB 数控车床上加工图 3-19 所示零件。毛坯尺寸为 $\phi33\text{mm} \times 70\text{mm}$，材料为 45 钢。

任务 2：试编写图 3-20 所示零件的加工程序，并在数控车床上进行加工。毛坯尺寸为 $\phi35\text{mm} \times 70\text{mm}$，材料为 45 钢。

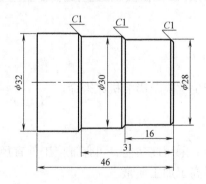

图 3-19　外圆与端面加工任务 1 图

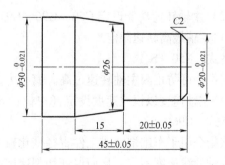

图 3-20　外圆与端面加工任务 2 图

3.2.1.2　任务分析

数控加工中的动作在加工程序中用指令的方式予以规定。由于本任务的零件轮廓主要为端面、圆柱面及圆锥面，因此，要先学习 G00、G01 指令代码，同时，还将学习尺寸单位选择指令 G20、G21、G22；主轴转速功能设定 G50、G96、G97；进给速度单位的设定指令 G98、G99 等基本指令代码。

任务 1 要加工的零件加工余量小，可一次走刀切削加工完成。但任务 2 的零件，加工余量大，若采用 G00、G01 指令编程加工，相似的动作要多次重复，使编程麻烦，程序较长。在实际加工中，当工件有较复杂形状或者切削铸、锻件等毛坯余量较大的非一次加工即能得到规定尺寸的场合，如果使用基本的编程方法会使程序很复杂，尤其是粗加工时为了考虑精加工余量，进行编程数值计算其坐标点时会很复杂。为了简化编程，数控系统提供了不同形式的固定循环指令和多重复合循环指令，机床可自动重复切削，从而缩短程序的长度，减少程序所占内存。

在完成该任务的加工过程中，需掌握数控加工工艺制定、刀具选用和机床操作等技能。

3.2.1.3　知识链接

1. 有关单位的设定

（1）尺寸单位选择 G20、G21、G22

格式：G20；

　　　G21；

　　　G22；

说明：G20：英制输入制式；

　　　G21：米制输入制式；

　　　G22：脉冲当量输入制式。

G20、G21、G22 为模态功能，可相互注销。G21 为默认值。

3 种制式下线性轴、旋转轴的尺寸单位见表 3-4。

表 3-4　尺寸输入制式及单位

	线 性 轴	旋 转 轴
英制（G20）	英寸（in）	度（°）
米制（G21）	毫米（mm）	度（°）
脉冲当量（G22）	移动轴脉冲当量	旋转轴脉冲当量

（2）主轴转速功能设定 G50、G96、G97

1）主轴最高转速限定

格式：G50　S_；

该指令可防止因主轴转速过高、离心力太大而产生危险及影响机床寿命。

2）主轴速度以恒线速度设定（单位：m/min）

格式：G96　S_；

该指令用于车削端面或工件直径变化较大的场合。采用此功能，可保证当工件直径变化时，主轴的线速度不变，从而保证切削速度不变，提高了加工质量。

3）主轴速度以转速设定（单位：r/min）

格式：G97 S_；

该指令用于车削螺纹或工件直径变化不大的场合。采用此功能，可设定主轴转速并取消恒线速度控制。

例如 G96 S100；设定线速度恒定，切削速度为 100m/min

G50 S1800；设定主轴最高转速为 1800r/min

G97 S500；取消线速度恒定功能，主轴转速为 500r/min

G96、G97 为模态功能，可相互注销。G97 为默认值。

（3）进给速度单位的设定 G98、G99

格式：G98 F_；

G99 F_；

说明：

1）G98 为每分钟进给速度。对于线性轴，F 的单位依 G20/G21/G22 的设定而为 in/min、mm/min 或脉冲当量/min；对于旋转轴，F 的单位为度/min 或脉冲当量/min。

2）G99 为每转进给量，即主轴转一周时刀具的进给量。F 的单位依 G20/G21/G22 的设定而为 in/r、mm/r 或脉冲当量/r。这个功能只在主轴装有编码器时才能使用。

G98、G99 为模态功能，可相互注销。G99 为默认值。

2. 快速定位指令 G00

功能：使刀具以机床规定的快速进给速度从当前位置移动到程序段指令的定位目标点，又称点定位。

格式：G00 X(U)_Z(W)_；

说明：

1）X、Z 为绝对编程时目标点在工件坐标系中的坐标；U、W 为增量编程时快速定位终点相对于起点的位移量。目标点的坐标值可以用绝对值，也可以用增量值，还可以混用。

2）G00 指令中的快移速度由机床参数"快移进给速度"对各轴分别设定，不能用 F 规定，但可由机床操作面板上的快速修调旋钮修正。当某轴走完编程值便停止，而其他轴继续运动。

3）不运动的坐标无须编程。

4）G00 编程时，也可以写作 G0。

5）G00 为模态功能，可由 G01、G02、G03 等功能注销。

例如，加工图 3-21 所示零件，要求刀具从 A 点快速移动到 C 点，编程格式为

绝对值方式编程为

G00 X40.0 Z5.0；

增量值方式编程为

G00 U-60.0 W-95.0；

注意：

1）G00 一般用于加工前的快速定位或加工后的快速退刀。

2）在执行 G00 指令时，由于各轴以各自的速度运动，不能保证各轴同时到达终点，因此，联动直线轴的合成轨迹不一定是直线，而可能是一条折线。因此，在使用 G00 指令时要注意刀具是否和工件及夹具发生干涉，对不适合联动的场合，两轴可单动，若忽略 G00

的这一特性,很容易发生碰撞,而在快速状态下的碰撞就更加危险。

如图 3-21 所示,按上述方式编程,首先刀具以快速进给速度运动到点 $B(40,40)$,然后再运动到点 $C(40,5)$,刀具运动轨迹为折线 $AB \to BC$。

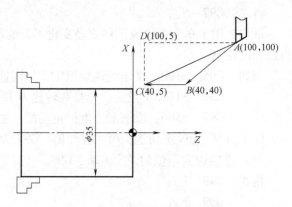

图 3-21　G00 指令编程举例

单动绝对值编程方式为

G00　Z5.0;
　　　X40.0;

单动增量值编程方式为

G00　W－95.0;
　　　U－60.0;

此时,刀具运动轨迹为 A→D→C。

3. 直线插补指令 G01

功能:该指令用于直线或斜线切削加工运动。可使刀具以插补联动方式按规定的进给速度 F,从所在点出发,直线移动到目标点。

格式:G01　X(U)_Z(W)_ F_;

说明:

1) X、Z 为绝对坐标方式时的目标点坐标;U、W 为增量坐标方式时的目标点坐标。目标点的坐标值可以用绝对值,也可以用增量值,还可以混用。

2) 不运动的坐标可以省略。

3) F 为刀具的进给速度。F 为模态指令,可用 G00 来取消,但若在下一个 G01 程序段中没有指定 F,系统按上次 G01 的进给速度执行。

4) G01 也可以写成 G1。

5) G01 为模态指令,可由 G00、G02、G03 等功能注销。

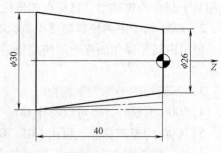

图 3-22　车削圆锥面

例如,车削图 3-22 所示工件的圆锥面。

O00002;
N10　M03　S500;
N20　T0101;
N30　G00　X35.0　Z0;
N40　G01　X28.0　F0.3;　　　　　进刀
N50　G01　X30.0　Z－40.0;　　　 车削外圆锥第 1 刀
N60　G00　Z0;　　　　　　　　　退刀
N70　G01　X26.0;　　　　　　　　进刀
N80　G00　X30.0　Z－40.0;　　　 车削外圆锥第 2 刀
N90　G00　X100.0　Z100.0;　　　 退刀
N100　M05;
N120　M30;

注意：

1）车削圆锥面时，若圆锥大、小端直径相差较小，适合用终点法车削，进给路线为直角三角形；若圆锥大、小端直径相差较大时，适合用平行法车削，进给路线与圆锥母线平行。

2）若程序中 N40、N70 程序段的刀具沿径向切入使用 G00 指令，为避免打刀，刀具在 *Z* 向应留一定的安全距离。

4. 单一固定循环指令

对于结构形状简单，刀具路线单一的零件，如外径、内径、端面等，在加工余量较大的场合，刀具常常反复执行相同的动作，才能达到工件要求的尺寸。为了简化编程，数控系统提供了单一固定循环指令，通常只需要用一个含 G 代码的程序段可完成多次重复的加工操作。

（1）内外径切削循环指令 G90

格式：G90　X(U)_Z(W)_R_F_；

说明：X、Z：切削终点的绝对坐标值；

　　　　U、W：切削终点相对循环起点的增量坐标；

　　　　R：圆锥起点与终点的半径差，圆柱切削时为零，可以省略；

　　　　F：进给速度。

图 3-23 所示为圆柱切削循环示意图。刀具的运动轨迹为：刀具从 *A* 点出发，第一段沿 *X* 轴快速移动到 *B* 点，第二段以 F 指令的进给速度切削到达 *C* 点，第三段切削进给退到 *D* 点，第四段快速退回到起点 *A*，完成一个切削循环。

图 3-24 所示为圆锥切削循环示意图。

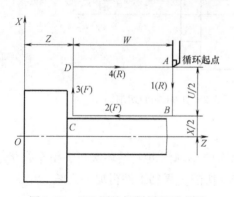

图 3-23　G90 圆柱切削循环示意图

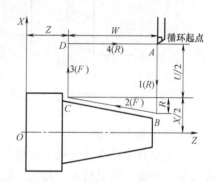

图 3-24　G90 圆锥切削循环示意图

注意：刀具从 *A*→*B* 为快速进给，因此在加工圆锥时，*A* 点在轴向上要离开工件端面，以保证快速进刀时的安全。故在使用圆锥切削循环指令前，可利用圆锥锥度公式计算切削加工起点 *B* 的 *X* 坐标。

锥度

$$C = \frac{D - d}{L}$$

式中　*D*——圆锥大径；

　　　d——圆锥小径；

　　　L——圆锥长度。

例如，用 G90 指令编程加工图 3-25 所示零件。

……

N50　G00　X60.0　Z4.0；

N60　G90　X45.0　Z−25.0　F0.2；　　A→B→C→D→A

N70　　　　X40.0；　　　　　　　　A→E→F→D→A

N80　　　　X35.0；　　　　　　　　A→G→H→D→A

……

（2）端面切削循环 G94

格式：G94　X(U)_Z(W)_R_F_；

说明：X、Z：端面切削的终点的绝对坐标值；

　　　　U、W：端面切削的终点相对循环起点的增量坐标；

　　　　R：切锥体时，圆锥起点与终点的 Z 轴坐标的差值；

　　　　F：进给速度。

如图 3-26 所示，刀具从循环起点开始矩形循环，其加工顺序按 A→B→C→D→A 进行。G94 与 G90 循环的最大区别在于，G94 第一步先走 Z 轴，而 G90 则是先走 X 轴。

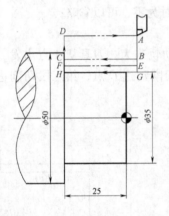

图 3-25　G90 切削加工举例

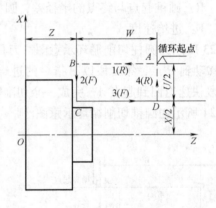

图 3-26　G94 端面切削循环

5. 复合循环指令

利用复合循环指令，只需在指令中设定粗加工每次的车削深度或循环次数、精车余量、进给量等参数，以及精加工路线，机床即可自动地重复切削，直到工件粗加工完毕。

（1）内外径粗车复合循环 G71

格式：G71　U(Δd)　R(e)；

　　　　G71　P(ns)　Q(nf)　U(Δu)　W(Δw)　F_S_T_；

说明：Δd：每次切深，无符号，该参数为模态值，半径指定；

　　　　e：退刀量，无符号，该参数为模态值，半径指定；

　　　　ns：精加工程序的第一个程序段的段号；

　　　　nf：精加工程序的最后一个程序段的段号；

　　　　Δu：X 轴方向的精加工余量，以直径值表示。加工外径时 Δu > 0，加工内径时 Δu < 0；

Δw：Z 轴方向的精加工余量；

F、S、T：粗车过程中从程序段号 ns 到 nf 之间包括的任何 F、S、T 功能都被忽略，只有 G71 指令中指定的 F、S、T 功能有效。

注意：

1）如图 3-27 所示，从 A' 到 B 的刀具轨迹（即零件的轮廓）在 X 和 Z 方向坐标值是单调增加（外轮廓）或减少（内轮廓）的。此时，当给出精加工形状的路线 $A \rightarrow A' \rightarrow B$ 及切削深度时，就会进行平行于 Z 轴的多次切削，最后再按留有精加工切削余量 Δw 和 $\Delta u/2$ 之后的精加工形状进行加工。

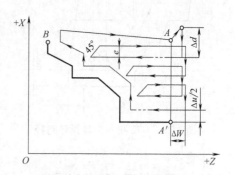

图 3-27 G71 指令刀具循环路径

2）在使用 G71 进行粗加工循环时，只有含在 G71 或 G71 之前程序段中的 F、S、T 功能才有效。而包含在 ns→nf 程序段中的 F、S、T 功能只对精加工时有效。

3）$A \rightarrow A'$ 之间的刀具轨迹在 ns 程序段中用 G00 或 G01 指定，且在该程序段中不能指定沿 Z 轴方向的移动，即第一段刀具移动指令必须是沿 X 方向的。车削循环过程是平行于 Z 轴方向的。

4）在 ns 和 nf 之间的程序段不能调用子程序。

5）X 向和 Z 向精加工余量的符号与刀具轨迹移动的方向有关，即沿刀具轨迹方向移动时，如果 X 方向坐标值单调增加，则 Δu 为正，反之为负；如果 Z 方向坐标值单调减少，则 Δw 为正，反之为负。

（2）端面粗加工复合循环 G72

格式：G72 W(Δd) R(e)；

　　　G72 P(ns) Q(nf) U(Δu) W(Δw) F_S_T_；

G72 与 G71 不同的是 G72 是沿着平行于 X 轴方向进行循环加工的。其参数含义与 G71 相同。刀具循环路径如图 3-28 所示。

（3）型车粗加工复合循环 G73

所谓型车粗加工复合循环其进给路线与工件最终轮廓平行。它适用于毛坯形状与零件轮廓形状基本接近时的粗车，如对一些锻造、铸造毛坯的切削，用该方法能提高效率。刀具循环路径如图 3-29 所示。

格式：G73 U(Δi) W(Δk) R(d)；

　　　G73 P(ns) Q(nf) U(Δu) W(Δw) F_S_T_；

说明：Δi：粗切时 X 方向切除的总余量，以半径值表示；

　　　Δk：粗切时 Z 方向切除的总余量；

　　　d：粗切循环次数。

其余同 G71。

（4）精加工复合循环 G70

格式：G70 P(ns) Q(nf)；

说明：ns：精加工程序的第一个程序段的段号；

　　　nf：精加工程序的最后一个程序段的段号。

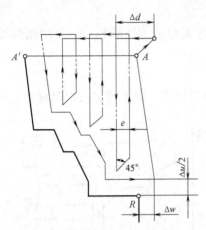

图 3-28　G72 指令刀具循环路径

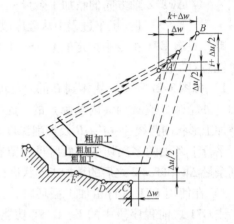

图 3-29　G73 指令刀具循环路径

注意：

1）在精车循环 G70 状态下，ns→nf 程序中指定的 F、S、T 功能有效，当 ns→nf 程序中不指定 F、S、T 时，粗车循环中指定的 F、S、T 功能有效。

2）使用 G70 精车循环时，要注意其快速退刀路线，防止刀具与工件碰撞。如图 3-30 所示，从 A 点开始执行 G70 是安全的，从 B 点开始执行 G70 将发生碰撞。

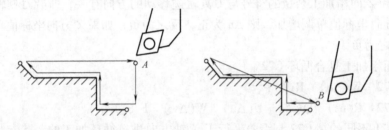

图 3-30　使用 G70 功能可能出现的碰撞

3.2.1.4　任务实施

1. 任务 1

（1）根据零件图 3-19 确定加工工艺路线

1）车端面。

2）从右至左加工外轮廓。

3）切断。

（2）选择刀具

T01：90°外圆车刀，用于车端面和外圆。

T02：宽 4mm 的切断刀。

（3）编写图 3-19 所示工件的数控加工程序

O1000；

N2　M03　S500　T0101；	主轴正转，转速 500r/min，换外圆车刀
N4　G00　X35.0　Z0；	快速移动到起刀点
N6　G01　X−1.0　F0.15；	车端面

N8	G00　Z2.0;	退刀
N10	X26.0;	
N12	G01　Z0　F0.2;	
N14	X28.0　Z－1.0;	倒角
N16	Z－16.0;	车 ϕ28mm 外圆
N18	X30.0　Z－17.0;	倒角
N20	Z－31.0;	车 ϕ30mm 外圆
N22	X32.0　Z－32.0;	倒角
N24	Z－50.0;	车 ϕ32mm 外圆
N26	G00　X100.0;	退刀
N28	Z100.0;	
N30	M03　S300　T0202;	主轴正转,转速 300r/min,换切断刀
N32	G00　X34.0　Z－50.0;	
N34	G01　X1.0　F0.05;	切断
N36	G00　X100.0;	退刀
N38	Z100.0;	
N40	M05;	主轴停
N42	M30;	程序结束

2. 任务 2

（1）根据零件图 3-20 确定加工工艺路线

1）从右至左粗加工外轮廓。

2）从右至左精加工外轮廓。

3）切断。

（2）选择刀具

T01：90°外圆车刀；T02：宽 4mm 的切断刀。

（3）编写图 3-20 所示工件的数控加工程序

O1001;

N2	M03　S500　T0101;	主轴正转,转速 500r/min,换外圆车刀
N4	G00　X36.0　Z2.0;	快速移动到循环起点
N6	G71　U2.0　R1.0;	从右至左粗加工外轮廓
N8	G71　P10　Q22　U0.5　W0.2　F0.2;	
N10	G00　X16.0;	
N12	G01　Z0　F0.1;	
N14	X20.0　Z－2.0;	
N16	Z－20.0;	
N18	X26.0;	
N20	X30.0　W－15.0;	
N22	Z－50.0;	
N24	G70　P10　Q22;	从右至左精加工外轮廓

N26	G00	X100.0	Z100.0;	退刀至换刀点

N26　G00　X100.0　Z100.0;　　　　　　退刀至换刀点

N28　M03　S300　T0202;　　　　　　　主轴正转,转速300r/min,换切断刀

N30　G00　X32.0　Z-49.0;

N32　G01　X1.0　F0.05;　　　　　　　切断

N34　G00　X100.0;

N36　　Z100.0;

N38　M05;　　　　　　　　　　　　　主轴停

N40　M30;　　　　　　　　　　　　　程序结束

3.2.1.5　教学评价

评价方式采用自评、互评和教师点评三者结合的方式。从程序编制、加工质量、工序制定、现场操作规范等方面对学生进行评价。图3-20所示工件配分权重表见表3-5。

表3-5　图3-20所示工件的配分权重表

序　号	考 核 内 容		配　分	评分标准	检测结果	得　分
1	程序编制		20	不正确不得分		
2	加工质量	$\phi20^{\ 0}_{-0.021}$	10	超差不得分		
3		$\phi30^{\ 0}_{-0.021}$	10	超差不得分		
4		$\phi26$	5	超差不得分		
5		外圆锥	10	超差不得分		
6		C2	5	超差不得分		
7		$20\pm0.05,45\pm0.05$	12	超差不得分		
8		15	3	超差不得分		
9	工序制定	选择刀具正确	5	不正确不得分		
10		工序制定合理	10	不正确不得分		
11	现场操作规范	工具的正确使用	2	不正确不得分		
12		量具的正确使用	2			
13		刃具的合理使用	2			
14		设备正确操作和维护保养	4			

3.2.2　圆弧加工

知识点

1. G02、G03指令的格式及功能。

2. G40、G41、G42指令的功能。

技能点

圆弧零件的数控车削加工程序的编制方法。

3.2.2.1　任务描述

试编写图3-31所示工件的数控加工程序,并在数控车床上进行加工。毛坯尺寸为$\phi40mm\times80mm$,材料为45钢。

3.2.2.2　任务分析

本任务为简单的圆弧零件,为完成该任务需掌握圆弧插补指令G02、G03以及圆弧的加工工艺。

由于本任务的零件轮廓主要由圆柱面、圆弧面组成,不采用刀具半径补偿,加工出的圆

弧面会出现欠切或过切的现象。因此，为完成
该任务还需掌握刀尖圆弧半径补偿的知识。

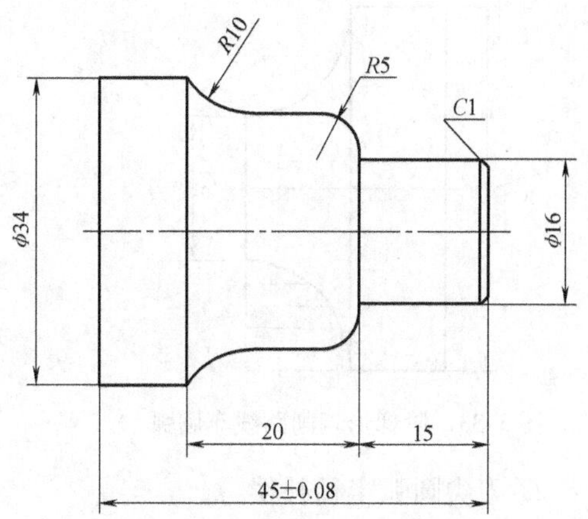

3.2.2.3 知识链接

1. 圆弧插补指令

（1）圆弧插补 G02/G03

功能：该指令用于使刀具相对工件以指令
的速度从当前点（起始点）向终点进行圆弧
插补。

格式：G02/G03　X(U)_Z(W)_I_K_F_;

　　　G02/G03　X(U)_Z(W)_R_F_;

说明：

1）G02/G03 是顺/逆时针圆弧插补指令。
圆弧方向是从第三坐标轴的正方向向负方向看
时，顺时针方向为 G02，逆时针方向为 G03。

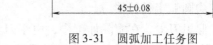

图3-31　圆弧加工任务图

2）X、Z 为圆弧终点的绝对坐标值；U、W 为圆弧终点相对圆弧起点的增量值。

3）R 为圆弧半径。当圆弧所对的圆心角 $\alpha \le 180°$ 时，R 取正值；当圆弧所对的圆心角
$\alpha > 180°$ 时，R 取负值。整圆不能用 R 编程。

4）I 和 K 是圆弧圆心相对圆弧起点的坐标增量，当 I、K 为零时可以省略。

例如，加工图 3-32 所示零件的 AB 段圆弧面，编程
格式如下。

绝对值方式编程为

G02　X60.0　Z – 30.0　I10.0　K0　F0.2;

G02　X60.0　Z – 30.0　R10.0　F0.2;

增量值方式编程为

G02　U20.0　W – 10.0　I10.0　K0　F0.2;

G02　U20.0　W – 10.0　R10.0　F0.2;

（2）车圆弧的加工路线　应用 G02/G03 指令车圆
弧时，若一刀就把圆弧加工出来，这样吃刀量太大，容
易打刀。所以，实际车圆弧时，需要多刀加工，先将大
余量切除，最后精车得到所需圆弧。

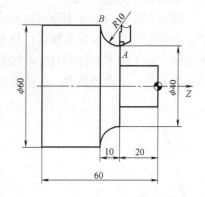

图3-32　车削圆弧面

图 3-33 所示为车圆弧的阶梯形切削路线，即先粗车成阶梯形，最后一刀精车出圆弧。
此方法刀具切削运动距离较短，但数值计算较复杂。

图 3-34 所示为车圆弧的同心圆弧切削路线，此方法数值计算简单，编程方便，因此常
被采用，但按图 3-34b 所示路线加工时，空行程较长。

图 3-35 所示为车圆弧的车锥法切削路线，即先车一个圆锥，再车圆弧。确定方法如图
3-35 所示，连接 OC 交圆弧于 D，过 D 点作圆弧的切线 AB。

由几何关系可知：

$CD = OC – OD = \sqrt{2}R – R = 0.414R$，此为车锥时的最大切削余量。由图示关系，可得
$AC = BC = 0.586R$。此方法数值计算较复杂，刀具切削路线短。

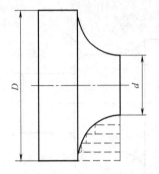

图 3-33 阶梯形切削路线车圆弧

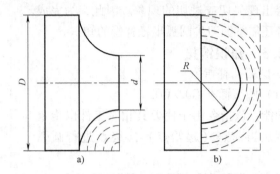

图 3-34 同心圆弧切削路线车圆弧

2. 刀尖圆弧半径补偿

（1）假想刀尖　在实际加工中，由于刀具产生磨损及加工时车刀刀尖磨成半径不大的圆弧，而编程假想刀尖点并不是切削圆弧上的点，如图 3-36 所示，P 点为其假想刀尖。因此，在车削锥面、倒角或圆弧面时，可能会造成过切削或欠切削的现象。图 3-37 所示为由于刀尖圆弧的存在所引起的加工误差。

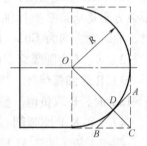

图 3-35 车锥法切削
路线车圆弧

编程时若以刀尖圆弧中心编程，可避免过切削或欠切削现象，但计算刀位点比较麻烦，并且如果刀尖圆弧半径值发生变化，还需修改程序。

数控系统的刀具半径补偿功能正是为解决上述问题所设定的。当使用车刀车削加工锥面、倒角或圆弧面时，为确保工件轮廓形状，加工时不允许刀具中心轨迹与工件轮廓重合，而应与工件轮廓偏移一个半径值 R，这种偏移称为刀尖圆弧半径补偿。

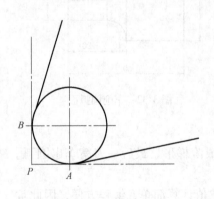

图 3-36 刀尖圆弧与假想刀尖

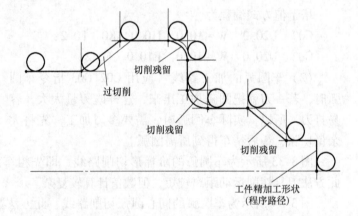

图 3-37 刀尖圆弧引起的加工误差

（2）刀尖半径补偿及取消指令 G41、G42、G40

功能：G41 为刀尖半径左补偿指令，即顺着刀具前进方向看，刀尖位置在编程轨迹的左边；G42 为刀尖半径右补偿指令，即顺着刀具前进方向看，刀尖位置在编程轨迹的右边；G40 为刀具半径补偿取消指令。在数控车床上，刀尖半径补偿的方向与刀架的位置有关。

格式：$\begin{matrix} G41 \\ G42 \\ G40 \end{matrix} \begin{Bmatrix} G01 \\ G00 \end{Bmatrix} X(U)\_Z(W)\_;$

说明：

1）G41、G42、G40 必须与 G01 或 G00 指令组合完成，不允许与 G02、G03 等其他指令结合编程，即它是通过直线运动来建立或取消刀具补偿的。

2）G41、G42 只能预读 2 段程序，即在使用 G41、G42 指令之后的程序段中，不能出现连续两个或两个以上的不移动指令，否则 G41、G42 指令会失效。

3）在调用新刀具前或要更改刀具补偿方向时，必须先取消刀具补偿，避免产生加工误差。

4）在 G41 方式中，不要再指定 G41 方式，否则补偿会出错。同样，在 G42 方式中，不要再指定 G42 方式。当补偿量取负值时，G41、G42 会互相转化。

5）G41、G42、G40 为模态指令。

（3）刀尖半径补偿量的设定　车刀的种类和形状各异，刀尖位置多种多样，它们都将影响切削加工的尺寸精度。为了使数控系统能准确控制刀具运动轨迹加工出合格的零件，必须把所选用刀具的形状和位置输入数控系统中。刀具形状和位置是用刀尖方位来表示的。如图 3-38 所示，刀尖方位号一共有 10 个。

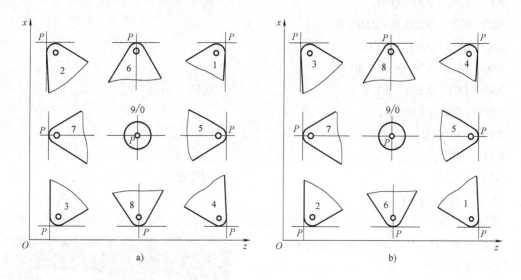

图 3-38　刀尖方位指定
a）后置刀架　b）前置刀架

在程序中使用了刀尖半径补偿指令，在刀具刀补设置窗口中就要输入对应的刀尖半径和刀尖方位，T 指令要与刀具补偿编号相对应。具体操作为：按下 MDI 键盘上的功能键"OFS/SET"和软键［形状］进入如图 3-39 所示的刀补设置页面，只需将对应刀具的刀尖半径和刀尖方位数值存入相应刀具刀偏中的 R 值和 T 值下面即可。

3.2.2.4　任务实施

选 T01 为 93°外圆车刀，T02 为刃宽 4mm 的切断刀。基点的计算见学习领域 2 的图 2-7。

编写图 3-31 所示工件的数控加工程序如下。

O2000；

N5	M03 S600；	主轴正转，转速 600r/min
N10	T0101；	外圆车刀
N15	G00 X42.0 Z5.0；	快速移动到循环起点
N20	G71 U2.0 R1.0；	外圆粗车循环
N25	G71 P30 Q70 U0.5 W0.2 F0.2；	精车路线由 N30 ～ N70 指定
N30	G42 G00 X14.0；	
N35	G01 Z0 F0.1；	
N40	X16.0 Z-1.0；	
N45	Z-15.0；	
N50	G03 X26.0 Z-20.0 R5.0；	
N55	G01 Z-27.0；	
N60	G02 X34.0 Z-35.0 R10.0；	
N65	G01 Z-50.0；	
N70	G40 G00 X42.0；	
N75	G70 P30 Q70；	精车
N80	G00 X100.0 Z100.0；	
N85	M03 S300 T0202；	
N90	G00 X36.0 Z-49.0；	
N95	G01 X1.0 F0.05；	切断
N100	G00 X100.0；	
N105	Z100.0；	
N110	M05；	主轴停
N115	M30；	程序结束

3.2.2.5 教学评价

评价方式采用自评、互评和教师点评三者结合的方式。从程序编制、加工质量、工序制定、现场操作规范等方面对学生进行评价。工件配分权重表参考表 3-4。

3.2.3 孔加工

知识点

1. G74 指令的格式及功能。

2. G04 指令的格式及功能。

技能点

孔类零件的数控车削加工程序的编制及加工。

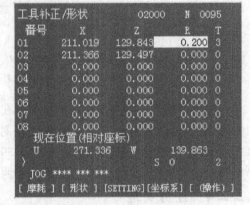

图 3-39　刀尖半径补偿量的设定

3.2.3.1 任务描述

加工图 3-40 所示零件，材料为 45 钢。该零件外圆表面已加工完成，试编写其孔的数控加工程序，并进行加工。

3.2.3.2 任务分析

在数控车床上加工工件时往往会遇到各种各样的孔，通过钻、铰、镗、扩等可以加工出不同精度的工件。对于钻或镗浅孔，可以应用 G01 指令；对于加工深且平行于 Z 轴的孔，最好采用钻孔复合循环指令 G74 来进行加工；对于加工内部形状复杂的孔来说，除用以上指令外，常用的是 G71、G72、G73 等固定循环指令。

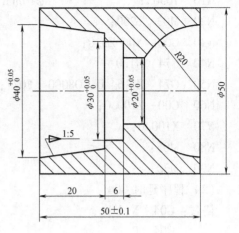

图 3-40 孔加工任务图

3.2.3.3 知识链接

（1）镗孔复合循环与端面钻孔复合循环 G74

功能：该指令可实现端面深孔和镗孔加工，Z 向切进一定的深度，再反向退刀一定的距离，可用于断续切削，以便断屑与排屑。指定 X 轴地址和 X 轴向移动量，就能实现镗孔加工；若不指定 X 轴地址和 X 轴向移动量，则为端面钻孔加工。

格式：G74　R(e)；

　　　G74　X(U)_Z(W)_　P(Δi)　Q(Δk)　R(Δd)　F(f)；

说明：e：每次啄式退刀量；

　　　X（U）：镗孔终点即 B 点的 X 坐标；

　　　Z（W）：钻削深度，即 A 点的 Z 坐标；

　　　Δi：X 方向每次的移动量；

　　　Δk：Z 向每次切入量（即每次钻削行程长度，无符号）；

　　　Δd：刀具在切削底部的退刀量；

　　　f：进给量。

G74 指令的刀具循环路径见图 3-41。

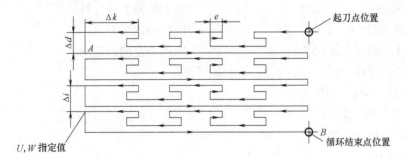

图 3-41 G74 指令刀具循环路径

例如，在工件上加工直径为 10mm 的孔，孔的有效深度为 60mm。工件端面及中心孔已加工，程序为

　　　O0010；

N10　T0505；　　　　　　　　　　φ10mm 的麻花钻

N20　M03　S200；

N30　G00　X0　Z3.0；

N40　G74　R1.0；

N50　G74　Z－64.0　Q8000　F0.1；

N60　G00　Z100.0；

N70　X100.0；

N80　M05；

N90　M30；

（2）程序延时 G04

格式：G04　X（U）_；

　　　　G04　P_；

说明：X（U）_、P_为指定延时时间间隔。其中 X（U）后面可用带小数点的数值指定延时时间，单位为秒（s）；P 后面只能用无小数点形式的数值指定延时时间，单位为毫秒（ms）。此指令为非模态指令。

程序延时一般用于以下情况。

1）钻孔加工到达孔底部时，设置延时时间，以保证孔底的钻孔质量。

2）钻孔加工中途退刀后设置延时，以保证孔中切屑充分排出。

3）镗孔加工到达孔底部时，设置延时时间，以保证孔底的镗孔质量。

4）车削加工在加工要求较高的零件轮廓终点设置延时，以保证该段轮廓的车削质量。如车槽、拐角轨迹控制等。

5）其他情况下设置延时，如自动棒料送料器送料时延时，以保证送料到位。

3.2.3.4　任务实施

先用 φ18 的麻花钻钻通孔，钻孔程序参见本节举例。选 T01 为 93°盲孔车刀，本任务的参考程序为

O3000；　　　　　　　　　　加工左端内轮廓

N2　M03　S600　M08；　　　　主轴正转,切削液开

N4　T0101；　　　　　　　　　换 1 号刀 1 号刀补

N6　G00　X18.0　Z2.0；　　　　快速到达起刀点

N8　G71　U1.0　R0.5；　　　　粗加工左端内轮廓

N10　G71　P12　Q26　U－0.5　W0.2　F0.2；

N12　G00　G41　X40.0；

N14　G01　Z0　F0.1；

N16　X36.0　Z－20.0；

N18　X30.0；

N20　Z－26.0；

N22　X20.0；

N24　Z－33.0

N26　G40　X18.0

N28	G70 P12 Q26;	精加工左端内轮廓
N30	G00 Z100.0;	
N32	X100.0;	
N34	M05 M09;	主轴停,切削液关
N36	M30;	程序结束
O3001;		加工右端内轮廓
N2	M03 S600 M08;	主轴正转,切削液开
N4	T0101;	
N6	G00 X18.0 Z2.0;	快速到达起刀点
N8	G71 U1.0 R0.5;	粗加工右端内轮廓
N10	G71 P12 Q18 U−0.5 W0.2 F0.2;	
N12	G00 G41 X40.0;	
N14	G01 Z0 F0.1;	
N16	G03 X20.0 Z−17.0 R20.0;	
N18	G01 G40 X18.0;	
N20	G70 P12 Q18;	精加工右端内轮廓
N22	G00 Z100.0;	
N24	X100.0;	
N26	M05 M09;	主轴停,切削液关
N28	M30;	程序结束

3.2.3.5 教学评价

评价方式采用自评、互评和教师点评三者结合的方式。从程序编制、加工质量、工序制定、现场操作规范等方面评价学生对孔类零件的程序编制及加工方法的掌握程度。工件配分权重表参考表3-4。

3.2.4 槽加工

知识点

1. 槽类零件的加工工艺。

2. G75指令的格式及功能。

3. M98、M99指令的格式及功能。

技能点

按零件图样要求在数控车床上编程进行槽的加工。

3.2.4.1 任务描述

加工图3-42所示的零件,材料为45钢,内孔已钻出 $\phi16$ mm的预孔,外圆已加工完成,试编写数控加工程序并进行加工。

3.2.4.2 任务分析

本任务工件中有多个内、外圆槽,如果采用简单的G01指令来加工,则程序较长,容易出错。因此,本任务引入了外圆切槽复合循环指令G75和子程序的调用及返回指令M98、M99进行编程,以达到简化编程的目的。

在槽的加工过程中，要特别注意切槽的加工工艺。

3.2.4.3　知识链接

1. 槽加工工艺分析

槽的种类很多，考虑其加工特点，可分为单槽、多槽、宽槽、深槽及异型槽。但加工时可能会遇到几种形式的叠加，如单槽同时也是深槽或宽槽。

（1）对于宽度、深度值不大，且精度要求不高的槽，可采用与槽等宽的刀具，直接切入一次成型的方法加工。刀具切入到槽底后可利用延时指令，作短暂停留，以修整槽底圆柱度，退刀时根据需要可采用工进速度。

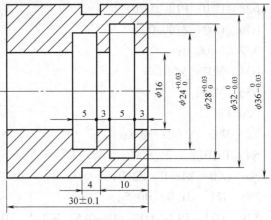

图 3-42　槽加工任务图

（2）对于宽度值不大，但深度值较大的深槽零件，为了避免切槽过程中由于排屑不畅，使刀具前面压力过大出现扎刀和折断刀具的现象，应采用分次进刀的方式。刀具在切入工件一定深度后，停止进刀并回退一段距离，达到断屑和排屑的目的。同时注意尽量选择强度较高的刀具。

（3）在切削宽槽时，常采用排刀的方式进行粗切，然后用精切槽刀沿槽的一侧切至槽底，精加工槽底至槽的另一侧，再沿侧面退出。

2. 径向切槽复合循环 G75

功能：G75 指令用于内、外圆切槽或钻孔。

格式：G75　R(e)；

　　　　G75　X(U)_Z(W)_　P(Δi)　Q(Δk)　R(Δd)　F(f)；

说明：

　　　　e：分层切削每次退刀量；

　　　　X（U）、Z（W）：槽底位置坐标；

　　　　Δi：每次循环 X 向切削量（无 ± 号）；

　　　　Δk：每次循环 Z 向切削量（无 ± 号），即沿径向切完一个刀宽后退出，在 Z 向的移动量；

　　　　Δd：刀具切到槽底后，在槽底沿 −Z 方向的退刀量，最好取 0，以免断刀。

G75 指令的刀具循环路径如图 3-43 所示。

例 1：编程加工图 3-44 所示零件。

O3240；

N10　T0202；　　　　　　　　　　切槽刀，刀宽 4mm

N20　M03　S300；

N30　G00　X42.0　Z − 34.0；

N40　G75　R1.0；

N50　G75　X20.0　Z − 50.0　P3000　Q3900　F0.1；

N60　G00　X100.0　Z100.0；

N70　M05；

N80　M30；

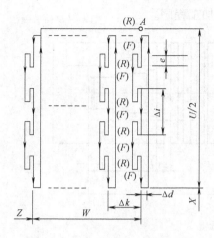

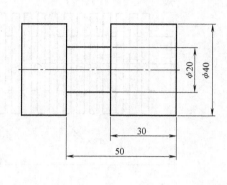

图 3-43　G75 指令刀具循环路径

图 3-44　G75 应用举例 1

例 2：编程加工图 3-45 所示零件。

O3241；

N10　T0202；　　　　切槽刀，刀宽 4mm

N20　M03　S300；

N30　G00　X42.0　Z－14.0；

N40　G75　R1.0；

N50　G75　X30.0　Z－54.0　P2000 Q10000　F0.1；

N60　G00　X100.0　Z100.0；

N70　M05；

N80　M30；

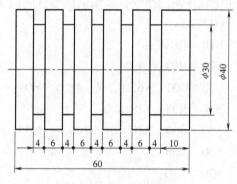

图 3-45　G75 应用举例 2

3. 子程序调用及返回 M98、M99

在一个加工程序的若干位置上，如果存在某些固定程序且重复出现的内容，为了简化程序可以把这些重复的内容抽出，按一定格式编成子程序，然后像主程序一样将它输入到程序存储器中。主程序在执行过程中如果需要某一子程序，可以调用子程序，一个调用指令最多可以重复调用一个子程序 9999 次。

（1）子程序的格式

子程序的编写与一般程序基本相同，只是程序结束符为 M99，它表示子程序结束并返回到调用子程序的主程序中 M98 指令的下一个程序段执行。

子程序可以由主程序调用，已被调用的子程序也可以调用其他的子程序。从主程序调用的子程序称为 1 重嵌套子程序，总共可以调用 4 重。

（2）子程序的调用

格式：M98　P△△△△　××××；

说明：△△△△：重复调用的次数。如果省略，则调用 1 次；

　　　　××××：被调用的子程序号。

例如 M98　P50020；表示调用程序号为 0020 的子程序 5 次；M98　P0020；表示调用程序号为 0020 的子程序 1 次。

例如，编制图 3-46 所示切纸辊 18×4mm 槽的加工程序。

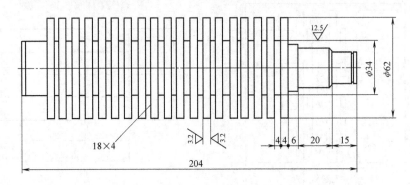

图 3-46　切纸辊

　　在加工圆周刀具、轧辊等零件时经常会遇到图 3-46 所示零件的多槽加工。这种零件槽多且尺寸相同，在编制其加工程序时会出现内容重复现象，增加了编程的工作量。为此，可采用子程序调用指令，来编制该零件的加工程序，减少编程工作量，缩短加工程序的长度。

O3242;		主程序号
N10	T0101;	外切槽刀，刀宽 4mm
N20	M03　S400;	
N30	G00　X65.0　Z－41.0　M08;	起刀点，切削液开
N40	M98　P181000;	调用切槽子程序(O1000)18 次
N50	G00　X100.0　Z100.0　M09;	回换刀点，切削液关
N60	M05;	主轴停
N70	M30;	程序结束
O1000;		子程序号
N10	G01　W－8.0　F0.3;	
N20	M98　P42000;	1 重嵌套调用子程序(O2000)4 次
N30	G01　X65.0　F0.1;	切至槽底后退刀
N40	M99;	子程序返回
O2000;		子程序号
N10	G01　U－10.0　F0.1;	每次切入 10mm
N20	U3.0　F0.3;	切入时回退断屑
N30	M99;	子程序返回

3.2.4.4　任务实施

　　选 T01 为外切槽刀，刀宽 4mm；T02 为内切槽刀，刀宽 3mm。本任务的参考程序为：

O4000;		
N10	T0101;	外切槽刀，刀宽 4mm
N20	M03　S400;	
N30	G00　X38.0　Z－14.0　M08;	定位，切削液开
N40	G01　X32.0　F0.1;	切至槽底

```
N50    G04    X1.0;                                      延时修整槽底
N60    G01    X38.0;                                     退刀
N70    G00    X100.0;
N80    Z100.0;
N90    T0202;                                            换内切槽刀,刀宽3mm
N100   G00    X14.0    Z2.0;
N110   Z-6.0;
N120   G75    R1.0;
N130   G75    X28.0    Z-8.0    P2000    Q2000    F0.1;   加工第1个内孔槽
N140   G00    Z-14.0;
N150   G75    R1.0;
N160   G75    X24.0    Z-16.0    P2000   Q2000    F0.1;   加工第2个内孔槽
N170   G00    Z100.0;
N180   X100.0;
N190   M05    M09;
N200   M30;
```

3.2.4.5　教学评价

评价方式采用自评、互评和教师点评三者结合的方式。从程序编制、加工质量、工序制定、现场操作规范等方面评价学生对槽类零件的程序编制及加工工艺的掌握程度。工件配分权重表参考表3-4。

3.2.5　螺纹加工

知识点

1. 螺纹的加工工艺。

2. 螺纹加工指令G32、G92、G76的格式及功能。

技能点

按零件图样要求在数控车床上编程进行螺纹加工。

3.2.5.1　任务描述

加工图3-47所示的零件,毛坯尺寸为$\Phi35mm \times 58mm$,材料为45钢,试编写数控加工程序并进行加工。

3.2.5.2　任务分析

本任务可综合应用G71、G70循环指令,加工倒角、外圆柱、圆锥面等结构,然后加工退刀槽和螺纹。螺纹加工是数控车床的主要功能之一。在编写螺纹加工程序时,有多种螺纹加工指令可供选择,如G32、G92、G76等,应根据具体情况合理地选用。此外,为了加工出

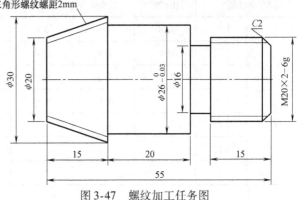

图3-47　螺纹加工任务图

合格的螺纹，选用合理的螺纹加工工艺是关键。

3.2.5.3　知识链接

1. 螺纹加工工艺

螺纹的类型包括内外圆柱螺纹和圆锥螺纹、等螺距和变螺距螺纹等。

（1）螺纹牙型高度（螺纹总切深）　螺纹牙型高度是指在螺纹牙型上，牙顶到牙底之间垂直于螺纹轴线的距离，它是车螺纹时车刀的总切入深度。

螺纹牙型高度 h：$h = 0.6495P$

式中，P 为螺距。

（2）分层切削深度　螺纹车削加工需分粗、精加工工序，经多次重复切削完成，这样可以减小切削力，保证螺纹精度。每次进给的背吃刀量用螺纹深度减精加工余量所得的差按递减规律分配。常用螺纹的进给次数与背吃刀量可参考表3-6选取。在实际加工中，当用牙型高度控制螺纹直径时，一般通过试切来满足加工要求。

表 3-6　常用螺纹切削的进给次数与背吃刀量

米　制　螺　纹							
螺　　距	1.0	1.5	2.0	2.5	3.0	3.5	4.0
牙深（半径值）	0.649	0.974	1.299	1.624	1.949	2.273	2.598
（直径值）背吃刀量及切削次数	1次	0.7	0.8	0.9	1.0	1.2	1.5	1.5
	2次	0.4	0.6	0.6	0.7	0.7	0.7	0.8
	3次	0.2	0.4	0.6	0.6	0.6	0.6	0.6
	4次		0.16	0.4	0.4	0.4	0.6	0.6
	5次			0.1	0.4	0.4	0.4	0.4
	6次				0.15	0.4	0.4	0.4
	7次					0.2	0.2	0.4
	8次						0.15	0.3
	9次							0.2

英　制　螺　纹							
牙/in	24牙	18牙	16牙	14牙	12牙	10牙	8牙
牙深（半径值）	0.678	0.904	1.016	1.162	1.355	1.626	2.033
（直径值）背吃刀量及切削次数	1次	0.8	0.8	0.8	0.8	0.9	1.0	1.2
	2次	0.4	0.6	0.6	0.6	0.6	0.7	0.7
	3次	0.16	0.3	0.5	0.5	0.6	0.6	0.6
	4次		0.11	0.14	0.3	0.4	0.4	0.5
	5次				0.13	0.21	0.4	0.5
	6次						0.16	0.4
	7次							0.17

（3）升速进刀段 δ_1 与减速退刀段 δ_2 （又称切入、切出距离）　车螺纹时，刀具沿螺纹方向的进给速度与主轴转速有严格的匹配关系，即主轴每转一圈，螺纹刀进给一个螺纹导程。但在螺纹切削开始和结束部分，由于伺服系统的滞后，螺纹导程会出现不规则现象。为了考虑这部分的螺纹精度，在数控车床上切削螺纹时必须设置升速进刀段 δ_1 与减速退刀段 δ_2，如图 3-48 所示。因此，加工螺纹的实际长度除了螺纹的有效长度 L 外，还应包括升速进刀段 δ_1 与减速退刀段 δ_2 的距离，即 $L+\delta_1+\delta_2$。δ_1、δ_2 的数值与螺纹导程、主轴转速和伺服系统的特性有关，一般大于一个导程。当螺纹终点处没有退刀槽时，可按 45°退刀收尾。

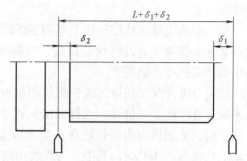

图 3-48　螺纹加工时的升速进刀段 δ_1
与减速退刀段 δ_2

（4）螺纹大径和小径的确定

例如，要加工 M30 ×2-6g 的螺纹，由 GB/T 15756—2008

螺纹大径的基本偏差为 es ＝ － 0.038mm，公差为 $T=0.28$mm，则螺纹大径的尺寸为 $\phi 30_{-0.318}^{-0.038}$mm，所以螺纹大径应在此范围内选取，并在加工螺纹前，由外圆车削来保证。当螺纹大径确定后，螺纹总切深在加工中，是由螺纹小径来控制的。

高速车削三角形外螺纹时，受车刀挤压后会使螺纹大径尺寸胀大，因此，车螺纹前的外圆尺寸应比螺纹大径小。车削三角形内螺纹时，因为车刀切削时的挤压作用，内孔直径会缩小（车削塑性材料较明显），所以以车削内螺纹前的孔径应比内螺纹小径略大些。

三角形螺纹加工计算的理论公式和经验公式为

理论公式：$\qquad\qquad d_1 = d_公 - 1.0825p$

经验公式：$\qquad\qquad d = d_公 - 0.1p$

$$d_1 = d_公 - 1.3p$$

式中，d_1 为外螺纹小径；d 为外螺纹大径；$d_公$ 为外螺纹公称直径；p 为螺距。

（5）螺纹加工的进刀方式　加工螺纹的进刀方式一般有两种：一种是直进式，另一种是斜进式。

直进式是指在每次螺纹切削往复行程后，车刀沿横向（X 向）进给，这样反复多次切削行程，完成螺纹加工。直进式车螺纹可以得到比较准确的牙型，但是，车刀刀尖全部参加切削，切削力较大，而且排屑困难，因此在切削时，两侧切削刃容易磨损，螺纹不易车光，并且容易产生"扎刀"现象。在切削螺距较大的螺纹时，由于切削深度较大，刀刃磨损较快，从而造成螺纹中径产生误差，因此，一般多用于小螺距螺纹加工。

斜进式是指在粗车螺纹时，为了操作方便，在每次切削往复行程后，车刀除了沿横向（X 向）进给外，还要沿纵向（Z 向）作微量进给。由于斜进式为单侧刃加工，加工刀刃容易损伤和磨损，使加工的螺纹面不直，刀尖角发生变化，而造成牙型精度较差。但由于其为单侧刃工作，刀具负载较小，排屑容易，并且切削深度为递减式，故此加工方法适用于大导程螺纹加工。

（6）多线螺纹的加工　多线螺纹的分线方法有两种：一是轴向分线法；二是圆周分度

分线法。

　　轴向分线法是在数控机床上车削多线螺纹常用的方法。它是通过改变螺纹切削时刀具起始点 Z 坐标来确定各线螺纹的位置。当换线切削另一条螺纹时，刀具轴向切削起始点 Z 坐标应偏移的值等于螺距 P。

　　圆周分度分线法是通过改变螺纹切削时主轴在圆周方向（C 轴）起始点 C 轴角位移坐标来确定各线螺纹的位置。这种方法只用于 C 轴控制功能的数控车床上，当换线切削另一条螺纹时，主轴周向切削起始点 C 坐标应先转过一个角度再进行螺纹切削，换线时主轴应转动的角度为：$360°/n$，其中 n 为螺纹的线数。

　　2. 单行程等导程螺纹切削 G32

　　格式：G32　X(U)_Z(W)_F_;

　　说明：X(U)、Z(W)：螺纹终点坐标值；

　　F：螺纹导程。对于锥螺纹，其斜角 α 小于 45°时，螺纹导程以 Z 轴方向的值指定；大于 45°时，螺纹导程以 X 轴方向的值指定。

　　圆柱螺纹切削时可省略 X(U)；端面螺纹切削时可省略 Z(W)；X(U)、Z(W) 都不能省略时为锥螺纹切削。

　　例如，编程加工图 3-49 所示圆柱螺纹 M30×2。

　　相关计算为

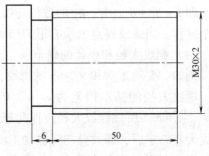

图 3-49　G32 编程举例

螺纹大径　　　$d = d_公 - 0.1p = 30\text{mm} - 0.1 \times 2\text{mm} = 29.8\text{mm}$

螺纹小径　　　$d_1 = d_公 - 1.3p = 30\text{mm} - 1.3 \times 2\text{mm} = 27.4\text{mm}$

O00005;

N10　……

N110	M03　S500　T0303;	主轴正转,转速 500r/min,选择螺纹车刀
N120	G00　X40.0　Z5.0;	快速接近工件
N130	X29.0;	第一次切入 0.8mm
N140	G32　Z-53.0　F2.0;	螺纹车削
N150	G00　X40.0;	X 向快速退刀
N160	Z5.0;	快速退刀至 Z 向起点
N170	X28.4;	第二次切入 0.6mm
N180	G32　Z-53.0　F2.0;	螺纹车削
N190	G00　X40.0;	X 向快速退刀
N200	Z5.0;	快速退刀至 Z 向起点
N210	X27.8;	第三次切入 0.6mm
N220	G32　Z-53.0　F2.0;	螺纹车削
N230	G00　X40.0;	X 向快速退刀
N240	Z5.0;	快速退刀至 Z 向起点
N250	X27.4;	第四次切入 0.4mm
N260	G32　Z-53.0　F2.0;	螺纹车削

N270	G00	X100.0;	X 向快速退刀
N280	Z100.0;		快速退刀至换刀点
N290	M05;		主轴停
N300	M30;		程序结束

3. 螺纹切削固定循环 G92

功能：G92 指令可以加工圆锥螺纹和圆柱螺纹，刀具从循环起点开始完成"切入—螺纹切削—退刀—返回"四个动作后又回到循环起点。

格式：G92　X(U)_Z(W)_R_F_;

说明：X(U)、Z(W)：螺纹终点坐标值；

R：圆锥螺纹起点和终点的半径差，加工圆柱螺纹时 R 为零，可省略。

例如，编程加工图 3-50 所示圆锥螺纹，螺距为 2mm。

相关计算为

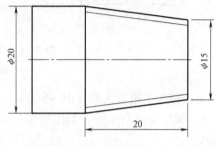

图 3-50　G92 编程举例

螺纹大径　　　　$d = d_公 - 0.1p = 20\text{mm} - 0.1 \times 2\text{mm} = 19.8\text{mm}$

螺纹小径　　　　$d_1 = d_公 - 1.3p = 20\text{mm} - 1.3 \times 2\text{mm} = 17.4\text{mm}$

R 值的计算：取 $\delta_1 = 2\text{mm}$，由圆锥螺纹的锥度可计算得，$Z = 2\text{mm}$ 位置处，圆锥小端 X 坐标为 14.5mm，故 $R = (14.5 - 20)\text{mm}/2 = -2.75\text{mm}$。

注意：采用 G92 螺纹循环指令编写加工程序，螺纹循环起点的 X 坐标需要大于螺纹大端的 X 坐标，因此，设置循环起点的坐标为 (25.0, 2.0)。

O0006			
N10	……		
N110	M03	S500	T0303;
N120	G00	X25.0	Z2.0;
N130	G92	X19.0　Z-20.0　R-2.75　F2.0;	螺纹车削第一刀
N140	X18.4　R-2.75;		螺纹车削第二刀
N150	X17.8　R-2.75;		螺纹车削第三刀
N160	X17.5　R-2.75;		螺纹车削第四刀
N170	X17.4　R-2.75;		螺纹车削第五刀
N180	G00	X100.0　Z100.0;	
N190	M05;		
N200	M30;		

4. 螺纹切削复合循环 G76

G76 指令用于多次自动循环车削螺纹，车削螺纹过程中，除第一次车削深度外，其余各次车削深度自动计算。G76 采用的是斜进式切削方法，可用于梯形螺纹和大导程螺纹的加工。该指令的循环和进刀方式如图 3-51 所示。

格式：G76　P(m)(r)(α)　Q($\Delta d_{\min}$)　R(d);

　　　　G76　X(U)　Z(W)　R(i)　P(k)　Q(Δd)　F(f);

说明：

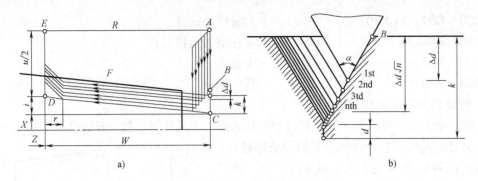

图 3-51　G76 指令的循环和进刀方式

a) 循环路线　b) 进刀方式

m：精加工重复次数（01～99）；

r：螺纹尾部倒角量（斜向退刀）（0.01～9.9f），以 0.1f 为一档，可用 00～99 两位数字指定；

α：刀尖角度，可选 80°，60°，55°，30°，29°，0°六种，用两位数字指定；

Δd_{min}：最小切削深度；当一个循环的切削深度 $(\sqrt{n}-\sqrt{n-1})\Delta d$ 小于 Δd_{min} 时，则用 Δd_{min} 作为切深；

d：精加工余量，用半径表示；

X（U）、Z（W）：螺纹终点坐标（X 是螺纹小径，用直径表示）；

i：圆锥螺纹半径差，若 i = 0 时，为圆柱直螺纹切削；以无小数点形式表示；

k：螺纹的牙型高度，按 h = 0.6495P 进行计算，半径指定，通常为正，以无小数点形式表示；

Δd：第一次切深，半径指定；第二次以后的每次总切深为 $d_2 = \sqrt{2}\Delta d$，$d_3 = \sqrt{3}\Delta d$，…，$d_n = \sqrt{n}\Delta d$，即第二次以后每次粗切深为：$\Delta d_2 = (\sqrt{2}-1)\Delta d$，$\Delta d_3 = (\sqrt{3}-\sqrt{2})\Delta d$，…，$\Delta d_n = (\sqrt{n}-\sqrt{n-1})\Delta d$，以无小数点形式表示；

f：螺纹导程。

例如，用 G76 指令编程加工图 3-52 所示螺纹。

参量的选择如下。

1）循环起点的位置。循环起点应在毛坯之外，以保证快速进给的安全，并且，还应保证螺纹切削精度，Z 轴方向应大于 δ_1。

2）m 值的选取。精加工走刀次数，选 m = 1。

3）r 值的选取。r 值若选得过大，在近似 45°方向上退刀时，不能保证螺纹长度，若选得过小，则收尾部分太短，若用收尾部分进行螺纹密封，则效果不会理想。若设计有要求，则按要求设定，本例按 1 个螺距选取，r = 10。

4）α 的确定。米制螺纹，牙形角 α = 60°。

5）Δd_{min} 的确定。最小切削深度 Δd_{min} = 0.1mm。

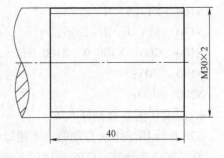

图 3-52　G76 编程举例

6）d 的确定。精加工余量，本例选 $d = 0.2$mm。

7）k 的确定。螺纹的牙型高 $k = 0.6495 \times 2 = 1.3$mm。

8）Δd 的确定。第一次切深，选 $\Delta d = 0.8$mm。

程序示例

……

G00　X35.0　Z5.0；

G76　P011060　Q100　R200；

G76　X27.4　Z−40.0　P1300　Q800　F2.0；

……

3.2.5.4　任务实施

根据图 3-47 所示零件的外形要求，选择如下刀具，T01：93°粗车外圆刀；T02：93°精车外圆刀；T03：切槽刀（刃宽4mm），T04：螺纹刀。编写加工程序如下。

O5000；		工件右端加工程序
N10　M03　S600　T0101；		
N20　G00　X36.0　Z2.0；		定位至循环起点
N30　G71　U2.0　R1.0；		
N40　G71　P50　Q110　U0.5　W0.2　F0.3；		粗车循环
N50　G00　G42　X15.8；		
N60　G01　Z0　F0.2；		
N70　X19.8　Z−2.0；		
N80　Z−20.0；		
N90　X26.0；		
N100　Z−40.0；		
N110　G40　X36.0；		
N120　G00　X100.0　Z100.0；		
N130　T0202　S800；		换精车外圆刀
N140　G00　X36.0　Z2.0；		
N150　G70　P50　Q110；		精车
N160　G00　X100.0　Z100.0；		
N170　T0303　S500；		换切槽刀
N180　G00　X22.0　Z−19.0；		
N190　G01　X16.0　F0.1；		切槽第一刀
N200　G04　X1.0；		
N210　G01　X22.0　F0.3；		
N220　Z−20.0；		
N230　X16.0　F0.1；		切槽第二刀
N240　G04　X1.0；		
N250　G01　X22.0　F0.3；		

```
N260   G00   X100.0   Z100.0;
N270   T0404;                              换螺纹刀
N280   G00   X22.0   Z4.0;
N290   G92   X19.0   Z-17.0   F2.0;        加工右端圆柱外螺纹
N300   X18.4;
N310   X17.8;
N320   X17.5;
N330   X17.4;
N340   G00   X100.0   Z100.0;
N350   M05;
N360   M30;
O5001;                                     工件左端加工程序
N10    M03   S600   T0101;
N20    G00   X36.0   Z2.0;                 定位至循环起点
N30    G71   U2.0   R1.0;
N40    G71   P50   Q80   U0.5   W0.2   F0.3;    粗车循环
N50    G00   G42   X19.8.0;
N60    G01   Z0   F0.2;
N70    X29.8.0   Z-15.0;
N80    G40   G00   X36.0;
N90    G00   X100.0   Z100.0;
N100   T0202   S800;
N110   G00   X36.0   Z2.0;
N120   G70   P50   Q80;
N130   G00   X100.0   Z100.0;
N140   T0404;
N150   G00   X32.0   Z3.0;
N160   G92   X31.0   Z-18.0   R-7.0   F2.0;     加工圆锥螺纹
N170   X30.4   R-7.0;
N180   X29.8   R-7.0;
N190   X29.5   R-7.0;
N200   X29.4   R-7.0;
N210   G00   X100.0   Z100.0;
N220   M05;
N230   M30;
```

3.2.5.5　教学评价

评价方式采用自评、互评和教师点评三者结合的方式。从程序编制、加工质量、工序制定、现场操作规范等方面评价学生对螺纹加工工艺及程序编制的掌握程度。工件配分权重表参考表 3-5。

3.2.6　宏程序编程

知识点

1. 非圆曲线的加工原理。
2. 宏程序的控制指令及运算指令的编程格式。
3. 宏程序的编程方法。

技能点

按零件图样要求在数控车床上编程进行非圆曲线的加工。

3.2.6.1　任务描述

加工图 3-53 所示的零件，毛坯尺寸为 $\Phi45 \times 70$mm，材料为 45 钢，试编写数控加工程序并进行加工。

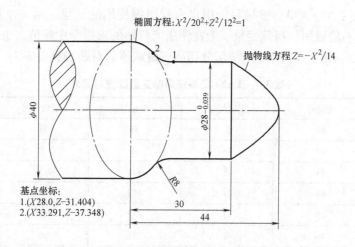

椭圆方程:$X^2/20^2+Z^2/12^2=1$

抛物线方程$Z=-X^2/14$

基点坐标:
1.(X28.0,Z-31.404)
2.(X33.291,Z-37.348)

图 3-53　宏程序编程任务图

3.2.6.2　任务分析

数控系统只提供了直线和圆弧插补指令，而本任务工件的最右端是抛物线轨迹，左端还有一小段椭圆弧。对于这种非圆曲线，在数控机床上一般是采用宏程序编程，用直线或圆弧逼近法进行加工。只要步距足够小，在零件上所形成的最大误差，就会小于所要求的最小误差，从而加工出标准的非圆曲线。

3.2.6.3　知识链接

1. 概念

反复进行同一切削动作时，使用子程序效果较好，但若使用用户宏程序的话，可以使用运算指令、条件转移等功能，适于编制更简单、通用性更强的程序，并且与子程序一样，在加工程序中用简单的命令就可以调用用户宏程序。在 FANUC 系统中，包含变量、转向、比较判别等功能的指令称为宏指令，包含有宏指令的子程序称为宏程序。

宏程序的特征为

1）可以在宏程序主体中使用变量。

2）可以进行变量之间的演算。

3）可以用宏程序命令对变量进行赋值。

2. 变量

用一个可赋值的代号代替具体的坐标值，这个代号就称为变量。使用变量可以使宏程序具有通用性。

（1）变量的表示　变量可以用"#"号和跟随其后的变量序号来表示，如#5，#33等。

（2）变量的引用　将跟随在一个地址后的数值用一个变量来代替，即引入了变量。如F#103，若#103 = 50时，则为F50。

（3）变量的类型　变量分为公共变量、系统变量和局部变量三类。

1）公共变量：#100 ~ #149，#500 ~ #509。公共变量是在主程序和各用户宏程序内公用的变量。其中#100 ~ #149在电源断电后即清零，重新开机时被设置为"0"；#500 ~ #509在电源断电后其值保持不变，称为保持型变量。

2）系统变量：#1000 ~。系统变量定义为有固定用途的变量，它的值决定系统的状态，

3）局部变量：#1 ~ #33。指局限于用户宏程序内使用的变量。同一个局部变量在不同的宏程序中其值不能通用。局部变量一般在调用宏程序的宏指令中赋值，也可在宏程序中直接赋值或用演算式赋值。FANUC系统部分局部变量赋值的对照表见表3-7。

表3-7　FANUC系统局部变量赋值对照表

赋值代号	变量号	赋值代号	变量号	赋值代号	变量号
A	#1	E	#8	T	#20
B	#2	F	#9	U	#21
C	#3	H	#11	V	#22
I	#4	M	#13	W	#23
J	#5	Q	#17	X	#24
K	#6	R	#18	Y	#25
D	#7	S	#19	Z	#26

（4）变量的运算　在变量之间、变量和常量之间，可以进行各种运算，运算指令见表3-8所示。

表3-8　运算指令

功　能	格　式	说　明
定义	#i = #j;	
和 差 积 商	#i = #j + #k; #i = #j − #k; #i = #j * #k; #i = #j/#k;	
正弦 余弦 正切 反正切	#i = SIN[#j]; #i = COS[#j]; #i = TAN[#j]; #i = ATAN[#j/#k];	角度用角度单位指令，如90°30′为90.5°

（续）

功　能	格　式	说　明
平方根 绝对值 四舍五入化整 下取整 上取整	#i = SQRT[#j]; #i = ABS[#j]; #i = ROUND[#j]; #i = FIX[#j]; #i = FUP[#j];	下取整是将小数点以后舍去，上取整是将小数点以后进位
逻辑"或" 逻辑"与" 逻辑"异或"	#i = #jOR#k; #i = #jAND#k; #i = #jXOR#k;	对二进制数进行逻辑运算
十进制转化为二进制 二进制转化为十进制	#i = BIN[#j]; #i = BCD[#j];	用于与 PMC 的信号交换

运算的优先级为：①函数；②乘、除类运算（ * 、/ 、AND 等）；③加、减类运算（ + 、- 、OR、XOR）。

例如，#1 = #2 + #3 * SIN[#4];

运算顺序为：①函数 SIN [#4]；②乘：#3 * …；③加：#2 + …。

当要变更运算的优先顺序时要使用括号。包括函数的括号在内，括号最多可用到 5 重，超过 5 重时则出现报警。

例如，#1 = SIN[[[#2 + #3] *#4 + #5] *#6];

3. 宏程序调用指令

（1）单纯调用 G65　用指令 G65 可调用地址 P 指令的宏程序，并将赋值的数据送到用户宏程序中。

格式：G65　P_L_ ＜引数赋值＞;

说明：

G65：宏程序调用代码；

P_：P 之后为宏程序主体的程序号码；

L_：循环次数（省略时为 1）；

＜引数赋值＞：由地址符及数值（有小数点）构成，由它给宏主体中所对应的变量赋予实际数值。

例如，

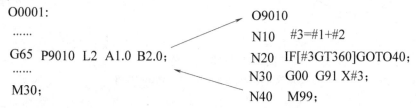

```
O0001:
……
G65  P9010 L2 A1.0 B2.0;
……
M30;
```

```
O9010
N10   #3=#1+#2
N20   IF[#3GT360]GOTO40;
N30   G00  G91 X#3;
N40   M99;
```

（2）模态调用 G66

格式：G66　P_L_ ＜引数赋值＞;

　　　G67；取消用户宏程序

在指令了模态调用 G66 后，在用 G67 取消之前，每执行一段轴移动指令的程序段，就调用一次宏程序。G66 程序段或只有辅助功能的程序段不能模态调用宏程序。

4. 控制指令

（1）无条件转移语句

格式：GOTO　n

说明：n 为顺序号（程序段号），可取 1～9999，也可用表达式表示。

（2）条件转移语句

格式：IF　［条件式］　GOTO　n；

说明：①条件式成立时，则转移到顺序号为 n 的程序段，否则，执行下一个程序段。

②条件式中的逻辑判断：大于、等于、不等于、大于等于、小于、小于等于分别用 GT、EQ、NE、GE、LT、LE 表示。

例如，编程加工图 3-54 所示的零件。毛坯尺寸为 $\Phi35 \times 100$mm。

椭圆曲线除了采用公式 "$X^2/a^2 + Y^2/b^2 = 1$"（其中 a 和 b 为半轴长度）来表示外，还可采用极坐标表示，如图 3-55a 所示，其公式为

$$A_Z = a \cdot \cos\alpha$$

$$A_X = b \cdot \sin\alpha$$

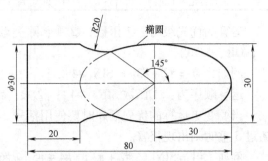

图 3-54　条件转移语句举例

对于极坐标的极角，应特别注意除了椭圆上四分点处的极角（α）等于几何角度（β）外，其余各点处的极角与几何角度不相等，在编程中一定要加以注意。本例的椭圆与圆弧交点处的极角如图 3-55b 所示，其几何角度为 145°，而其极角为 126°。

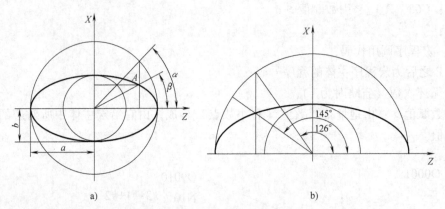

a)　　　　　　　　　　　　　b)

图 3-55　椭圆的极角

a）椭圆的极坐标表示方法　b）本例椭圆的极角

O0033；

T0101；

M03　S600；

G00　X36.0　Z2.0；

G73　U17.0　R10；

G73　P10　Q50　U0.5　W0.2　F0.2；

N10　G42　G00　X0；

```
G01    Z0    F0.1;
#101 = 0;                                        角度初始值
N20    #102 = 30.0 * COS[#101];                  Z 坐标
#103 = 15.0 * SIN[#101];                         X 坐标
G01    X[#103 * 2.0]    Z[#102 - 30.0];
#101 = #101 + 1.0;                               角度增量为 1°
IF    [#101 LE 126]    GOTO 20;                  终点判别
G02    X30.0    Z - 60.0    R20.0;
G01    Z - 80.0;
N50    G40    G00    X36.0;
G70    P10    Q50;
G00    X100.0    Z100.0;
M05;
M30;
```

（3）循环语句

格式：WHILE ［条件式］ DO m；（m = 1，2，3）

　　　　……

　　　　END m；

说明：

① 在条件成立期间，执行 WHILE 之后的 DO 到 END 间的程序。条件不成立时，执行 END 的下一个程序段。m 是指定执行范围的识别号，可使用 1、2、3，非 1、2、3 时则报警。

② 循环嵌套最多可到 3 重，但是不能执行交叉循环，否则会报警。

③ 如果省略了 WHILE 语句，只指令了 DO m，则从 DO 到 END 之间形成无限循环。

例如，用 WHILE 语句求 1 到 10 之和。

```
N10    #1 = 0;
N20    #2 = 1;
N30    WHILE    [#2 LE 10]    DO 1;
N40    #1 = #1 + #2;
N50    #2 = #2 + 1;
N60    END    1;
N70    M30;
```

3.2.6.4 任务实施

本任务的难点在两段非圆曲线的编程上。加工抛物线时，抛物线方程原点与工件零点重合，用公共变量#101 作为抛物线 X 轴变量，#102 作为 Z 轴变量；加工椭圆时，椭圆方程原点与工件零点不重合，应在 Z 坐标方向偏置 - 44.0，用公共变量#103 作为椭圆 Z 轴变量，#104作为 X 轴变量。编制加工程序如下。

```
O6000;
T0101;
```

```
M03   S600;
G00   X46.0   Z5.0;
G73   U22.0   R11;
G73   P10   Q50   U0.5   W0.2   F0.2;
N10   G42   G00   X0;
G01   Z0   F0.1;
#101 = 0;                                          抛物线 X 坐标初始值
N20   #102 = - [#101 * #101]/14.0;                 抛物线 Z 坐标
G01   X[#101 * 2.0]   Z[#102];
#101 = #101 + 0.1;                                 X 坐标增量为 0.1
IF   [#101 LE 14.0]   GOTO   20;                   X 坐标终点判别
G01   X28.0   Z - 31.404;                          车 Φ28 的圆柱面
G02   X33.291   Z - 37.348   R8.0;                 车 R8 的圆弧
#103 = 6.652;                                      椭圆 Z 坐标初始值
N40   #104 = 20.0 * SQRT[12.0 * 12.0 - #103 * #103]/12.0;   椭圆 X 坐标
G01   X[#104 * 2.0]   Z[#103 - 44.0];
#103 = #103 - 0.1;                                 Z 坐标步距为 0.1
IF   [#103 GE 0]   GOTO   40;                       Z 坐标终点判别
G01   X40.0   Z - 60.0;
N50   G00   G40   X46.0;
G70   P10   Q50;
G00   X100.0   Z100.0;
M05;
M30;
```

3.2.6.5　教学评价

评价方式采用自评、互评和教师点评三者结合的方式。从程序编制、加工质量、工序制定、现场操作规范等方面评价学生对宏程序编程及加工的掌握程度。工件配分权重表参考表 3-5。

3.2.7　自动编程

知识点

1. CAXA 数控车 XP 自动编程软件的界面。
2. CAXA 数控车的图形绘制。
3. CAXA 数控车的自动编程加工。

技能点

1. 零件的加工工艺分析。
2. 零件建模的方法和步骤。
3. 根据加工工艺，正确选择加工参数，生成刀位轨迹。
4. 对所使用的数控系统进行机床类型设置和后置处理设置，自动生成加工代码。

3.2.7.1　任务描述

利用 CAXA 数控车软件，完成图 3-56 所示的零件的加工。包括外轮廓、外槽、外螺纹的粗加工和精加工。

3.2.7.2　任务分析

自动编程是利用 CAD 技术进行计算机辅助设计，再利用 CAM 技术进行自动编程，最后通过 DNC 技术传送到数控机床进行加工，从而完成整个复杂零件的数控加工过程。目前常用的 CAD/CAM 软件很多，如

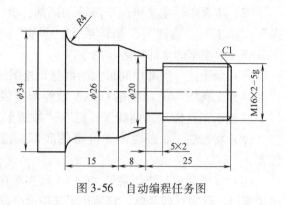

图 3-56　自动编程任务图

UG、Pro/E、Cimatron、Mastercam、CAXA 等，他们各有特点。本任务以我国研制开发的全中文 CAXA 数控车 XP 自动编程软件为例，介绍 CAD/CAM 软件的使用方法。

3.2.7.3　知识链接

1. CAXA 数控车 XP 界面

CAXA 数控车基本应用界面由标题栏、菜单栏、绘图区、工具栏和状态栏五个部分组成，如图 3-57 所示。和其他 Windows 风格的软件一样，各种应用功能均通过菜单栏和工具栏驱动。状态栏指导用户进行操作并提示当前状态和所处位置；绘图区显示各种绘图操作的结果，同时绘图区和参数栏为用户实现各种功能提供数据的交互。软件系统可以实现自定义界面布局。工具栏中每一个图标都对应一个菜单命令，单击图标和单击菜单命令是一样的。

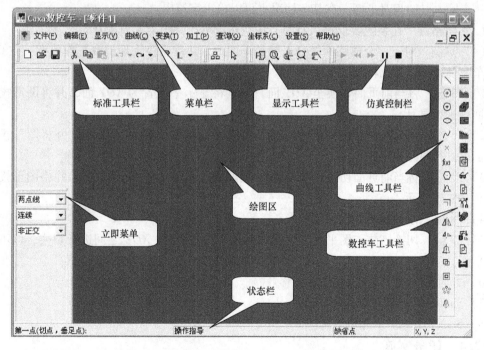

图 3-57　CAXA 数控车 XP 基本应用界面

（1）标题栏　标题栏位于工作界面的最上方，用来显示 CAXA 数控车的程序图标以及当前正在运行文件的名字等信息。

（2）主菜单　　主菜单位于屏幕的顶部，由"文件"、"编辑"、"显示"、"曲线"、"变换"、"加工"、"查询"、"坐标系"、"设置"、"帮助"等菜单项组成，这些菜单几乎包括了 CAXA 数控车的全部功能和命令。

（3）绘图区　　屏幕中间最大的部分是绘图区，该区用于绘制和修改图形。

（4）工具栏　　工具栏是 CAXA 数控车提供的一种调用命令的方式，分为"标准工具栏"、"显示工具栏"、"曲线工具栏"、"数控车工具栏"等。

（5）状态栏　　状态栏位于屏幕的底部，指导用户进行操作，并提示当前状态及所处位置。

（6）立即菜单与快捷菜单　　CAXA 数控车在执行某些命令时，会在特征树下方弹出一个选项窗口，称为立即菜单，它描述了某项命令的各种情况和使用条件。

用户在操作过程中，在界面的不同位置单击鼠标右键，即可弹出不同的快捷菜单，利用快捷菜单中的命令，用户可以快速高效地完成绘图任务。

（7）弹出菜单　　CAXA 数控车 XP 可通过按空格键弹出的菜单作为当前命令状态下的子命令。主要有"点工作组"、"矢量工作组"、"轮廓拾取工作组"和"岛拾取工作组"。

2. 鼠标、键盘和热键

（1）鼠标键　　CAXA 数控车中，鼠标左键可以用来激活菜单，确定位置点、拾取元素等。鼠标右键用来确认拾取、结束操作和终止命令。

（2）回车键和数值键　　CAXA 数控车中，在系统要求输入点时，回车键（Enter）和数值键可以激活一个坐标输入条，在输入条中可以输入坐标值。如果坐标值以@开始，表示相对前一个输入点的相对坐标；在某些情况也可以输入字符串。

（3）空格键　　在系统要求输入点时，按空格键可以弹出点工具菜单。

（4）热键　　对于一个熟练的 CAXA 数控车用户，热键将极大地提高工作效率。在 CAXA 数控车中设置了以下几种功能热键。

1）F5 键　　将当前页面切换至 XOY 面，同时将显示平面置为 XOY 面，并将图形投影到 XOY 面内进行显示。

2）F6 键　　将当前页面切换至 YOZ 面，同时将显示平面置为 YOZ 面，并将图形投影到 YOZ 面内进行显示。

3）F7 键　　将当前页面切换至 XOZ 面，同时将显示平面置为 XOZ 面，并将图形投影到 XOZ 面内进行显示。

4）F8 键　　按轴测图方式显示图形。

5）F9 键　　切换当前作图平面，将当前面在 XOY、YOZ、XOZ 之间进行切换，但不改变显示平面。

6）方向键（←↑↓→）　　显示平移。

7）Shift + ↑　　显示放大。

8）Shift + ↓　　显示缩小。

3.2.7.4　任务实施

1. 分析加工工艺

（1）零件图的工艺分析　　本任务零件由圆柱面、圆锥面、圆弧、螺纹等构成，其中直径尺寸与轴向尺寸没有尺寸精度和表面粗糙度要求。零件材料为 45 钢，切削加工性能较好，没有热处理和硬度要求。

通过上述分析，采取以下几点工艺措施。

1）零件图没有公差和表面粗糙度的要求，可完全看成是理想化的状态，在安排工艺时不必考虑零件的粗、精加工，故零件建模的时候就直接按照零件图上的尺寸建模即可。

2）工件右端面为轴向尺寸的设计基准，相应工序加工前，用手动方式先车右端面。

3）采用一次装夹完成工件的全部加工。

（2）确定车床和装夹方案　根据零件的尺寸和加工要求，选择经济型的四刀位数控机床，采用三爪自动定心卡盘对工件进行定位夹紧。

（3）确定加工顺序及走刀路线　加工顺序按照由粗到精、由近到远的原则确定，在一次加工中尽可能地加工出较多的表面。走刀路线设计不考虑最短进给路线或者最短空行程路线，外轮廓表面车削走刀路线可沿着零件轮廓顺序进行。

（4）刀具的选择　刀具的选择见表 3-9。

表 3-9　数控加工刀具卡片

零件图号			数控刀具卡片				使用设备
零件名称	典型轴	换刀方式		程序编号			CK6140
序　号	编　　号		刀具名称	规　格	数　量		备　注
1	T01		外圆车刀	93°、刀尖半径 0.4mm	1		20×20
2	T02		切槽刀	宽 3mm	1		20×20
3	T03		螺纹刀	60°	1		20×20
编制		审校		批准		共　页	第　页

2. 加工建模

（1）进入 CAXA　双击桌面上的“数控车”图标 进入 CAXA 数控车 XP 的操作界面。

（2）做水平线

1）从菜单栏选择“曲线”→“直线”或单击曲线工具栏中的直线图标 ＼，在立即菜单中单击“两点线”、“连续”、“正交”、“长度”，在长度栏中输入数值“56”，点击鼠标右键确定，如图 3-58a 所示。

2）根据状态栏提示输入直线的“第一点：（切点、垂足点）”，按键盘空格键弹出图 3-58b 所示对话框，单击鼠标左键选取“缺省点”，用鼠标捕捉原点；状态栏提示输入直线的“第二点：（切点、垂足点）”，把鼠标指向“–X”方向并单击鼠标左键确定生成图 3-58c 所示直线 L1。

（3）做水平线 L1 的等距线　从菜单栏选择“曲线”→“等距线”或单击曲线工具栏中的等距线图标 ⊣，在立即菜单中选择“等距”，在距离栏中输入“17”，按回车键或点击鼠标右键确定。状态栏提示“拾取直线”，用鼠标左键单击直线 L1；状态栏提示“选择等距方向”，如图 3-59a 所示；用鼠标单击向上的箭头，生成直线 L2，如图 3-59b 所示。用同样

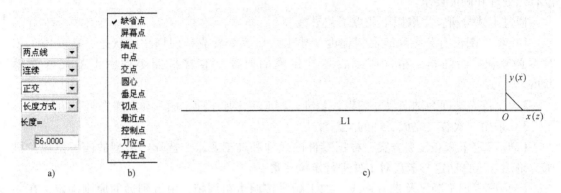

图 3-58 做水平线

a）立即菜单 b）点位对话框 c）生成直线 L1

的方法做与 L1 距离为 "13"、"10"、"8"、"6" 的等距线 L3、L4、L5、L6。

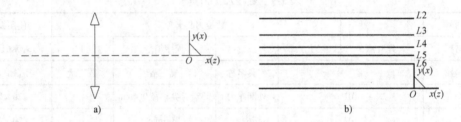

图 3-59 做等距线

a）选择等距方向 b）生成等距线

（4）做直线 L1 的垂直线 单击曲线工具栏中的直线图标 ＼，在立即菜单中选择 "水平/铅垂线" 中的 "铅垂"，输入长度为 "34"，按回车键或鼠标右键确定。根据状态提示 "输入直线中点"，按空格键弹出点位对话框，选取 "端点"，用鼠标拾取直线 L1 的左端点，单击鼠标右键确定，生成图 3-60 所示的垂直线 L7。

（5）做直线 L7 的等距线 单击曲线工具栏中的等距线图标 ┐，分别做与直线 L7 距离 为 "8"、"12"、"23"、"31"、"35"、"56" 的等距线 L8、L9、L10、L11、L12、L13，如图 3-61 所示。

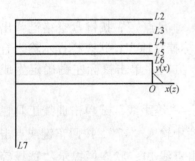

图 3-60 做垂直线

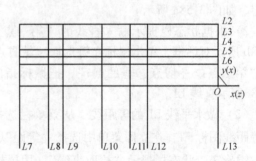

图 3-61 做轴向位置尺寸线

（6）曲线裁剪和删除　从菜单栏选择"曲线"→"曲线裁剪"或单击曲线编辑工具栏中的 ⚓ 图标，在立即菜单中选择"快速裁剪"，状态栏提示"拾取被裁剪线（选取被裁剪段）"，用鼠标直接拾取被裁剪的线段即可。从菜单栏选择"编辑"→"删除"或单击曲线编辑工具栏中的 图标，状态栏提示"拾取元素"，用鼠标左键拾取曲线裁剪后多余的线段，单击鼠标右键确定，修改图形至如图3-62所示。

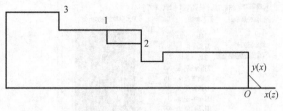

图 3-62　曲线裁剪和删除

（7）做圆锥线和圆弧　单击曲线工具栏中的直线图标 ＼，在立即菜单中选择"两点线"、"连续"、"非正交"；根据状态栏提示，按空格键弹出点位对话框，选"交点"；用鼠标依次拾取图 3-62 的点 1 和点 2，单击鼠标右键确定；用曲线裁剪和删除功能修改图形至图 3-63 所示形状。

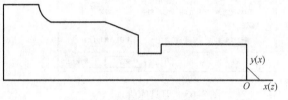

图 3-63　做圆锥线和圆弧

从菜单栏选择"曲线"→"圆"或单击曲线工具栏中的图标 ⊕，在立即菜单中选择"圆心＋半径"；根据状态栏提示"圆心点"，按空格键弹弹出点位对话框，选"交点"；用鼠标拾取图 3-62 的点 3；状态栏提示"输入圆上一点（切点）或半径"，按回车键弹出输入对话框，键入"5"并回车，单击鼠标右键确定，利用曲线裁剪功能裁剪至图 3-63 所示形状。

（8）做倒角　从菜单栏选择"曲线"→"曲线过渡"或单击曲线编辑工具栏中的图标 ⌐，在立即菜单中选择"倒角"，如图 3-64a 所示；根据状态栏提示，依次选取倒角两侧的线段。至此完成整个零件的加工造型，如图 3-64b 所示。

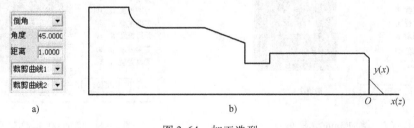

图 3-64　加工造型

3. 刀具轨迹的生成

（1）刀具参数设置　单击主菜单栏中"加工"→"刀具库管理"菜单项，或单击数控车工床具栏 图标，系统弹出"刀具库管理"对话框，如图 3-65 所示。CAXA 数控车 XP 提供轮廓车刀、切槽刀具、钻孔刀具和螺纹车刀 4 种类型的刀具管理功能。

1）增加 T01 号 93°外轮廓车刀。单击刀具库管理中"轮廓车刀"→"增加刀具"，出现图 3-66 所示对话框。在轮廓车刀类型中选"外轮廓车刀"，填入刀具参数然后确定，完成

T01 号车刀的增加。

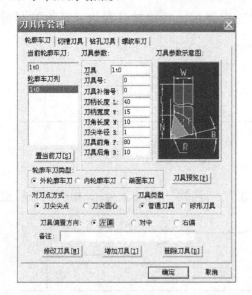

图 3-65　刀具库管理

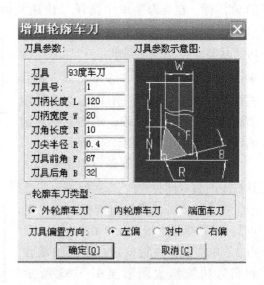

图 3-66　增加 93°外轮廓车刀

2）增加 T02 号 3mm 切槽车刀。单击刀具库管理中"切槽刀具"→"增加刀具"，出现图 3-67 所示对话框，填入刀具参数然后确定。

3）增加 T03 号 60°螺纹车刀。单击刀具库管理中"螺纹车刀"→"增加刀具"，出现图 3-68 所示对话框，填入刀具参数后确定。

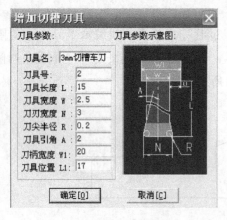

图 3-67　增加 3mm 切槽车刀

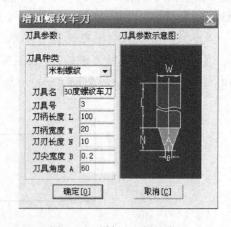

图 3-68　增加 60°螺纹车刀

（2）生成零件的加工轨迹

1）生成车外圆的粗、精加工轨迹

① 轮廓建模　图 3-69 所示为零件的加工造型。

② 填写粗车参数表　单击主菜单中"加工"→"轮廓粗车"菜单项，或单击数控车工具栏 🔲 图标，系统弹出"粗车参数表"对话框，然后分别填写粗车加工参数、进退刀方式、切削用量、轮廓车刀参数如图 3-70 ~ 图 3-73 所示。

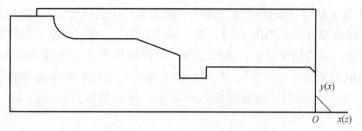

图 3-69　粗、精车外圆的加工造型

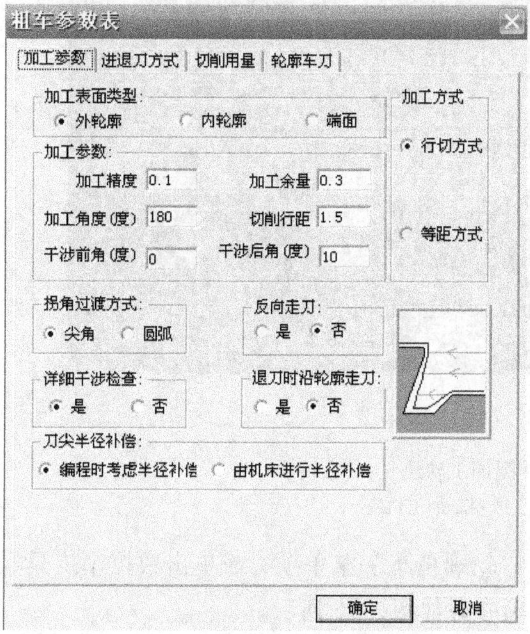

图 3-70　粗车加工参数

图 3-71　粗车进退刀方式

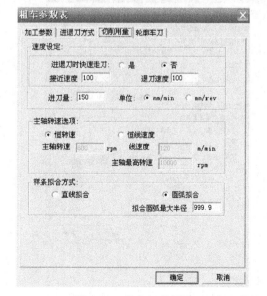

图 3-72　粗车切削用量

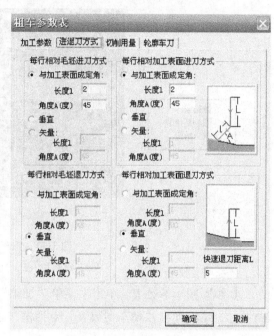

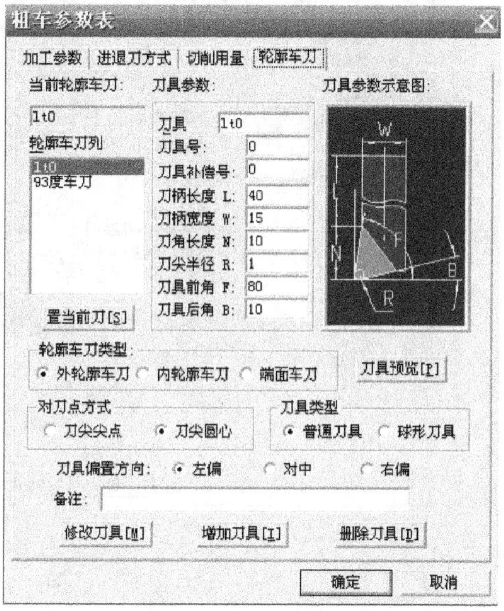

图 3-73　粗车轮廓车刀

③ 生成粗车加工轨迹 根据状态栏提示"拾取被加工表面轮廓",按空格键弹出工具菜单,系统提供 3 种拾取方式,如图 3-74,选"单个拾取"。当拾取第一条轮廓线后,此轮廓线变成红色的虚线,系统给出提示:选择方向,顺序拾取加工轮廓线并单击鼠标右键确定。状态栏提示"拾取定义的毛坯轮廓",顺序拾取毛坯的轮廓线并单击鼠标右键确定。状态栏提示"输入进退刀点",按回车键弹出输入对话框,输入起始点后再回车,生成图 3-74b 所示的加工轨迹。

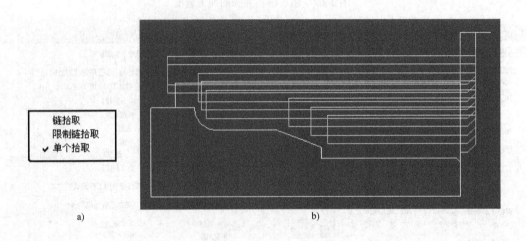

图 3-74 粗车外圆加工轨迹

a) 拾取的方式 b) 生成粗车加工轨迹

④ 填写精车参数表 单击主菜单"加工"→"轮廓精车"菜单项,或单击数控车工具栏 ▲ 图标,系统弹出"精车参数表"对话框,各项参数如图 3-75 所示。

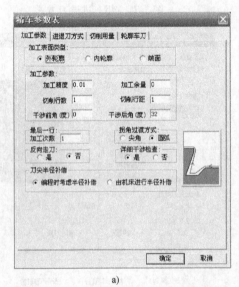 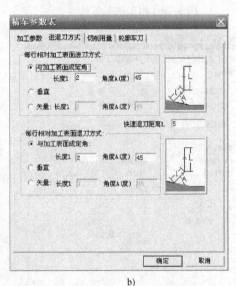

图 3-75 精车参数表

a) 精车加工参数 b) 精车进退刀方式

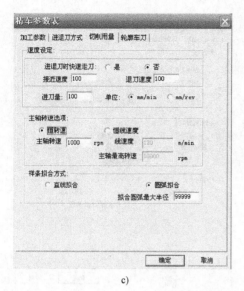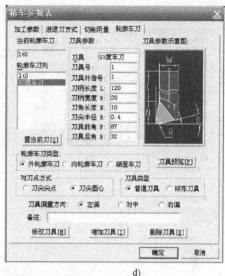

c)　　　　　　　　　　　　　　　　d)

图 3-75　精车参数表（续）

c）精车切削用量　d）精车轮廓车刀

⑤ 生成精车加工轨迹　根据状态栏提示"拾取被加工表面轮廓"，按方向拾取加工轮廓线并单击鼠标右键确定。状态栏提示"输入进退刀点"，按回车键弹出输入对话框，输入起始点后回车，生成图 3-76 所示的加工轨迹。

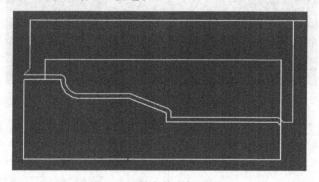

图 3-76　精车外圆加工轨迹

2）生成车外沟槽加工轨迹　单击主菜单中"加工"→"切槽"菜单项，或单击数控车工具栏 图标，系统弹出"切槽参数表"对话框，填写各项参数如图 3-77 所示。根据状态栏提示，拾取加工轮廓线，输入起始点回车，生成图 3-78 所示的加工轨迹。

3）生成车螺纹加工轨迹

① 轮廓建模　螺纹两端各延伸 2mm。

② 填写参数表　单击主菜单中"加工"→"车螺纹"菜单项，或单击数控车工具栏 图标，状态栏提示"拾取螺纹的起始点"，用鼠标左键拾取点 1；状态栏提示"拾取螺纹终点"，用鼠标左键拾取点 2。系统弹出"螺纹参数表"对话框，填写各项参数如图 3-79 所示。

③ 生成车螺纹加工轨迹　填写参数表后，状态栏提示"输入进退刀点"，按回车键弹出输入对话框，输入起始点回车，生成图 3-80 所示的加工轨迹。

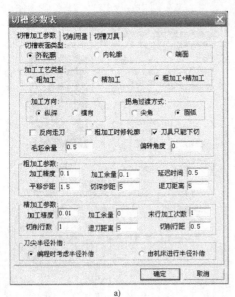
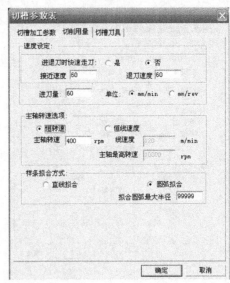

图 3-77　切槽参数表

a）切槽加工参数　b）切槽切削用量

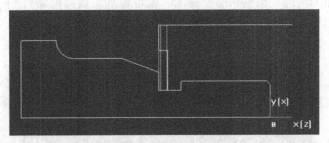

图 3-78　切槽加工轨迹

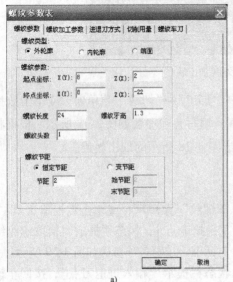

图 3-79　车螺纹参数表

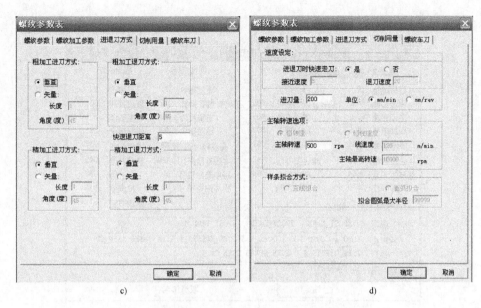

图 3-79　车螺纹参数表（续）

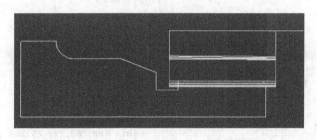

图 3-80　车螺纹加工轨迹

（3）机床设置与后置处理

1）机床设置　单击主菜单"加工"→"机床设置"菜单项，或单击数控车工具栏 图标，系统弹出"机床类型设置"对话框。单击对话框中"增加机床"，系统弹出"增加新机床"对话框，输入"FANUC"，并单击"确定"按钮。按照 FANUC 0 数控系统的编程指令格式，填写各项参数，如图 3-81 所示。

2）后置处理　单击主菜单"加工"→"后置设置"菜单项，或单击数控车工具栏 图标，系统弹出"后置处理设置"对话框。各项参数如图 3-82 所示。

（4）后置处理生成加工程序

1）单击主菜单"加工"→"代码生成"菜单项，或单击数控车工具栏 图标，系统弹出一个需要用户输入文件名的对话框，填写后置程序文件名"1234"。

2）单击"打开"按钮，选择"是"创建文件。

3）状态栏提示"拾取刀具轨迹"，顺序拾取外轮廓粗、精加工轨迹，切槽加工轨迹和螺纹加工轨迹，单击鼠标右键确定。

4）生成图 3-83 所示加工程序。

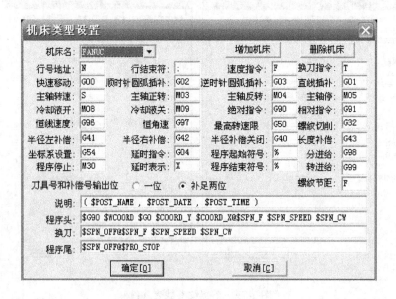

图 3-81 机床类型设置

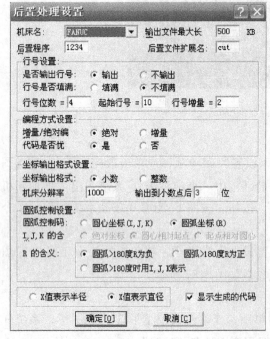

图 3-82 后置处理设置

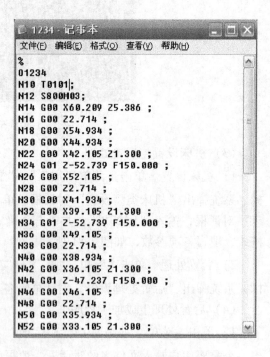

图 3-83 加工程序

3.2.7.5 教学评价

评价方式采用自评、互评和教师点评三者结合的方式。从加工建模、刀具轨迹的生成、机床设置与后置处理、加工代码生成等方面评价学生对自动编程的掌握程度。

3.2.8 综合加工训练

知识点

1. 典型零件加工工艺的制定。
2. 典型零件数控加工程序的编制。

技能点

1. 典型零件的加工工艺分析。
2. 典型零件的加工方法。

3.2.8.1 任务描述

加工图 3-84 所示零件。毛坯尺寸为 $\Phi75 \times 85mm$，材料为 45 钢。

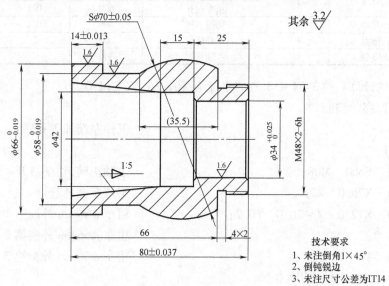

图 3-84 综合加工训练任务图

3.2.8.2 任务分析

本任务的零件有外圆、圆弧面、外槽、螺纹、内孔等加工要求，是比较复杂的零件。通过本任务的实施，可以掌握复杂零件的加工方法。

3.2.8.3 任务实施

（1）制定加工方案

1）以工件右端毛坯面作为装夹基准装夹工件，手动车削外圆与端面进行对刀。

2）粗、精加工左端外圆轮廓，保证外圆 $\Phi66mm$ 的尺寸及公差要求，长度为 20mm。

3）钻 $\Phi30mm$ 通孔。

4）粗、精加工左端内孔轮廓，保证各项尺寸公差要求。

5）工件调头装夹后校正，手动车削对刀，同时保证工件总长。

6）粗、精加工右端外轮廓，保证各项尺寸精度和表面粗糙度等要求。

7）粗、精加工右端内孔轮廓，保证各项尺寸公差要求。

8）切 4mm×2mm 退刀槽。

9）车 M48 ×2 螺纹。

（2）工件定位与装夹　工件采用三爪自定心卡盘进行装夹，在装夹（特别是调头装夹）过程中，一定要仔细对工件进行找正，以减小工件的位置误差。

（3）选择刀具及切削用量　选择刀具及切削用量见表3-10。

表 3-10　数控车削用刀具及切削用量参数表

刀具号	刀具规格名称	数　量	加工内容	主轴转速/(r/min)	进给量/(mm/r)	背吃刀量/mm
T01	93°外圆偏刀	1	粗车外圆轮廓、手动车端面	600	0.2	2.0
T02	93°外圆偏刀	1	精车外圆轮廓	800	0.1	0.25
T03	内孔车刀	1	粗车内孔	500	0.15	1
			精车内孔	600	0.1	0.25
T04	外切槽刀	1	切退刀槽	400	0.1	
T05	外螺纹刀	1	车外螺纹	500	2	
T06	ϕ30 钻头	1	钻孔	300		

（4）基点的计算　图 3-84 中 1 点的坐标为 X62.36，Z –14.0。

（5）加工程序的编制

O8000；　　　　　　　　　　　　　　　　　　工件左端加工程序

N5　T0101；

N10　M03　S600　M08；　　　　　　　　　　主轴正转,切削液开

N15　G00　X76.0　Z2.0；　　　　　　　　　　定位至循环起点

N20　G90　X72.0　Z –20.0　F0.2；　　　　　粗车 ϕ66mm 外圆第 1 刀

N25　X68.0；　　　　　　　　　　　　　　　粗车 ϕ66mm 外圆第 2 刀

N30　X66.5；　　　　　　　　　　　　　　　粗车 ϕ66mm 外圆第 3 刀

N35　G00　X100.0　Z100.0；

N40　T0202　S800；　　　　　　　　　　　　换外圆精车刀

N45　G00　X70.0　Z2.0；

N50　G90　X66.0　Z –20.0　F0.1；　　　　　精车 ϕ66mm 外圆

N55　G00　X100.0　Z100.0；

N60　M05；

N65　M00；　　　　　　　　　　　　　　　　钻 ϕ30mm 孔

N70　T0303；

N75　M03　S500；

N80　G00　X28.0　Z2.0；　　　　　　　　　定位至循环起点

N85　G71　U1.0　R1.0；

N90　G71　P95　Q125　U –0.5　W0.2　F0.15；　粗、精加工左端内孔轮廓

N95　G00　G41　X50.0　S600；

N100　G01　Z0　F0.1；

N105　X42.0　Z –40.0；

N110　W –15.0；

N115　X36.0;

N120　X34.0　W－1.0;

N125　G40　G01　X28.0;

N130　G70　P95　Q125;

N135　G00　X100.0　Z100.0;

N140　M05　M09;

N145　M30;

O8001;　　　　　　　　　　　　　　　　　工件右端加工程序

N5　T0101;

N10　M03　S600　M08;　　　　　　　　　主轴正转,切削液开

N15　G00　X76.0　Z2.0;　　　　　　　　定位至循环起点

N20　G73　U14.0　R7;

N25　G73　P30　Q65　U0.5　W0.2　F0.2;　　　粗、精加工右端外轮廓

N30　G00　G42　X45.8;

N35　G01　Z0　F0.1;

N40　X47.8　Z－1.0;

N45　Z－14.0;

N50　X62.36;

N55　G03　X58.0　Z－49.5　R35.0;

N60　G01　Z－66.0;

N65　G40　G01　X76.0;

N70　G00　X100.0　Z100.0;

N75　T0202　S800;

N80　G00　X76.0　Z2.0;

N85　G70　P30　Q65;

N90　G00　X100.0　Z100.0;

N95　T0303　S500;　　　　　　　　　　　换内孔车刀

N100　G00　X28.0　Z2.0;

N105　G71　U1.0　R1.0;

N110　G71　P115　Q135　U0.5　W0.2　F0.15;　　　粗加工右端内孔轮廓

N115　G00　G41　X36.0　S600;

N120　G01　Z0　F0.1;

N125　X34.0　Z－1.0;

N130　Z－25.0;

N135　G40　X28.0;

N140　G70　P115　Q135;　　　　　　　　精加工右端内孔轮廓

N145　G00　X100.0　Z100.0;

N150　T0404　S400;　　　　　　　　　　换切槽刀后刀具定位

N155　G00　X65.0　Z－14.0;

N160　G01　X44.0　F0.1;　　　　　　　　　　　　切4mm×2mm退刀槽

N165　G04　X2.0;

N170　G01　X65.0;

N175　G00　X100.0　Z100.0;

N180　T0505　S500;　　　　　　　　　　　　　　换螺纹刀后刀具定位

N185　G00　X50.0　Z2.0;

N190　G92　X47.0　Z－12.0　F2.0;　　　　　　车M48×2螺纹

N195　X46.4;

N200　X45.8;

N205　X45.5;

N210　X45.4;

N215　G00　X100.0　Z100.0;

N220　M05　M09;

N225　M30;

3.2.8.4　教学评价

评价方式采用自评、互评和教师点评三者结合的方式。从程序编制、加工质量、工序制定、现场操作规范等方面评价学生对宏程序编程及加工的掌握程度。工件配分权重表参考表3-11。

表3-11　综合加工训练的配分权重表

序号	考核内容		配分	评分标准	检测结果	得分
1	程序编制		10	不正确不得分		
2		M48×2	10	超差不得分		
3		$\phi66_{-0.019}^{0}$	8	超差不得分		
4		$\phi58_{-0.019}^{0}$	8	超差不得分		
5		$\phi34_{0}^{+0.025}$	8	超差不得分		
6	加工质量	$\phi42$	5	超差不得分		
7		$S\phi70\pm0.05$	8	超差不得分		
8		内圆锥面	8	接触面每减少10%扣2分		
9		槽4×2	6	超差不得分		
10		80±0.037,14±0.013	6	超差不得分		
11		其余未注公差三处	3			
12	工序制定	选择刀具正确	5	不正确不得分		
13		工序制定合理	5	不正确不得分		
14		工具的正确使用	2			
15	现场操作规范	量具的正确使用	2	不正确不得分		
16		刃具的合理使用	2			
17		设备正确操作和维护保养	4			

3.3 HNC-21T 系统数控车床的编程与操作

知识点

1. HNC-21T 系统数控车床的指令格式。

2. HNC-21T 系统数控车床的程序编制。

3. HNC-21T 系统数控车床的操作。

技能点

运用 HNC-21T 数控车床进行零件的编程与加工。

3.3.1 任务描述

已知毛坯尺寸为 $\Phi 35\text{mm} \times 100\text{mm}$，运用 HNC-21T 数控车床完成图 3-85 所示零件的加工。

3.3.2 任务分析

在前面已经系统地学习和掌握了 FANUC 系统数控车床的编程与操作的基础上，通过本任务的零件加工，与 FANUC 系统进行比较，掌握华中世纪星 HNC-21T 数控车床在编程指令与操作上与 FANUC 系统的异同。

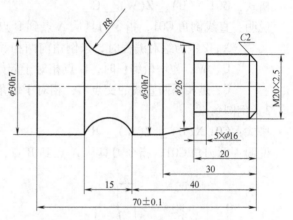

图 3-85 HNC-21T 系统数控车床的编程与操作任务图

3.3.3 知识链接

华中世纪星数控装置 HNC-21T 的程序结构的特征是：程序起始符为%符，%后跟程序号；括号内或分号后的内容为注释文字。

1. HNC-21T 数控系统的编程指令

（1）有关单位设定的 G 功能

1）尺寸单位选择 G20，G21

说明：G20：英制输入制式；

G21：米制输入制式。

G20、G21 为模态功能，可相互注销，G21 为默认值。

2）进给速度单位的设定 G94、G95

说明：G94：每分钟进给；

G95：每转进给。即主轴转一周时刀具的进给量。

G94、G95 为模态功能，可相互注销，G94 为默认值。

（2）有关坐标系和坐标的 G 功能

1）绝对值编程 G90 与相对值编程 G91

说明：G90：绝对值编程。每个编程坐标轴上的编程值是相对于程序原点的坐标值；

G91：相对值编程。每个编程坐标轴上的编程值是相对于前一位置而言的，该值等于沿轴移动的距离。

G90、G91 为模态功能，可相互注销。G90 为默认值。

2）工件坐标系设置 G92

格式：G92 X __ Z __

说明：X、Z 为对刀点到工件坐标系原点的有向距离。

G92 指令为非模态指令，一般放在一个程序的第一段。

3）直径方式和半径方式编程

说明：G36 指令为直径方式编程；G37 指令为半径方式编程。G36 为默认值。

（3）进给控制指令　HNC-21T 系统的快速定位 G00、直线插补 G01、圆弧插补 G02/G03 等指令的格式及应用与 FANUC 系统相同。

1）倒直角

格式：G01 X(U) __ Z(W) __ C __

说明：直线倒角 G01，指令刀具从 A 点到 B 点，然后到 C 点，如图 3-86 所示。

　　X、Z：为绝对编程时，未倒角前两相邻轨迹程序段的交点 G 的坐标值；

　　U、W：为增量编程时，G 点相对于起始点 A 的移动距离；

　　C：是相邻两直线的交点 G，相对于倒角始点 B 的距离。

2）倒圆角

格式：G01 X(U) __ Z(W) __ R __

说明：倒圆角 G01，指令刀具从 A 点到 B 点，然后到 C 点，如图 3-87 所示。

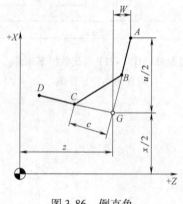

图 3-86　倒直角

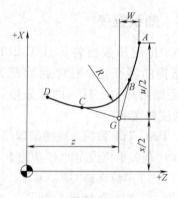

图 3-87　倒圆角

　　X、Z：为绝对编程时，未倒角前两相邻轨迹程序段的交点 G 的坐标值；

　　U、W：为增量编程时，G 点相对于起始点 A 的移动距离；

　　R：倒角圆弧的半径值。

（4）简单循环

1）内（外）径切削循环 G80

格式：G80 X __ Z __ I __ F __

说明：

　　X、Z：绝对值编程时，为切削终点 C 在工件坐标系下的坐标；增量值编程时，为切削终点 C 相对于循环起点 A 的有向距离，图形中用 U、W 表示。

　　　　I：为切削起点 B 与切削终点 C 的半径差。

该指令执行图 3-88 所示 A→B→C→D→A 的轨迹动作。

2）端面切削循环 G81

格式：G81 X ＿ Z ＿ K ＿ F ＿

说明：

　　　　X、Z：绝对值编程时，为切削终点 C 在工件坐标系下的坐标；增量值编程时，为切削终点 C 相对于循环起点 A 的有向距离，图形中用 U、W 表示。

　　　　K：为切削起点 B 相对于切削终点 C 的 Z 向有向距离。

该指令执行图 3-89 所示 A→B→C→D→A 的轨迹动作。

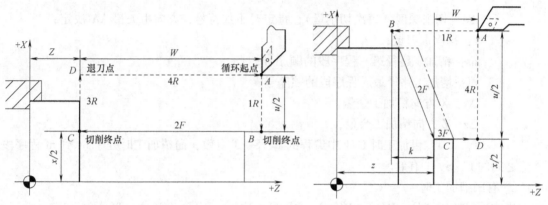

图 3-88　内（外）径切削循环 G80 的加工轨迹　　　　图 3-89　端面切削循环 G81 的加工轨迹

3）螺纹切削循环 G82

格式：G82 X ＿ Z ＿ I ＿ R ＿ E ＿ C ＿ P ＿ F ＿

说明：

　　　　X、Z：绝对值编程时，为螺纹终点 C 在工件坐标系下的坐标；增量值编程时，为螺纹终点 C 相对于循环起点 A 的有向距离；

　　　　I：为螺纹起点 B 与螺纹终点 C 的半径差；

　　　　R，E：螺纹切削的退尾量，R、E 均为向量，R 为 Z 向回退量；E 为 X 向回退量，R、E 可以省略，表示不用回退功能；

　　　　C：螺纹头数，为 0 或 1 时切削单头螺纹；

　　　　P：单头螺纹切削时，为主轴基准脉冲处距离切削起始点的主轴转角（缺省值为 0）；多头螺纹切削时，为相邻螺纹头的切削起始点之间对应的主轴转角；

　　　　F：螺纹导程。

该指令执行图 3-90 所示 A→B→C→D→A 的轨迹动作。

（5）复合循环

1）内（外）径粗车复合循环 G71

① 无凹槽加工时

格式：G71 U(Δd)　　R(r)　　P(ns)　　Q(nf)　　X(Δx)　　Z(Δz)　　F(f)　　S(s)　　T(t)

说明：该指令执行如图 3-91 所示的粗加工和精加工。

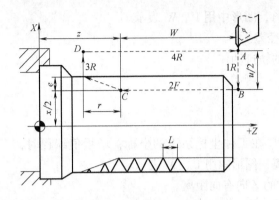 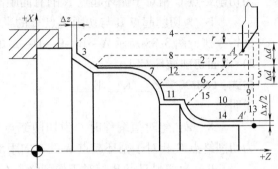

图 3-90 螺纹切削循环 G82   图 3-91 内（外）径粗车复合循环 G71（无凹槽）

Δd：切削深度（每次切削量），指定时不加符号，方向由矢量 AA′决定；

r：每次退刀量；

ns：精加工路径第一程序段的顺序号；

nf：精加工路径最后程序段的顺序号；

Δx：X 方向精加工余量；

Δz：Z 方向精加工余量；

f，s，t：粗加工时 G71 中编程的 F、S、T 有效，而精加工时处于 ns 到 nf 程序段之间的 F、S、T 有效。

② 有凹槽加工时

格式：G71 U(Δd)   R(r)   P(ns)   Q(nf)   E(e)   F(f)   S(s)   T(t)

说明：该指令执行如图 3-92 所示的粗加工和精加工，其中精加工路径为 A→A′→B′→B 的轨迹。

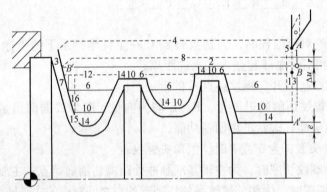

图 3-92 内（外）径粗车复合循环 G71（有凹槽）

Δd：切削深度（每次切削量），指定时不加符号，方向由矢量 AA′决定；

r：每次退刀量；

ns：精加工路径第一程序段的顺序号；

nf：精加工路径最后程序段的顺序号；

e：精加工余量，其为 X 方向的等高距离；外径切削时为正，内径切削时为负；

f，s，t：粗加工时 G71 中编程的 F、S、T 有效，而精加工时处于 ns 到 nf 程序段之间的 F、S、T 有效。

2）端面粗车复合循环 G72

格式：G72 W(Δd) R(r) P(ns) Q(nf) X(Δx) Z(Δz) F(f) S(s) T(t)

说明：该循环与 G71 的区别仅在于切削方向平行于 X 轴。该指令执行如图 3-93 所示的粗加工和精加工的轨迹。

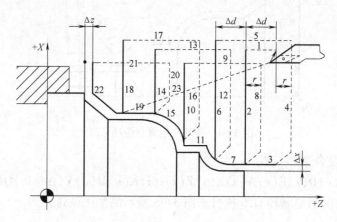

图 3-93 端面粗车复合循环 G72

Δd：切削深度（每次切削量），指定时不加符号，方向由矢量 AA′决定；

r：每次退刀量；

ns：精加工路径第一程序段的顺序号；

nf：精加工路径最后程序段的顺序号；

Δx：X 方向精加工余量；

Δz：Z 方向精加工余量；

f、s、t：粗加工时 G72 中编程的 F、S、T 有效，而精加工时处于 ns 到 nf 程序段之间的 F、S、T 有效。

3）闭环车削复合循环 G73

格式：G73 U(ΔI) W(ΔK) R(r) P(ns) Q(nf) X(△x) Z(△z) F(f) S(s) T(t)

说明：该功能在切削工件时刀具轨迹为如图 3-94 所示的封闭回路，刀具逐渐进给，使封闭切削回路逐渐向零件最终形状靠近，最终切削成工件的形状。

这种指令能对铸造，锻造等粗加工中已初步成形的工件，进行高效率切削。

ΔI：X 轴方向的粗加工总余量；

ΔK：Z 轴方向的粗加工总余量；

r：粗切削次数；

ns：精加工路径第一程序段的顺序号；

nf：精加工路径最后程序段的顺序号；

Δx：X 方向精加工余量；

Δz：Z 方向精加工余量；

f, s, t：粗加工时 G73 中编程的 F、S、T 有效，而精加工时处于 ns 到 nf 程序段之间的 F、S、T 有效。

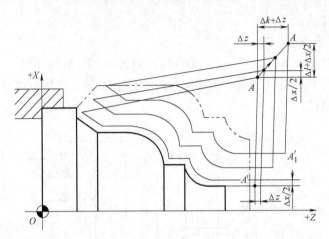

图 3-94　闭环车削复合循环 G73

4）螺纹切削复合循环 G76

格式：$G76\ C(c)R(r)E(e)A(a)X(x)Z(z)I(i)K(k)U(d)V(\Delta dmin)Q(\Delta d)P(p)F(L)$

说明：螺纹切削固定循环 G76 执行如图 3-95 所示的加工轨迹。

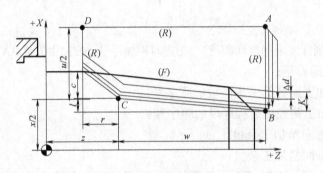

图 3-95　螺纹切削复合循环 G76

　　c：精车次数（1~99），为模态值；

　　r：螺纹 Z 向退尾长度（00~99），为模态值；

　　e：螺纹 X 向退尾长度（00~99），为模态值；

　　a：刀尖角度（二位数字），为模态值；在 80°、60°、55°、30°、29°、0°六个角度中选一个；

　　x、z：绝对值编程时，为有效螺纹终点 C 的坐标；增量值编程时，为有效螺纹终点 C 相对于循环起点 A 的有向距离；

　　i：螺纹两端的半径差；

　　k：螺纹高度；该值由 X 轴方向上的半径值指定；

　　$\Delta dmin$：最小切削深度（半径值）；

　　d：精加工余量（半径值）；

　　Δd：第一次切削深度（半径值）；

　　p：主轴基准脉冲处距离切削起始点的主轴转角；

　　L：螺纹导程。

3.3.4 任务实施

根据图 3-85 所示零件的要求，选择如下刀具，T01：93°粗车外圆刀；T02：93°精车外圆刀；T03：切槽刀（刃宽 5mm），T04：螺纹刀。编写加工程序如下：

```
%0001
N5    T0101                              粗车外圆刀
N10   M03  S600
N15   G00  X36  Z2
N20   G71  U2  R1  P55  Q95  E0.5  F150
N25   G00  X100  Z100
N30   M05
N35   M00                               粗车后暂停,检测
N40   T0202                             精车外圆刀
N45   M03  S800
N50   G00  X36  Z2
N55   G00  G42  X15.75
N60   G01  Z0  F100
N65   G01  X19.75  Z-2                   车 M20 的螺纹大径
N70   Z-20
N75   X26
N80   X30  Z-30
N85   Z-40
N90   G02  X30  Z-55  R8
N95   G01  Z-75
N100  G00  G40  X100  Z100
N105  T0303                             换切刀
N110  G00  X28
N115  Z-20
N120  G01  X16  F80                      切 5×φ16mm 的槽
N125  G04  X1
N130  G00 X100
N135  Z100
N140  T0404                             换螺纹刀
N145  G00  X22  Z5
N150  G82  X18.75  Z-18  F2.5            车 M20×2.5 的螺纹
N155  X18.05
N160  X17.45
N165  X17.05
N170  X16.85
```

```
N175    X16.75
N180    G00    X100    Z100
N185    T0303
N190    G00    X32    Z－75
N195    G01    X0    F80                         切断
N200    G00    X100
N205    Z100
N210    M05
N215    M30
```

3.3.5　教学评价

评价方式采用自评、互评和教师点评三者结合的方式。从程序编制、加工质量、工序制定、现场操作规范等方面评价学生对 HNC-21T 数控车床的编程与加工的掌握程度。工件配分权重参考表 3-10。

学 习 领 域 3　考 核 要 点

1. 数控车床仿真加工

主要考核上海宇龙（FANUC、HNC-21T）数控车床仿真软件的操作。

2. FANUC 系统数控车床的编程与操作

主要考核 FANUC 系统数控车床指令的格式及功能，能熟练地进行手工编程和自动编程，能编制中等复杂程度零件的加工程序，能熟练操作 FANUC 系统数控车床进行零件加工。

3. HNC-21T 系统数控车床的编程与操作

主要考核 HNC-21T 系统数控车床指令的格式及功能，并能根据图样要求进行零件的数控车削加工程序的编制及加工。

学 习 领 域 3　测 试 题

一、判断题（下列判断正确的请打"√"，错误的请打"×"）

1. 为了提高生产效率，螺纹加工时主轴转速越高越好。（　　）
2. 在编程时，规定刀具远离工件的方向作为坐标的正方向。（　　）
3. 机床通电后，CNC 装置尚未出现位置显示或报警画面之前，应不要碰 MDI 面板上任何键。（　　）
4. 数控机床在输入程序时，不论何种系统，坐标值为整数时不必加入小数点。（　　）
5. 把输入域的内容插入到光标所在代码后面，应按 INPUT。（　　）
6. 数控机床的机床坐标原点和机床参考点是重合的。（　　）
7. 改变进给速度倍率时，螺纹切削时的进给速度将不会发生变化。（　　）
8. 用圆弧半径 R 编程只适于整圆的圆弧插补，不适于非整圆加工。（　　）

9. 在数控车床中，主轴的启停属于准备功能。 （　　　）

10. 在圆弧插补中，当圆心角 $\alpha \leqslant 180°$ 时，圆弧半径 R 取正值。 （　　　）

11. 建立刀尖圆弧补偿和撤销补偿程序段也可以是圆弧指令程序段。 （　　　）

12. G00 指令的移动速度受 F 字段值的控制。 （　　　）

13. 机械零点是机床调试和加工时十分重要的基准点，由操作者设置。 （　　　）

14. M00 指令属于准备功能字指令，含义是主轴停转。 （　　　）

15. FANUC 系统中，在同一个程序段中，既可以用绝对坐标，又可以用增量坐标。

 （　　　）

16. 数控机床在进行自动加工状态时，主轴转速、进给速度只能严格按程序设定值进行，不可进行人工干预。 （　　　）

17. 螺纹指令 G32 X41.0 W－43.0 F1.5 是以每分钟 1.5mm 的速度加工螺纹。 （　　　）

18. 数控车床可以车削直线、斜线、圆弧、米制和英制螺纹、圆柱管螺纹、圆锥螺纹，但是不能车削多线螺纹。 （　　　）

19. 机床参考点在机床上是一个浮动的点。 （　　　）

20. 在执行 G00 指令时，刀具路径不一定为一直线。 （　　　）

二、选择题（下列每题的选项中，只有一个是正确的，请将其代号填在横线空白处）

1. _____是指机床上一个固定不变的极限点。

A. 机床原点 　　　　B. 工件原点 　　　　C. 换刀点 　　　　D. 对刀点

2. 数控车床回零时，应先回_____轴。

A. X 　　　　B. Z 　　　　C. Y 　　　　D. 任意

3. _____坐标系是机床固有的坐标系，是固定不变的。

A. 机床 　　　　B. 工件 　　　　C. 刀架 　　　　D. 编程

4. 数控车床以主轴轴线方向为_____轴方向，刀具远离工件的方向为正方向。

A. X 　　　　B. Y 　　　　C. Z 　　　　D. YZ

5. _____代码具有两种功能：一种是设定坐标系；另一种是设定主轴最高转速。

A. G50 　　　　B. G96 　　　　C. G97 　　　　D. G98

6. _____指令在车槽和钻、镗孔时使用，也可用于拐角轨迹的控制。

A. G02 　　　　B. G03 　　　　C. G04 　　　　D. G10

7. _____指令可以进行外圆及内孔直线加工和锥面加工循环。

A. G90 　　　　B. G92 　　　　C. 94 　　　　D. G96

8. 数控机床每次接通电源后在运行前首先应做的是_____。

A. 给机床各部分加润滑油 　　　　B. 检查刀具安装是否正确

C. 机床各坐标轴回参考点 　　　　D. 工件是否安装正确

9. 数控机床工作时，当发生任何异常现象需要紧急处理时应启动_____。

A. 程序停止功能 　　B. 暂停功能 　　　　C. MDI 功能 　　　　D. 急停功能

10. 若消除报警，则需要按_____键。

A. RESET 　　　　B. HELP 　　　　C. INPUT 　　　　D. CAN

11. 数控机床的标准坐标系是以_____来确定的。

A. 右手直角笛卡尔坐标系 　　　　B. 绝对坐标系

C. 相对坐标系   D. 工件坐标系

12. 系统在直径编程状态下，当刀偏表中刀具 X 轴磨损值为 1 时，加工出的工件直径比要求值大 0.8mm。应把 X 轴磨损值改为_____，才能加工出合格的产品。

A. − 0.8   B. − 0.2   C. 0   D. 0.2

13. 下面_____是程序段号的正确表达方式。

A. N0001   B. O0001   C. P0001   D. X0001

14. 程序设计时，一般都假设_____。

A. 刀具不动工件移动   B. 工件不动刀具移动

C. 工件与刀具皆不移动   D. 工件与刀具皆移动

15. 数控零件加工程序的输入必须在_____工作方式下进行。

A. 手动方式   B. 回零方式   C. 编辑方式   D. 手轮方式

16. 取消主轴恒线速度功能的指令是_____。

A. G99   B. G98   C. G97   D. G96

17. FANUC 0 系列数控系统操作面板上显示当前位置的功能键为_____。

A. SYSTEM   B. POS   C. PROG   D. OFFSET

18. 螺纹的综合测量使用_____量具。

A. 钢直尺   B. 游标尺   C. 螺纹千分尺   D. 螺纹量规

19. FANUC 0i 系列数控系统操作面板上用来显示刀偏/设定显示界面的功能键为_____。

A. POS   B. SYSTEM   C. OFFSET   D. PROG

20. 精车时选择切削用量时，应选择_____。

A. 较大的 v，f   B. 较小的 v，f

C. 较大的 v，较小的 f   D. 较小的 v，较大的 f

21. 螺纹切削循环可用_____指令。

A. G90   B. G91   C. G92   D. G93

22. 在"机床锁住"方式下，进行自动运行，_____功能被锁定。

A. 进给   B. 刀架转位   C. 主轴   D. 冷却

23. 在其他切削正常的情况下，螺纹切削时螺距不正常，主要原因是_____。

A. 机床进给倍率不当   B. 主轴编码器故障

C. 主轴转速设定错误   D. 机床处于空运行状态

24. 数控加工中刀具上能代表刀具位置的基准点是指_____。

A. 对刀点   B. 刀位点   C. 换刀点   D. 退刀点

25. 用 FANUC 系统的指令编程，程序段 G02 X __ Z __ I __ K __ 中的 G02 及 I 和 K 分别表示_____。

A. 顺时针插补，圆心相对起点的位置   B. 逆时针插补，圆心的绝对位置

C. 顺时针插补，圆心相对终点的位置   D. 逆时针插补，起点相对圆心的位置

26. G00 速度是由_____确定的。

A. 机床内参数设定   B. 程序   C. 操作者输入   D. 进给速度

27. 程序校验与试切削试验的目的是_____。

A. 检查机床是否正常　　　B. 检验参数是否正确　　　C. 提高加工质量

D. 检验程序是否正确及零件的加工精度是否满足图样要求

28. 下列哪种格式表示撤消补偿_____。

A. T0202　　　　　　B. T0230　　　　　　C. T0216　　　　D. T0200

29. 在数控车床中，主轴的起停属于_____功能。

A. 控制　　　　　　B. 准备　　　　　　C. 插补　　　　D. 辅助

30. 自动加工过程中，出现紧急情况，可按_____键中断加工。

A. 复位　　　　　　B. 急停　　　　　　C. 进给保持　　　　D. 以上都可

三、编程题

1. 编程加工图 3-96 所示零件。毛坯为 $\phi36mm$ 的棒料，材料为 45 钢。

2. 编程加工图 3-97 所示零件。毛坯为 $\phi36mm$ 的棒料，材料为 45 钢。

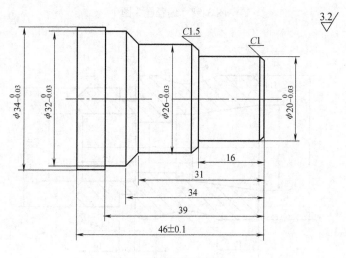

图 3-96　编程题 1 图

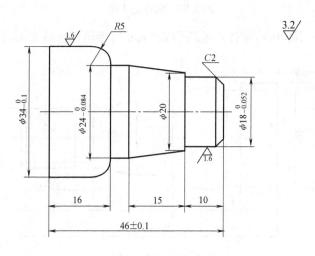

图 3-97　编程题 2 图

3. 编程加工图 3-98 所示零件。毛坯为 ϕ36mm 的棒料，材料为 45 钢。

4. 编程加工图 3-99 所示零件。毛坯为 ϕ36mm 的棒料，材料为 45 钢。

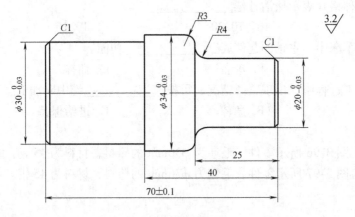

图 3-98　编程题 3 图

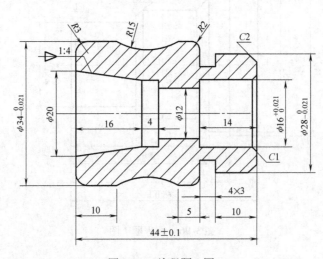

图 3-99　编程题 4 图

5. 编程加工图 3-100 所示零件。毛坯为 ϕ36mm 的棒料，材料为 45 钢。

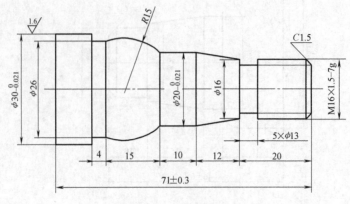

图 3-100　编程题 5 图

6. 编程加工图 3-101 所示零件。毛坯为 φ36mm 的棒料，材料为 45 钢。

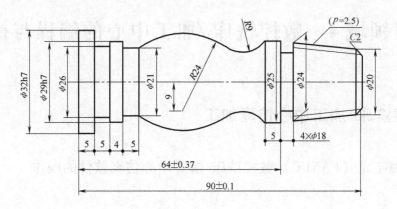

图 3-101　编程题 6 图

7. 编程加工图 3-102 所示零件。毛坯为 φ50mm 的棒料，材料为 45 钢。

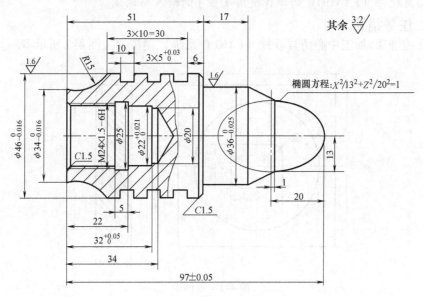

图 3-102　编程题 7 图

学习领域 4　数控铣床/加工中心的编程与操作

4.1　数控铣床/加工中心仿真加工

4.1.1　上海宇龙（FANUC）数控铣床/加工中心仿真软件的操作

知识点

上海宇龙（FANUC）数控铣/加工中心仿真软件操作。

技能点

数控仿真软件（FANUC）的操作使用及程序的输入与调试。

4.1.1.1　任务描述

利用数控铣床/加工中心仿真软件（FANUC 系统）模拟加工图 4-1 所示零件。

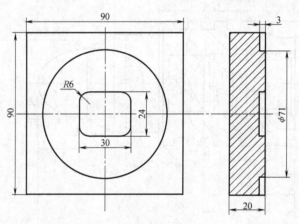

图 4-1　零件图

零件加工程序为

O0001；

G91 G49 G40 G28 Z0；

T01 M06；

G54 G90 G00 X0 Y0 Z5. ；

S600 M03；

G41 X6. Y6. D01；

G01 Z - 3. F80；

G03 X0 Y12. R6. F100；

G01 X - 9. ；

G03 X - 15. Y6. R6. ；

G01 Y – 6. ；

G03 X – 9. Y – 12. R6. ；

G01 X9. ；

G03 X15. Y – 6. R6. ；

G01 Y6. ；

G03 X9. Y12. R6. ；

G01 X0；

G03 X – 6. Y6. R6. ；

M05；

G28；

T02 M06；

G43 G00 Z10. H02；

X56. Y – 30. ；

M03 S600；

G01 Z – 3. F100；

G42 X35. 5 Y0 D02；

G03 I – 35. 5；

G40 G01 X56. Y30. ；

G00 Z100. ；

M05；

M30；

4.1.1.2　任务分析

该任务是利用仿真软件进行零件加工，首先应熟悉仿真软件（FANUC 系统）的操作使用，掌握程序的输入、编辑及仿真检验操作。

4.1.1.3　知识链接

仿真软件基本操作

（1）定义毛坯　打开菜单"零件/定义毛坯"或在工具条上选择图标 🖉，系统打开图4-2 所示对话框。

1）名字输入。在毛坯名字输入框内输入毛坯名，也可使用默认值。

2）选择毛坯形状。铣床、加工中心有两种形状的毛坯供选择：长方形毛坯和圆柱形毛坯。可以在"形状"下拉列表中选择毛坯形状。

3）选择毛坯材料。毛坯材料列表框中提供了多种供加工的毛坯材料，可根据需要在"材料"下拉列表中选择毛坯材料。

4）参数输入。尺寸输入框用于输入尺寸，单位：mm。

5）保存退出。按"确定"按钮，保存定义的毛坯并且退出本操作。

6）取消退出。按"取消"按钮，退出本操作。

（2）使用夹具　打开菜单"零件/安装夹具"命令或者在工具条上选择图标 🖳，打开操作对话框，如图 4-3 所示。首先在"选择零件"列表框中选择毛坯。然后在"选择夹具"

列表框中选择夹具，长方体零件可以使用工艺板或者平口钳装夹，圆柱形零件可以选择工艺板或者卡盘。"夹具尺寸"输入框显示的是系统提供的尺寸，用户可以修改。各方向的"移动"按钮供操作者调整毛坯在夹具上的位置。也可以不使用夹具，让工件直接放在机床台面上。

图 4-2 定义毛坯

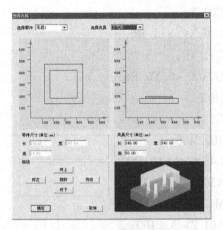

图 4-3 选择夹具

（3）放置零件 打开菜单"零件/放置零件"命令或者在工具条上选择图标，系统弹出操作对话框，如图 4-4 所示。

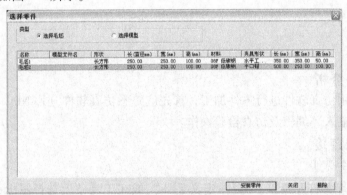

图 4-4 选择零件

在列表中点击所需的零件，选中的零件信息加亮显示，按下"安装零件"按钮，系统自动关闭对话框，零件和夹具（如果已经选择了夹具）将被放到机床上。对于卧式加工中心还可以再选择是否使用角尺板。

（4）选择刀具 打开菜单"机床/选择刀具"或者在工具条中选择图标，系统弹出刀具选择对话框，如图 4-5 所示。

1）按直径和刀具类型筛选列出刀具清单 在"所需刀具直径"输入框内输入直径，如果不把直径作为筛选条件，输入数字"0"。在"所需刀具类型"选择列表中选择刀具类型。可供选择的刀具类型有平底刀、平底带 R 刀、球头刀、钻头、镗刀等。按下"确定"，符合条件的刀具在"可选刀具"列表中显示。

2）指定刀位号 对话框的下半部中的序号就是刀库中的刀位号。卧式加工中心允许同时选择 20 把刀具，立式加工中心允许同时选择 24 把刀具。对于铣床，对话框中只有 1 号刀位可以使用。用鼠标点击"已经选择刀具"列表中的序号指定刀位号。

4.1.1.4　任务实施

打开宇龙数控仿真系统，点击快速登录，如图 4-6 所示。

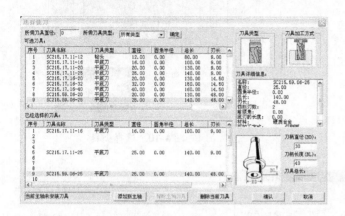

图 4-5　刀具选择　　　　　　　　　　图 4-6　软件登录界面

（1）选择机床　点击菜单"机床/选择机床..."，在"选择机床"对话框的"控制系统"选择 FANUC，在"机床类型"选择立式加工中心并按确定按钮，此时机床选择界面如图 4-7 所示。点击工具条中的"选项"按钮 ▦，弹出图 4-8 所示选项对话框，进行设置。

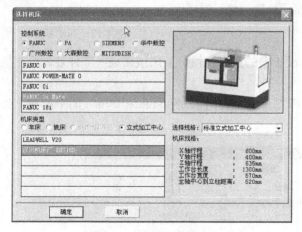

图 4-7　选择机床界面　　　　　　　　图 4-8　视图选项对话框

（2）安装零件　点击菜单"零件/定义毛坯..."，在图 4-9 所示的"定义毛坯"对话框中将零件尺寸改为高 20mm，长和宽各 90mm，并按确定按钮。

点击菜单"零件/安装夹具..."，在"选择夹具"对话框中，"选择零件"列表中选取"毛坯 1"，"选择夹具"列表中选取"平口钳"，夹具尺寸用默认值，并按确定按钮，如图 4-10 所示。

点击菜单"零件/放置零件..."，在图 4-11 所示的"选择零件"对话框中，选取名称为"毛坯 1"的零件，点击安装零件按钮，弹出图 4-12 所示界面，界面上出现控制零件移

图 4-9　定义毛坯

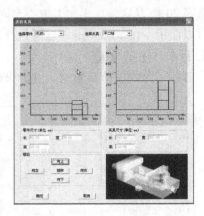

图 4-10　选择夹具

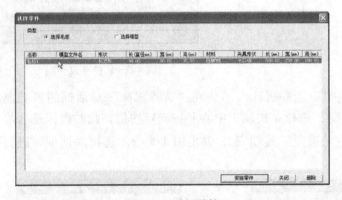

图 4-11　选择零件

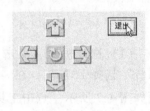

图 4-12　移动零件

动的面板，可以用其移动零件，此时点击面板上的退出按钮，关闭该面板，零件被放置在机床工作台面上。

（3）选择刀具　点击菜单"机床/选择刀具"，选择直径为 6mm 和 20mm 的平底刀，如图 4-13 所示。

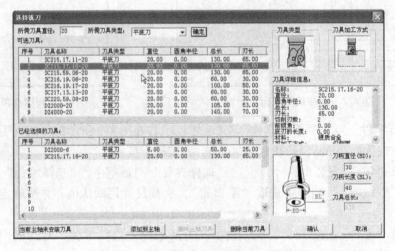

图 4-13　选择刀具

（4）机床回零　打开系统电源开关 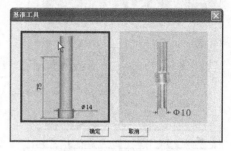，弹出急停开关 。点击操作面板上的回零按钮 ，分别点击三个坐标轴 +X ，+Y ，+Z 正方向移动键，将工作台与刀具移动至正向最远端，回零结束。

（5）对基准　点击菜单"机床/基准工具…"，在"基准工具"对话框中选取左边的刚性圆柱基准工具，其直径为 14mm，如图 4-14 所示。

图 4-14　选择基准工具

点击操作面板中手动旋钮 ，按下坐标轴移动按钮 -X ，-Y ，-Z ，+X ，+Y ，+Z ，手动移动刀具与工作台，同时按下快速移动按钮 可以用于快速移动。首先 X 轴方向对刀，将基准工具在 X 轴方向靠近工件，如图 4-15 所示。点击操作面板上手轮按钮 ，选择手轮操作方式。点击弹出按钮 手轮，弹出手轮仿真控制面板，如图 4-16 所示。

图 4-15　移动基准工具

图 4-16　手轮仿真控制面板

点击菜单"塞尺检查/1mm"，手轮仿真控制面板上点击鼠标右键，将换挡开关旋至"X"档，摇动手轮（点鼠标左键为进刀，右键为退刀，操作面板上 X1 、X10 、X100 按钮为手轮移动倍率开关）移动基准工具，使提示信息对话框显示"塞尺检查的结果：合适"，如图 4-17 所示。

点击控制面板上坐标显示按钮 POS，屏幕显示刀具的当前坐标位置。点击屏幕"相对"模式下方软键，选择相对坐标显示方式，如图 4-18 所示。输入"X"，点"起源"模式下方软键，屏幕上 X 相对坐标清零，如图 4-19 所示。

手动移动基准工具将其靠到工件另一侧，观察 X 轴当前相对坐标值为"-104"，将其除以 2，得到数值"-52"。点击机床控制面板上偏置设置按钮 OFFSET SETTING，点击屏幕上"坐标系"模式下方的软键，光

图 4-17　利用塞尺对刀

标移至 G54 的 X 坐标位置，输入"X-52."，点击"测量"模式下方软键，如图 4-20 所示。同样的方法进行 Y 轴对刀，完成后，G54 坐标系设置如图 4-21 所示，利用基准工具的 X、Y 轴方向对刀结束。

图 4-18　选择相对坐标方式

图 4-19　X 轴相对坐标清零

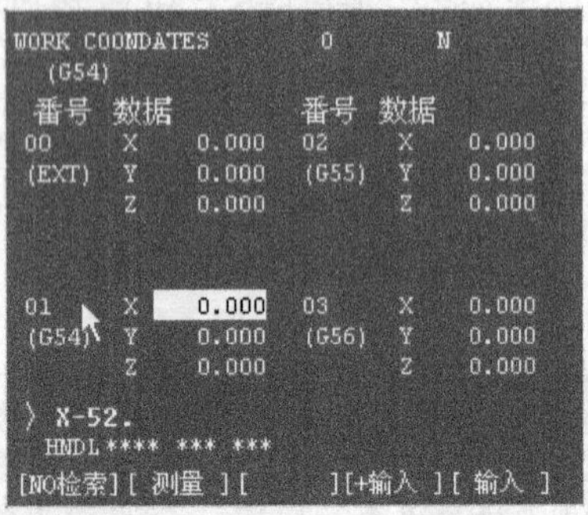

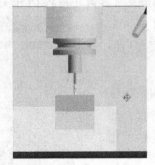

图 4-20　G54 坐标系 X 轴对刀

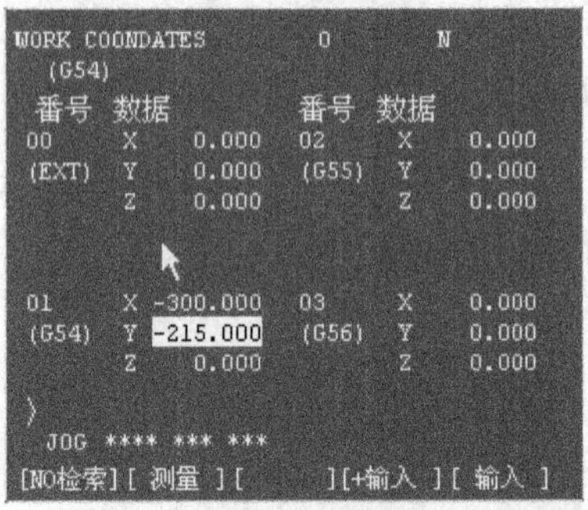

图 4-21　G54 坐标系 X、Y 轴对刀

更换待切削刀具进行 Z 轴方向对刀。点击操作面板上 MDI 方式按钮⬛，输入程序代码：G28 Z0；T01 M06；，点循环启动键⬛，系统将 1 号刀具更换到主轴。在手动方式下，移动刀具与工件上表面接触。如图 4-22 所示，点击偏置设置按钮⬛，光标移至 G54 的 Z 坐标位置，输入"Z0"，点击"测量"下方软键。1 号刀具三个坐标轴方向对刀完成，如图 4-23 所示，确定的工件坐标系原点位于工件上表面中心位置。

图 4-22　移动刀具 Z 轴

图 4-23　G54 坐标系 X、Y、Z 轴对刀

（6）刀具补偿值输入　以 1 号刀具作为基准刀具，测量新更换的 2 号刀具与 1 号基准刀具长度差，以此作为长度补偿值。更换 2 号刀具，按操作面板 MDI 方式按钮⬛，输入程序代码：G28 Z0；T02 M06；，点循环启动键⬛，主轴上更换为 2 号刀。手动方式下移动刀具与工件上表面接触，观察 Z 轴坐标值，显示如图 4-24 所示，即 2 号刀比 1 号刀长 80mm。点击偏置设置按钮⬛，对应 1 号刀补位置，"形状（D）"栏内（即半径补偿输入栏）输入刀

具半径值"3"。2 号刀补位置中"形状（D）"栏输入刀具半径值"10"，"形状（H）"栏
（即长度补偿输入栏）输入长度值"80"，如图 4-25 所示。

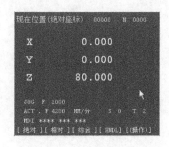

图 4-24　刀具坐标位置

图 4-25　工具补正

（7）程序导入　点击操作面板上程序编辑按钮，控制面板上的程序显示按钮，
切换到程序显示窗口，输入程序，也可以利用 DNC 传送模式将写好的程序导入，如图 4-26
所示。

（8）自动运行　点击操作面板自动运行按钮，按下循环启动键，程序开始运行。

（9）零件仿真检查　零件加工完毕，需要检查零件是否合格。点击菜单"测量/剖面图
测量"，弹出测量对话框，如图 4-27 所示。选择好测量平面，利用内卡或外卡测量工具，选
择不同的测量方式，可以对仿真加工出来的零件进行尺寸测量。

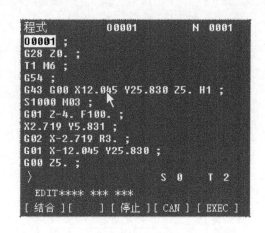

图 4-26　输入程序

图 4-27　仿真测量

4.1.1.5　教学评价

评价方式采用自评、互评和教师点评三者结合的方式，评价学生参与活动的积极性
和学习成果。在进行仿真软件（FANUC 系统）操作时，应完整的将零件加工过程仿真
出来。

4.1.2　上海宇龙（SIEMENS）数控铣床/加工中心仿真软件的操作

知识点

上海宇龙（SIEMENS）数控铣床/加工中心仿真软件的操作。

技能点

数控仿真软件的操作使用及程序的输入与调试。

4.1.2.1 任务描述

利用数控铣床/加工中心仿真软件（SIEMENS 系统）模拟加工图 4-1 所示零件。

零件加工程序为

```
T01 D01
G54 G90 G00 X0 Y0 Z5
S600 M03
G41 X6 Y6
G01 Z－3 F80
G03 X0 Y12 CR＝6 F100
G01 X－9
G03 X－15 Y6 CR＝6
G01 Y－6
G03 X－9 Y－12 CR＝6
G01 X9
G03 X15 Y－6 CR＝6
G01 Y6
G03 X9 Y12 CR＝6
G01 X0
G03 X－6 Y6 CR＝6
M05
G28
T02 D01
G0 Z10
X56 Y－30
S600 M03
G01 Z－3 F100
G42 X35.5 Y0
G03 I－35.5
G40 G01 X56 Y30
G00 Z100
M05
M30
```

4.1.2.2 任务分析

该任务是利用仿真软件进行零件加工，首先应熟悉仿真软件（SIEMENS 系统）的操作使用，掌握程序的输入、编辑及仿真检验操作。

4.1.2.3 任务实施

（1）选择机床、刀具及零件设置 点击菜单"机床/选择机床…"，在选择机床对话框中选择 SIEMENS 802D，机床类型选择立式加工中心，点击确定。刀具选择、零件设置操作与

FANUC系统的一致，1号刀选择6mm平底铣刀，2号刀为20mm平底铣刀。零件毛坯大小设为90mm×90mm×20mm。

（2）机床回零 检查急停按钮是否松开至 状态，若未松开，点击急停按钮，将其松开。系统启动之后，机床将自动处于"回参考点"模式，在其他模式下，依次点击手动按钮和回零按钮进入"回参考点"模式。点击轴向移动按钮 +X , +Y , +Z ，X、Y、Z轴将回到参考点，各个轴的回零灯将从 变为 ，回零结束。

（3）X，Y轴对刀 X轴方向对刀：使用基准工具刚性靠棒，点击操作面板中的手动按钮进入手动方式，通过点击轴向移动按钮 -X 、 +X 、 -Y 、 +Y 、 -Z 、 +Z ，将基准工具在X轴方向靠近工件右侧。然后通过手轮调节方式移动零件，点击菜单"塞尺检查/1mm"，基准工具和零件之间被插入塞尺。点击系统面板的 手轮 按钮，显示手轮控制面板，通过点击鼠标右键将手轮对应轴旋钮 置于X档，调节手轮进给量旋钮，将鼠标置于手轮

上，通过点击鼠标左、右键精确移动零件（点击鼠标左键，零件负方向运动；点击鼠标右键，零件正方向运动）。直到提示信息对话框显示"塞尺检查的结果：合适"。

将设定的工件坐标系原点（工件上表面中心）到X方向基准边的距离加上塞尺厚度以及基准工具半径，计算得到距离"53"。点击"测量工件"软键，进入"工件测量"界面，如图4-28所示。

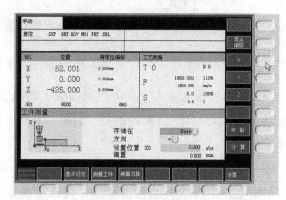

图4-28 测量工件

点击光标键 或 使光标停留在"存储在"栏中，在系统面板上点击选择按钮，选择G54来保存工件坐标系原点位置。移动光标到"方向"栏中，并通过点击 按钮，选择方向"−"（基准工具靠近工件的方向应该与工件测量对话框左侧预览图中的靠近方向一致），点击 按钮将光标移至"设置位置到X0"栏，并在文本框中输入数值"53"，按下回车键 ，点击"计算"软键 计 算 ，系统将计算出工件坐标系原点的X分量在机床坐标系中的坐标值，并将此数据自动保存到参数表中，如图4-29所示。Y方向对刀采用同样的方法，完成X，Y方向对刀后，需将塞尺和基准工具收回。依次点击菜单栏中的"塞尺检查/收回塞尺"将塞尺收回。注意：使用手动方式移动机床时，手轮的选择旋钮 应置于"OFF档"。

（4）Z轴对刀 更换1号刀具进行Z轴方向对刀，点击操作面板上MDA按钮，输入程序代码：T1按下回车键 ，点击循环启动键 ，1号刀被更换到主轴。手动方式下将1号刀沿Z轴移至工件上表面附近，进行塞尺检查，手轮移动刀具，得到"塞尺检查：合适"结果。点击软键 测量工件 ，进入"工件测量"界面，点击软键 Z ，"存储在"栏选择G54，使用 移动光标，在"设置位置Z0"文本框中输入塞尺厚度1，并按下 键，

图 4-29　G54 坐标系 X 轴对刀

点击 计算　　　软键，得到工件坐标系原点的 Z 分量在机床坐标系中的坐标，此数据将被自动记录到参数表中，如图 4-30 所示。

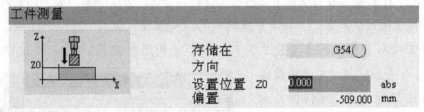

图 4-30　G54 坐标系 Z 轴对刀

（5）刀具补偿值输入　点击控制面板上的偏置按钮 Off Para，点击"新刀具"软键 新刀具，选择创建 ϕ6mm，ϕ10mm 两把铣刀。创建后返回，点击操作面板上"加工"按钮 M 进入加工界面。

将 1 号刀具作为基准刀具，点击操作面板上 MDA 按钮，输入程序代码：T2，按下回车键，按下循环启动键，机床更换 2 号刀具至主轴。利用塞尺，将 2 号刀具 Z 轴方向靠到工件上表面，点击"测量刀具"软键 测量刀具，再点"手动测量"软键 手动 测量，进入"刀具测量界面"，如图 4-31 所示。将光标移动到 ABS 控件，用"选择"按钮 选择 G54，移动光标到 Z0 对应的文本框中，观察到其中的数据为"－509"，将"－509"加上塞尺的厚度 1 为"－508"，将数据修改为"－508"按下回车键，点击设置长度软键 设置 长度，计算得到数据"80"，即新更换的 2 号刀与基准刀的长度差，此值会被自动记录到刀具表对应的位置中。点击"刀具表"按钮 刀具表，可以看到 2 号刀补长度补偿已设定为"80"。然后将 1，2 号刀具的半径补偿栏分别输入"3"，"10"，如图 4-32 所示。

（6）程序输入　在系统面板上按下程序管理按钮 Prog Man，进入"程序管理"界面如图 4-33 所示，按下"新程序"键，则弹出对话框，输入程序名，若没有扩展名，自动添加". MPF"为扩展名，而子程序扩展名". SPF"需随文件名一起输入。程序可以利用系统键盘输入，也可以外部导入。先利用记事本编缉好加工程序并保存为文本格式文件，文本文件的头两行必须是如下的内容：

% _N_文件名_MPF

;＄PATH＝/_N_MPF_DIR

按下控制面板上程序管理按钮 Prog Man，进入程序管理界面，点击"读入"软键 读入，在

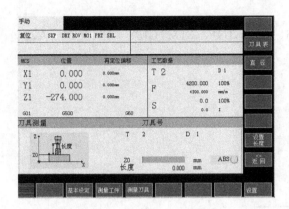

图 4-31　刀具长度设置

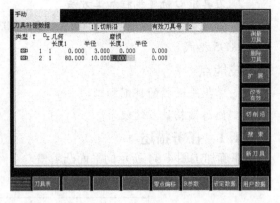

图 4-32　刀具补偿

菜单栏中选择"机床/DNC 传送"，选择事先编辑好的程序，此程序将被自动复制进数控系统。点击"打开"软键 打 开 ，可以打开程序文件进行编辑或执行。

（7）自动加工　按下控制面板上的"自动方式"按钮 → ，按"启动"按钮 ◇ 开始执行程序。数控程序在运行过程中，点击"循环保持"按钮 ◎ ，程序暂停运行，机床保持暂停运行时的状态。再次点击"运行开始"按钮

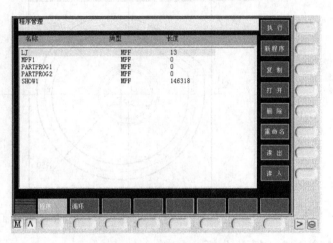

图 4-33　程序管理界面

◇ ，程序从暂停行开始继续运行。数控程序在运行过程中，点击"复位" ⚡ 按钮，程序停止运行，机床停止。数控程序在运行过程中，按"急停"按钮 ⊙ ，数控程序中断运行，继续运行时，先将急停按钮松开，再点击"运行开始"按钮，余下的数控程序从中断行开始作为一个独立的程序执行。

4.1.2.4　教学评价

评价方式采用自评、互评和教师点评三者结合的方式，评价学生参与活动的积极性和学习成果。在进行仿真软件（SIEMENS 系统）操作时，应完整的将零件加工过程仿真出来。

4.2　FANUC 系统数控铣床/加工中心的编程与操作

4.2.1　平面槽铣削加工

知识点

1. 工件坐标系设定方法。

2. 刀具中心轨迹编程加工方法。

3. 常用功能指令 G00、G01、G02、G03、G90、G91、G17、G18、G19、G21、G20、G94、G95 格式。

技能点

1. 掌握平面槽的铣削加工。

2. 熟悉键槽铣刀的使用。

4.2.1.1　任务描述

正确加工图 4-34 所示的平面凸轮槽。

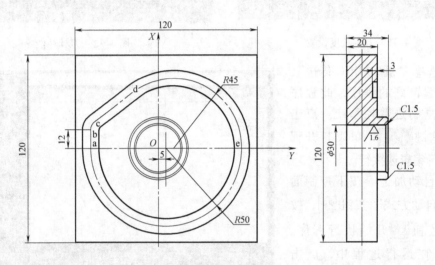

图 4-34　平面凸轮槽加工

4.2.1.2　任务分析

该任务是进行平面槽的铣削加工。需要准确的构建工件坐标系，选择正确的槽加工刀具及下刀方式，掌握相关的指令使用。

4.2.1.3　知识链接

1. 工件坐标系选择指令 G54～G59

格式：G54（G55～G59）；

功能：工件坐标系选择。

在电源接通并返回参考点之后，建立工件坐标系 G54～G59。零件加工前，通过试切对刀找出工件坐标系原点在机床坐标系中的绝对坐标值，将其输入对应坐标系存储位置，如图 4-35 所示，建立起机床原点与编程原点间的关系，工件坐标系即完成设定。程序指令 G54～G59 用于选择当前工件坐标系，其中 G54 坐标系为自动选择。

例如，G90 G54 G00 X0 Y0；选择 G54 坐标系，快速定位至原点。

2. 绝对值编程 G90 与增量值编程 G91

图 4-35　工件坐标系选择

格式：G90/G91；

功能：G90 为绝对值编程，坐标值以工件坐标系原点为基准。

　　　　G91 为增量值编程，坐标值以移动前的位置为基准。

3. 快速定位 G00

格式：G00 X __ Y __ Z __；

　　　　X、Y、Z：目标点坐标。

功能：刀具以快速移动速度移动到指令指定的工件坐标系中的位置。只能用于快速定位，不能用于切削加工。

4. 直线插补 G01

格式：G01 X __ Y __ Z __ F __；

　　　　X、Y、Z：目标点坐标；

　　　　F：进给速度控制，如果不指定，进给速度被当作零。

功能：按 F 指定的进给速度，从当前位置直线移动到程序段指定的目标点。

5. 插补平面选择 G17/G18/G19

格式：G17/G18/G19；

功能：用于选择直线、圆弧插补的平面。G17 选择 XY 平面，G18 选择 XZ 平面，G19 选择 YZ 平面。平面选择如图 4-36 所示。由于数控铣床和加工中心通常都是在 XY 坐标平面内进行轮廓加工，一般系统初始状态为 G17 状态，G17 可省略。

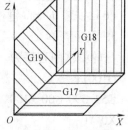

图 4-36　插补平面选择

6. 圆弧插补 G02/G03

格式：XY 平面：G17 G02/G03 X __ Y __ I __ J __ (R __) F __；

　　　　ZX 平面：G18 G02/G03 X __ Z __ I __ K __ (R __) F __；

　　　　YZ 平面：G19 G02/G03 Y __ Z __ J __ K __ (R __) F __；

　　　　X、Y、Z：圆弧终点坐标；

　　　　I、J、K：分别为圆弧圆心相对圆弧起点在 X、Y、Z 轴方向的坐标增量；

　　　　R：圆弧半径，圆弧的圆心角 ≤180° 时 R 为正值，圆弧的圆心角 >180° 时 R 为负值；

功能：刀具按 F 指定的进给速度从圆弧起点沿圆弧移动到终点。

G02 为顺时针圆弧，G03 为逆时针圆弧。顺时针或逆时针是指从垂直于圆弧所在平面的坐标轴正方向看到的旋转方向。

整圆编程时不可以使用 R，只能用 I、J、K。如果同时编入 R 与 I、J、K 时，R 有效。

例如，G02 I-20. F100；刀具路径为 φ40mm 整圆。

7. 尺寸单位选择 G20/G21

格式：G20/G21；

功能：G20 指定尺寸单位为英制 inch，G21 指定尺寸单位为米制 mm。默认时采用米制。

8. 进给速度单位的设定 G94/G95

格式：G94/G95；

功能：G94 为每分钟进给，F 的单位依 G20/G21 的设定，分别为 mm/min 或 in/min。G95 为每转进给，分别为 mm/r，in/r。缺省时默认 G94 每分钟进给。

4.2.1.4 任务实施

1. 零件工艺分析

该零件为典型槽加工，槽宽8mm，没有精度要求，可按照刀具中心轨迹编程一次成型。刀具选择 ϕ8mm 键槽铣刀（端刃过中心的立铣刀）加工，一次达到切削深度。该零件凸轮轮廓由 ab、bc、cd、de 和 ea 所组成，直线 ab 和 cd 分别和圆弧相切。可利用 AUTOCAD 等绘图软件标注出各圆弧段切点的坐标位置以方便编程。各点坐标分别为：$A(-45,0)$、$B(-42.6,12)$、$C(-42.6,16.8)$、$D(-16.54,36.34)$、$E(55,0)$。工件坐标系原点设定在 ϕ30mm 孔中心位置。

2. 基本操作步骤

（1）分析零件图，合理安排加工工艺。

（2）编制加工程序。

（3）装夹毛坯，伸出平口虎钳钳口 10mm 左右。

（4）安装寻边器（或铣刀），X、Y 轴向对刀，设定零点偏置。

（5）安装面铣刀，铣削工件上表面，作为深度方向的测量基准。

（6）安装 ϕ8mm 键槽铣刀 Z 向对刀，输入程序进行铣槽加工。

3. 程序清单

凸轮槽铣削程序为

O1001；	程序名
G54 G90 G00 Z100.；	选择 G54 工件坐标系
X0 Y0；	
M03 S600；	主轴正转，转速 600r/min
G00 Z5.；	
X-45. Y0；	
G01 Z-3. F80；	铣刀垂直下刀
Y12. F120；	
G02 X-42.6 Y16.8 R6.；	
G01 X-16.54 Y36.34；	
G02 X55. Y0 R45.；	
X-45. Y0 R50.；	
G00 Z100.；	Z 向退刀
M05；	主轴停转
M30；	程序结束

教师也可给出其他典型的槽加工零件图，让同学们按照要求进行加工。注意：刀具在工件内下刀时，需要使用键槽铣刀。普通立铣刀只能螺旋下刀，不能垂直切入。铣槽粗、精加工需使用不同直径刀具。粗加工使用直径小于槽宽的铣刀，精加工使用与槽宽相同的铣刀。当槽宽不等于铣刀标准直径时，采用轮廓编程加工方法铣槽。

4.2.1.5 教学评价

评价方式采用自评、互评和教师点评三者结合的方式。以学生的工作态度及是否能正确制定加工工艺方案，加工出合格零件作为评价重点。表4-1为零件实作考试评分细则。

表 4-1 实作考试评分细则

序号	考核项目	考核内容及要求		配分	评分标准	检测结果	扣分	得分
1	尺寸	R45	I T	6	超差 0.01 扣 2 分			
2		R50	I T	6	超差 0.01 扣 2 分			
3		12	I T	6	超差 0.01 扣 2 分			
4		3	I T	12	超差 0.01 扣 2 分			
5	外形	加工的工件外形是否正确		30	结构错一处扣 10 分			
6	安全文明生产	着装是否规范		10	现场考评			
7		刀具工具量具的放置是否规范						
8		工件装夹刀具安装是否规范						
9		量具的正确使用						
10		加工完成后对设备的保养及周边环境卫生的保持和清洁						
11	机床的规范操作	开机的检查和开机顺序是否正确		10	现场考评			
12		回机床参考点						
13		正确执行对刀操作,建立工件坐标系						
14		各种参数的正确设置						
15		正确进行程序键入(或通信输入)、正确仿真检验						
16	工艺及程序编制	工件定位和夹紧方式合理、可靠		10	现场考评			
17		工艺路线合理,无原则性错误						
18		刀具及切削参数的选择合适						
19		完全用自动加工的方式完成全部加工内容						
20		正确有效地运用刀具半径和长度补偿功能,实现加工余量的控制		10	现场考评			
21		使用固定循环等所表现的编程技巧						
	加工时间	定额时间:180 分钟,到时间停止加工						

4.2.2 外形轮廓铣削加工

知识点

1. 顺铣和逆铣。

2. 刀具补偿。

3. 轮廓编程加工方法及加工时的进退刀方式。

4. 常用功能指令 G40、G41、G42、G43、G44、G49、G28、M06 格式。

技能点

外轮廓和内轮廓铣削加工。

4.2.2.1　任务描述

正确加工图 4-37 所示零件的外形轮廓。

4.2.2.2　任务分析

该任务是进行轮廓铣削加工，要加工出合格的零件必须掌握顺铣和逆铣的铣削方式、刀具补偿的使用以及轮廓编程加工方法。

4.2.2.3　知识链接

1. 铣削方式的选择

铣削方式分为顺铣、逆铣。工件运动方向与刀具旋转方向相同时为顺铣；工件运动方向与刀具旋转方向相反时为逆铣，如图 4-38 所示。

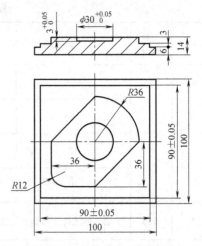

图 4-37　外轮廓加工零件图

逆铣时，刀齿从已加工表面切入，接触工件后不能马上切入金属层，而是在工件表面滑动一小段距离，磨擦会产生大量的热量，待加工表面易形成硬化层，影响工件表面光洁度。顺铣时，刀齿从表面硬质层开始切入，会受到很大的冲击负荷，但刀齿切入过程中没有滑移现象，同时顺铣有利于排屑。在数控铣削加工中，由于机床传动采用滚珠丝杠结构，其进给传动间隙很小，因此顺铣的工艺性优于逆铣。

铣削方式的选择应视零件加工要求、工件材料性质、机床、刀具等条件综合考虑。在材料硬度较低或精加工时，一般采用顺铣加工，能提高

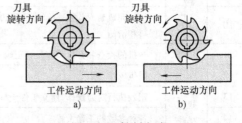

图 4-38　铣削方式
a）顺铣　b）逆铣

被加工零件表面光洁度，保证尺寸精度。如果零件毛坯为黑色金属锻件或铸件，待加工表面有硬化层，或刀具长径比较大时，采用逆铣较为合理。

2. 进刀/退刀方式的确定

对于轮廓加工，刀具切入工件的方式，不仅影响加工质量，还会关系到加工安全。一般应从侧面进刀或沿切线方向进刀，尽量避免垂直进刀，否则在进刀处容易留下进刀痕。退刀时也是同样。对于内轮廓铣削，可以选择键槽铣刀作垂直下刀，如果选用立铣刀，应选用螺旋下刀或斜线下刀。

3. 刀具半径补偿（G40/G41/G42）

格式：G00/G01 G41 X_Y_D_；
　　　G00/G01 G42 X_Y_D_；
　　　G00/G01 G40 X_Y_；

D：刀具半径补偿号。

功能：G40 为取消刀具半径补偿；G41 为刀具半径左补偿；G42 为刀具半径右补偿。

铣刀铣削轮廓时是以刀具侧刃进行切削，但是代表刀具的刀位点是在铣刀的中心，编程时必须将零件轮廓外扩一个刀具半径才能加工出指定形状的零件。因此，采用刀具半径补偿功能来解决这一问题。刀具的左、右刀补是指沿刀具运动方向而言的，如图 4-39 所示，当

在刀具前进方向上刀具位于零件轮廓左侧时为左刀补，反之为右刀补。G41 指令建立左刀补，铣削时属于顺铣，常用于精铣；G42 指令建立右刀补，铣削时属于逆铣，常用于粗铣。

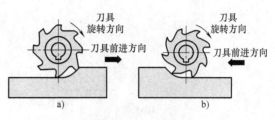

图 4-39 半径补偿
a) 左刀补 b) 右刀补

地址 D 用于指定半径补偿号，每个补偿号对应一个补偿值，数控系统根据编程轨迹和补偿值计算得出刀具实际轨迹，由此控制刀具（X、Y 轴）的运动完成补偿过程。

例如，G01 G41 X50. Y50. D01；移动刀具到指定点，同时建立左刀补。

注意：

1）G40、G41、G42 只能与 G00 和 G01 合用，不能与 G02、G03 一起使用，而且建立和取消刀补时，刀具必须有移动，移动量要大于等于刀具半径。

2）建立刀具半径补偿后，不能出现连续两个程序段无补偿坐标平面的移动指令，否则数控系统因无法计算程序中刀具轨迹交点坐标，可能产生过切现象。

3）建立补偿状态后，铣削内侧圆弧时，圆弧半径要大于等于刀具半径，否则补偿时会产生干涉，系统将会产生报警，停止运行。

4）铣削轮廓时，可以利用半径补偿方式预留精加工余量，将半径补偿值设置比刀具实际半径大一个余量值，加工时则会预留出精加工余量，用于精铣。

例如，轮廓加工时需要预留 0.3mm 精加工余量，刀具实际半径为 φ12，则 D01 输入 6.3，刀补预置程序段为 G01 G41 X0 Y0 D01；，刀补输入界面如图 4-40 所示。

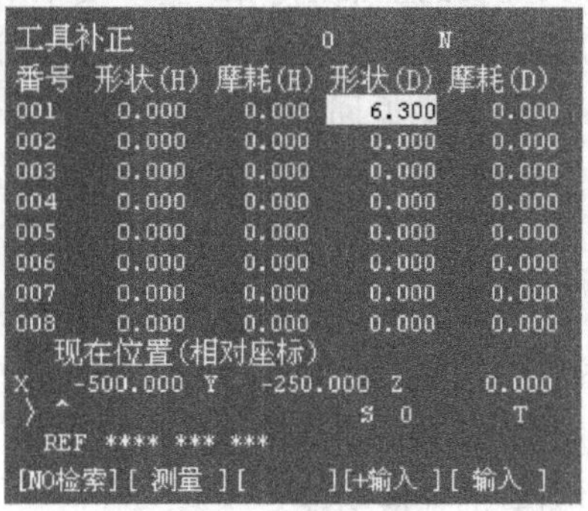

4. 刀具长度补偿 G43、G44、G49

格式：G01 G43 H_Z_；

G01 G44 H_Z_；

G01 G49 Z_；

H：刀具长度补偿号。

功能：G43 为刀具长度正补偿；G44 为刀具长度负补偿；G49 为取消刀具长度补偿。

图 4-40 半径补偿输入

数控铣床或加工中心所使用的刀具长度各不相同，同时，由于刀具的磨损或其他原因也会引起刀具长度发生变化。使用刀具长度补偿指令，可使每一把刀确定的工件坐标系原点在同一个位置。通过改变长度补偿值大小，多次运行程序，还可实现加工深度方向上的分层铣削。

地址 H 用于指定长度补偿号，将实际使用刀具长度与理想刀具长度之差输入，程序调用长度补偿后，可以忽略刀具长度的变化，不需对加工程序中 Z 坐标值进行修改。

调用 G43 刀具长度正补偿后，系统自动将 Z 轴运动的终点坐标向正方向偏移一段距离，这段距离等于地址 H 指定补偿号中存储的补偿值；G44 则为负向偏移。H00 表示取消刀具长度补偿值，如图 4-41 所示。程序通常采用 G43 正补偿方式，当负向偏移时，将补偿值设定为负值即可。如果实际刀具比基准刀具长，则补偿值为正；相反则为负。

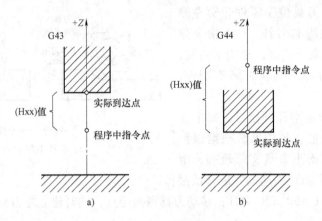

图4-41   长度补偿

a) G43 正刀补   b) G44 负刀补

例如，基准刀具长度为75mm，更换的刀具长度为60mm，则H01存入-15，如图4-42所示，长度刀补调用程序段为G01 G43 Z5. H01。

5. 自动换刀 M06

格式：T_ M06;

    T：刀库中的刀具号。

功能：用于加工中心自动换刀，将刀库中刀具号指定的刀具更换到主轴上。在M06之前有T代码，表示先选指定刀具，再换刀。注意换刀前刀具应该返回参考点。

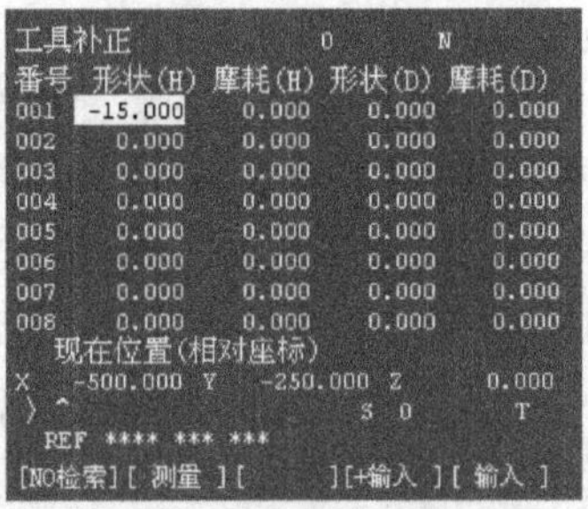

6. 自动返回参考点 G28

格式：G28 X_Y_Z_;

    X、Y、Z：中间点位置坐标。

图4-42   输入长度补偿

功能：使坐标轴自动返回参考点。指令执行后，所有的受控轴都将快速定位到中间点，然后再从中间点到参考点。G28指令通常用于自动换刀前需要的参考点返回操作，部分系统将参考点返回的动作固化进自动换刀的进程中，则换刀前不需回参考点。使用指令时，应取消刀具的补偿功能。

例如，G28 G91 Z0；刀具Z轴回参考点。

T02 M06；更换2号刀具。

4.2.2.4　任务实施

1. 零件工艺分析

该零件主要是简单外轮廓和内轮廓组成，几何轮廓比较简单，但轮廓尺寸精度要求比较高，需要粗、精分序加工。采用平口钳来装夹工件，工件坐标系原点设置在工件上表面中心位置。

2. 基本操作步骤

1) 分析零件图，合理安排加工工艺。

2) 编制加工程序。

3) 装夹毛坯，伸出平口虎钳钳口10mm左右。

4）安装寻边器（或铣刀），X、Y 轴向对刀，设定零点偏置。

5）安装面铣刀，粗、精铣工件上表面，作为深度方向的测量基准。

6）安装 $\phi16mm$ 立铣刀 Z 轴对刀，粗铣四方轮廓、不规则四边形和 $\phi30mm$ 圆形内轮廓，单边余量为 0.3mm，刀具半径补偿值调整为 8.3mm。

7）测量零件，调整刀具半径补偿值，精铣四方轮廓、不规则四边形和 $\phi30mm$ 圆形内轮廓。

3. 程序清单

铣四方轮廓程序为

O2001；	
G54 G90 G40 G00 Z100.；	选择 G54 坐标系,取消半径补偿,设定绝对编程
X0 Y0；	
M03 S600；	主轴转速 600r/min
G00 Z5.；	
X – 60. Y – 60.；	
G01 Z – 6. F80；	Z 向进刀到铣削深度
G41 G01 X – 45. Y – 45. D01 F120；	建立左刀补,刀补号为 01
Y45.；	
X45.；	
Y – 45.；	
X – 50.；	
G00 Z100.；	Z 向退刀
G40；	取消刀补
M05；	
M30；	

铣不规则四边形程序为

O2002；	
G90 G54 G40 G00 Z100.；	
X0 Y0；	
M03 S600；	主轴正转,转速 600r/min
G00 Z5.；	
Y55. X – 20.；	
G01 Z – 3. F80；	Z 向下刀到铣削深度
G41 G01 X0 Y36. D01 F120；	建立左刀补,刀补号为 01
G02 X36. Y0 R36.；	圆弧插补
G01 X0 Y – 36.；	直线插补
X – 24.；	
G02 X – 36. Y – 24. R12.；	
G01 X – 36. Y0；	
X0 Y36.；	

```
G00 Z100. ;
G40 ;                           取消刀补
M05 ;                           主轴停转
M30 ;                           程序停止
```

铣 φ30mm 圆程序为

```
O2003 ;
G54 G90 G40 G00 Z100. ;
G00 X0 Y0 ;
M03 S600 ;                      主轴正转,转速 600r/min
G00 Z5. ;
G01 Z – 3. F80 ;                Z 向下刀到铣削深度
G41 G01 X5. Y – 10. D01 F120 ;
G03 X15. Y0 R10. ;              过渡圆弧切入
I – 15. ;                       铣 φ30mm 整圆
X5. Y10. R10. ;                 过渡圆弧切出
G40 G01 X0 Y0 ;
G00 Z100. ;
M05 ;
M30 ;
```

教师也可给出另外的零件图,让同学们按照要求进行加工。注意在轮廓精度要求较高时,不能直接按照刀具的标准直径输入刀具半径补偿值,应先进行半精加工,测量被加工工件的轮廓尺寸,最终加工精度靠修正刀具半径补偿值或刀补磨损补偿值来实现。

4.2.2.5　教学评价

评价方式采用自评、互评和教师点评三者结合的方式。评价以学生参与活动的积极性,加工工艺方案的制定是否正确以及是否能加工出合格的零件为重点。零件实作考试评分细则参见表4-1。

4.2.3　孔加工

知识点

1. 孔加工工艺。
2. 孔加工循环指令。

技能点

钻孔、扩孔、铰孔、镗孔、攻螺纹、铣孔等操作。

4.2.3.1　任务描述

正确加工图 4-43 所示零件的阵列孔。

4.2.3.2　任务分析

该任务是进行阵列孔加工,要加工出合格的零件必须掌握各种孔的编程加工方法。

4.2.3.3 知识链接

1. 孔加工固定循环 G73、G74、G76、G80 ~ G89

孔加工固定循环动作一般分成以下 6 步，如图 4-44 所示。

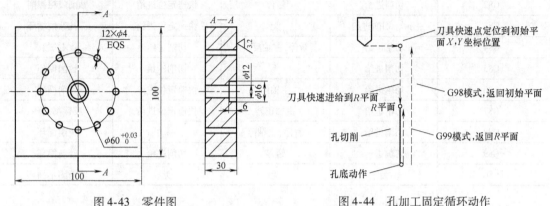

图 4-43 零件图 图 4-44 孔加工固定循环动作

1）X、Y 轴快速定位。

2）Z 轴快速定位到 R 平面，R 平面到工件表面距离一般选 2 ~ 5mm。

3）孔加工。

4）孔底动作。

5）Z 轴返回 R 平面。

6）Z 轴快速返回初始点。

G98/G99 指令决定固定循环在孔加工完成后返回 R 参考平面还是起始平面，G98 模态下，孔加工完成后 Z 轴返回起始平面；G99 模态下则返回 R 参考平面。

钻孔固定循环通用格式：G73/G74/G76/G80 ~ G89 X_Y_Z_R_Q_P_F_K_；

X、Y：孔中心的位置坐标；

Z：孔底平面位置；

R：R 参考平面位置；

Q：G73、G83 指令为每次切削深度；G76、G87 指令为主轴准停后刀具沿准停反方向的让刀量；

P：刀具在孔底的暂停时间，数值不加小数点为 ms；

F：切削进给速度；

K：重复循环次数，限于增量编程中使用；

表 4-2 为孔固定循环动作表。

表 4-2 孔固定循环动作表

孔固定循环指令	加工运动 （Z 轴负向）	孔底动作	返回运动（Z 轴正向）	功　能
G73	分次,切削进给	无	快速定位进给	高速深孔钻削
G74	切削进给	暂停,主轴正转	切削进给	攻左螺纹
G76	切削进给	主轴定向,让刀	快速定位进给	精镗循环
G81	切削进给	无	快速定位进给	普通钻削循环

（续）

孔固定循环指令	加工运动 （Z 轴负向）	孔底动作	返回运动（Z 轴正向）	功　能
G82	切削进给	暂停	快速定位进给	钻削或粗镗削
G83	分次，切削进给	无	快速定位进给	深孔钻削循环
G84	切削进给	暂停，主轴反转	切削进给	攻右螺纹
G85	切削进给	无	切削进给	镗削循环
G86	切削进给	主轴停	快速定位进给	镗削循环
G87	切削进给	主轴正转	快速定位进给	反镗削循环
G88	切削进给	暂停，主轴停	手动	镗削循环
G89	切削进给	暂停	切削进给	镗削循环
G80	无	无	无	取消固定循环

（1）定点钻孔循环 G81

格式：G81　X_Y_Z_R_ F_K_;

功能：用于普通钻孔。钻头切削进给到孔底位置，然后从孔底快速移动退回。

（2）锪孔循环

格式：G82　X_Y_Z_R_P_F_K_;

功能：常用于锪孔或台阶孔加工。指令在孔底增加了进给后的暂停动作，以提高孔底表面粗糙度和精度。

（3）高速深孔钻循环指令 G73

格式：G73　X_Y_Z_R_Q_ F_K_;

功能：主要用于深孔钻削。深孔一般指孔深与孔径之比大于 5 小于 10 的孔。G73 钻孔时采取逐段进给，进给的深度由孔加工参数 Q 给定。每段进给完成后退刀断屑，退刀量由系统参数给定。

（4）深孔钻循环指令 G83

格式：G83　X_Y_Z_R_Q_F_K_;

功能：主要用于深孔钻削。与 G73 指令不同的是，每段进给完成后，Z 轴返回的是 R点，然后再开始下一段进给运动。即每加工一段钻头会从孔内完全退出，然后再钻入。深孔加工与退刀相结合可以破碎钻屑，令切屑能从钻槽顺利排出，且不会造成表面的损伤，避免钻头的磨损。

G73 指令虽然能断屑，但排屑主要是依靠钻屑在钻头螺旋槽中的流动来保证的。因此在钻削长径比大且较深的孔时，应优先采用 G83 指令。

（5）精镗孔加工 G76

格式：G76　X_Y_Z_R_Q_F_K_;

功能：常用于镗孔。将工件上原有的孔进行扩大或精密化。

该指令使主轴在孔底准停，主轴沿刀尖反方向退出。其中准停偏移量 Q 一般为正值，偏移方向可以是 +X，-X、+Y 或 -Y，由系统参数选定。

（6）右旋螺纹加工循环指令 G84

格式：G84　X_Y_Z_R_F_K_；

功能：用于切削右旋螺纹孔。向下切削时主轴正转，孔底变正转为反转，再退至R平面主轴恢复为正转。F表示导程，在G84切削螺纹期间进给速率调整钮无效，按下进给暂停键，循环也不会停止。

（7）左旋螺纹加工循环指令G74

格式：G74　X_Y_Z_R_F_K_；

功能：用于切削左旋螺纹孔。主轴反转进刀，正转退刀，与G84指令中的主轴转向相反，其他运动相同。

（8）镗孔加工循环指令G85

格式：G85 X_ Y_ Z_ R_ F_；

功能：用于镗孔、铰孔。刀具快速定位到孔加工循环起始点，沿Z方向快速运动到参考平面R，进刀加工，完毕以进给速度退回到参考平面或初始平面。

（9）镗孔加工循环指令G86

格式：G86 X_ Y_ Z_ R_ F_；

功能：在到达孔底位置后，主轴停止，并快速退出。其他与G85动作相同。

（10）取消孔加工固定循环指令G80

格式：G80；

功能：该指令用于取消孔加工固定循环。

2. 等距阵列孔加工

对于具有相同孔间距的多孔加工，适合利用孔固定循环加工指令中的重复次数K，通过增量编程方式来进行加工。

例如，加工图4-45所示的等距多孔，程序代码为

G99 G81 X – 40. Y0 Z – 15. R3. F80；φ12mm麻花钻钻孔

G91 X20. K4；加工等间隔4mm的阵列孔

3. 环形阵列孔加工

极坐标指令G15/G16

格式：G15/G16；

功能：G15指令用于取消极坐标系；G16用于设定极坐标系有效。极坐标系有效后，坐标字X表示极径，Y表示极角，单位为°。绝对编程方式时，极坐标原点为工件坐标系原点；增量编程方式时，原点为刀具当前位置。

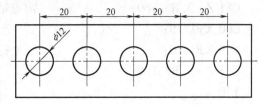

图4-45　等距阵列孔加工

例如，加工图4-46所示分布在φ30mm圆上的两个对称孔，程序代码为

G16；设定极坐标有效

G81 X15. Y180. Z – 20. R3. F80；加工左侧孔

Y0；加工右侧孔

G15；极坐标取消

4.2.3.4　任务实施

1. 零件加工工艺分析

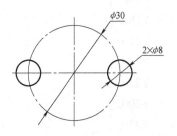

图4-46　环形阵列孔系

该零件主要完成孔的加工。孔尺寸精度为自由公差，加工精度较低。$\phi 4mm$ 和 $\phi 12mm$ 孔采用麻花钻直接加工，$\phi 16mm$ 孔采用铣削方式完成加工。采用平口钳来装夹工件，编程原点设在工件上表面中心位置。

2. 基本操作步骤

1）分析零件图，合理安排加工工艺。

2）编制中心孔、钻孔、铣削孔等加工程序。

3）安装毛坯，伸出平口钳钳口 10mm 左右。

4）安装寻边器（或铣刀），X、Y 轴向对刀，设定零点偏置。

5）安装面铣刀，粗、精铣工件上表面，作为深度方向的测量基准。

6）安装 $\phi 3mm$ 中心钻 Z 向对刀，使用 G81 指令点钻 $12 \times \phi 4mm$ 以及 $\phi 12mm$ 的中心孔，提高孔的位置精度。

7）安装 $\phi 4mm$ 麻花钻 Z 向对刀，使用 G83 深孔钻指令加工 $12 \times \phi 4mm$ 孔。

8）$\phi 12mm$ 孔先用 $\phi 11.8mm$ 麻花钻 Z 向对刀后钻孔，再用 $\phi 12mm$ 铰刀 Z 向对刀后铰孔。

9）安装 $\phi 12mm$ 立铣刀 Z 向对刀，铣削 $\phi 16mm$ 孔。

3. 程序清单

钻中心孔程序为

```
O3001；
G54 G90 G80 G40 G00 Z100.；
X0 Y0；
M03 S1000；                    主轴转速 1000r/min
G00 Z5.；
X0 Y0；                        孔定位
G81 Z－3. R3. F60；             定点钻孔循环指令钻中心孔
G00 X30. Y0；
G16 X30. Y0；                  极坐标有效
G81 Z－3. R3. F60；
Y30.；
Y60.；
Y90.；
Y120.；
Y150.；
Y180.；
Y210.；
Y240.；
Y270.；
Y300.；
Y330.；
G00 Z100.；
```

G80 ;	取消钻孔循环
G15 ;	取消极坐标
M05 ;	
M30 ;	

钻 12 × ϕ4mm 孔程序为

O3002 ;
G54 G90 G80 G40 G00 Z100. ;
X0 Y0 ;

M03 S800 ;	主轴转速 800r/min

G00 Z5. ;
X30. Y0 ;

G16 X30. Y0 ;	极坐标有效
G83 Z – 33. R3. Q5. F60 ;	深孔钻循环指令钻 ϕ4mm 孔

Y30. ;
Y60. ;
Y90. ;
Y120. ;
Y150. ;
Y180. ;
Y210. ;
Y240. ;
Y270. ;
Y300. ;
Y330. ;
G00 Z100. ;

G80 ;	取消钻孔循环
G15 ;	取消极坐标
M05 ;	
M30 ;	

ϕ11.8mm 麻花钻钻 ϕ12mm 孔程序为

O3003 ;
G54 G90 G80 G40 G00 Z100. ;
X0 Y0 ;

M03 S600 ;	主轴转速 600r/min

G00 Z5. ;

G83 Z – 33. R3. Q5. F60 ;	深孔钻循环

G00 Z100. ;

```
G80；
M05；
M30；
```

ϕ12mm 铰刀铰孔程序为

```
O3004；
G54 G90 G80 G40 G00 Z100.；
X0 Y0；
M03 S200；                    主轴转速 200r/min
G00 Z5.；
G85 Z－33. R3. F100；         铰孔循环
G00 Z100.；
G80；                         取消钻孔循环
M05；
M30；
```

铣削 ϕ16mm 孔程序为

```
O3005；
G54 G90 G40 G00 Z100.；
G00 X0 Y0；
M03 S600；                    主轴转速 600r/min
G00 Z5.；
G01 Z－6. F80；               Z 向进刀到铣削深度
G42 G01 X1. Y7. D01 F120；
G02 X8. Y0 R7.；              切入圆弧
I－8.；                       铣 $\phi$16mm 孔
X1. Y－7. R7.；               切出圆弧
G40 G01 X0 Y0；
G00 Z100.；
M05；
M30；
```

4.2.3.5 教学评价

评价方式采用自评、互评和教师点评三者结合的方式。评价学生参与活动的积极性，及能否正确制定加工工艺方案和加工出合格的零件为重点。零件实作考试评分细则参见表 4-1。

4.2.4 比例缩放编程

知识点

1. 子程序的使用。

2. 比例缩放指令。

3. 镜像指令。

技能点

零件的比例缩放编程。

4.2.4.1　任务描述

利用比例缩放编程指令正确加工图 4-47 所示零件。

4.2.4.2　任务分析

该任务加工的零件属于对称图形，可以使用比例缩放或镜像功能编程，需要掌握比例缩放指令、镜像指令以及子程序的使用。

4.2.4.3　知识链接

1. 子程序指令 M98/M99

编程时，常会出现一些重复的程序段，为了简化程序的编制，节省系统内存空间，将这部分程序段单独抽出来，按一定格式编成一个程序供调用，这个程序就是子程序。调用子程序的程序叫做主程序。子程序的编写原则与一般程序基本相同，只是程序结束字为 M99;，表示子程序结束。已调用的子程序还可以调用其他的子程序，这种方式为子程序嵌套，子程序嵌套可达 4 次。

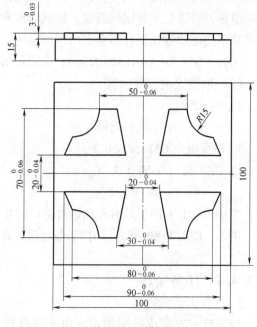

图 4-47　零件图

格式：M98 P_;

　　　　M99;

　　　P：前四位数字为重复调用次数，省略时为一次；后四位为所调用的子程序号，
　　　　程序名中的 0 不能省略。

功能：M98 为调用指定子程序；M99 表示子程序结束，作为子程序的返回指令。

子程序基本结构为

O××××;子程序号

…………;　子程序内容

…………;

M99;　　　返回主程序

例如，M98 P50001;调用 0001 号子程序，重复 5 次。

2. 比例缩放指令 G51/G50

（1）各轴按相同比例缩放编程

格式：G51 X_ Y_ Z_ P_;

　　　X、Y、Z：选择要进行比例缩放的轴，指定比例缩放中心坐标；

　　　P：比例缩放系数，不能使用小数点指定值。

功能：G51 使原编程尺寸按指定比例缩小或放大，比例缩放指令有效后，各轴移动时，实际移动量为原数值的 P 倍。当给定的比例系数为 -1000 时，缩放比例为 -1 倍，相当于镜像加工功能。缩放比例对刀具半径补偿值、刀具长度偏置值是无效的。

例如，G51 X0 Y0 P1500；以原点为中心，缩放比例为1.5倍。

（2）各轴以不同比例缩放编程

格式：G51 X_Y_Z_I_J_K_；

I、J、K：分别为 X、Y、Z 坐标轴方向的比例系数。

功能：用于指定不同坐标轴方向上的比例缩放编程，各轴比例参数可以不相等，表示在不同坐标方向进行不等比例缩放。比例缩放有效后，进行圆弧插补时，圆弧半径相应缩放。如果是不同的缩放比例，不会走出椭圆轨迹，圆弧半径根据 I、J 中的较大值进行缩放。

例如，G51 X0 Y0 I1500 J2000；以原点为中心，X 轴缩放比例为1.5，Y 轴为2倍。

（3）取消比例缩放编程

格式：G50；

功能：G50 用于取消比例缩放。

3. 镜像指令 G51.1/G50.1

格式：G51.1/G50.1 X_Y_；

   　　　　X、Y：对称点坐标。

功能：G51.1 用于点对称和轴对称；G50.1 取消对称有效。

例如，G51.1 X0 Y0；关于原点对称。G51.1 X0；关于 X = 0 直线对称，即关于 Y 轴对称。

4.2.4.4 任务实施

1. 零件工艺分析

该零件主要完成轮廓加工，由于零件四个位置加工形状相同，所以采用比例缩放编程或镜像编程，可以简化程序。采用平口钳来装夹工件，工件坐标系设置在工件对称中心轴上。

2. 基本操作步骤

1）分析零件图，合理安排加工工艺。

2）编制轮廓铣削主程序和右上角轮廓的加工子程序。

3）装夹毛坯，伸出平口虎钳钳口 10mm 左右。

4）安装寻边器（或铣刀），X、Y 轴向对刀，设定零点偏置。

5）安装面铣刀，粗、精铣工件上表面，作为深度方向的测量基准。

6）安装 ϕ12mm 键槽铣刀 Z 向对刀，半径补偿设为6.3，粗铣零件轮廓。

7）测量零件轮廓尺寸，调整半径补偿值后进行精铣。

3. 程序清单

轮廓加工主程序为

O4001；

G54 G90 G40 G00 Z100.；

X0 Y0；

M03 S600；

M98 P4002；　　　　　　　　　　　　调用轮廓加工子程序

G51 I – 1000 J1000；   设定比例缩放有效, X 轴缩放 – 1 倍

M98 P4002；   调用轮廓加工子程序

G51 I – 1000 J – 1000；   设定比例缩放有效, X、Y 轴缩放 – 1 倍

M98 P4002；   调用轮廓加工子程序

G51 I1000 J – 1000；   设定比例缩放有效, Y 轴缩放 – 1 倍

M98 P4002；   调用轮廓加工子程序

G50；   取消比例缩放

G00 Z100.；

M05；

M30；

轮廓加工子程序为

O4002；

G00 Z5.；

G01 Z – 3. F80； Z 向进刀到铣削深度

G42 G01 X10. Y10. D01 F120；   设置右刀补

X45.；

X40. Y20.；

G02 X25. Y35. R15.；

G01 X15.；

X10. Y10.；

G40 G01 X0 Y0；   取消刀补

G00 Z5.； Z 向退刀

M99；   子程序结束

4.2.4.5　教学评价

评价方式采用自评、互评和教师点评三者结合的方式。评价学生工作态度，加工工艺方案的制定是否正确，零件是否加工合格等方面。零件实作考试评分细则参见表 4-1。

4.2.5　坐标系旋转编程

知识点

坐标系旋转指令。

技能点

利用坐标系旋转指令进行加工。

4.2.5.1　任务描述

利用坐标系旋转方式正确加工图 4-48 所示的零件。

4.2.5.2　任务分析

该任务是进行多个相同形状内轮廓的铣削加工，要简化零件加工程序需要掌握坐标系旋转指令。

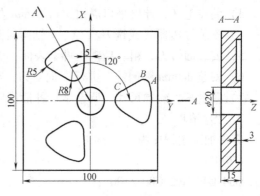

图 4-48　零件图

4.2.5.3 知识链接

坐标系旋转指令 G68/G69

格式：G68 X _Y _ R _；

　　　　G69；

　　　　X、Y：旋转中心坐标，无坐标时选择刀具当前位置为旋转中心；

　　　　R：旋转角度，逆时针旋转为正，顺时针旋转为负。

功能：使编程图形按照指定旋转中心及旋转方向旋转一定角度。G68 表示坐标系旋转有效，G69 用于旋转取消。

在比例缩放有效时，执行 G68 坐标系旋转指令，旋转中心坐标也执行比例缩放，但旋转角度不受影响。相关指令的排列顺序为

G51．．．．．缩放有效

G68．．．．．坐标系旋转有效

G41/G42．．．．．建立刀补

G40．．．．．取消刀补

G69．．．．．坐标系旋转取消

G50．．．．．缩放取消

4.2.5.4 任务实施

1. 零件工艺分析

该零件主要完成内轮廓加工，其加工形状相同，可以采用坐标系旋转编程简化程序。采用平口钳来装夹工件，工件坐标系设置在工件上表面中心位置。顺铣三角形内轮廓，采用垂直下刀，内轮廓最小曲率半径为 $R5\,\mathrm{mm}$，选择 $\phi 8\,\mathrm{mm}$ 键槽铣刀加工。内轮廓加工后三角形区域内材料全部切除，无需再加工内部区域。零件轮廓上三个切点可以通过 AUTOCAD 软件标注得到相应坐标值：A 点（43.359，11.418），B 点（36.041，15.035），C 点（22，6.303）。

2. 基本操作步骤

1）分析零件图，合理安排加工工艺。

2）编制铣削三角形内轮廓的加工程序。

3）装夹毛坯，伸出平口虎钳钳口 10mm 左右。

4）安装寻边器（或铣刀），X、Y 轴向对刀，设定零点偏置。

5）安装面铣刀，粗、精铣工件上表面，作为深度方向的测量基准。

6）安装 $\phi 8\,\mathrm{mm}$ 键槽铣刀进行 Z 向对刀，半径补偿设为 4.3mm，粗铣三角形内轮廓。

7）测量零件轮廓尺寸，调整半径补偿值后进行精铣。

3. 程序清单

零件加工主程序为

O7001；

G54 G40 G90 G00 Z100. ；

X0 Y0；

M03 S600；

G00 Z5. ；

M98 P7002；	调用铣内轮廓子程序
G68 X0 Y0 R120.；	坐标系旋转120°
M98 P7002；	调用铣内轮廓子程序
G68 X0 Y0 R240.；	坐标系旋转240°
M98 P7002；	调用铣内轮廓子程序
G00 Z100.；	
G69；	坐标系旋转取消
M05；	
M30；	

三角形内轮廓加工子程序为

O7002；	
G01 X28. Y0.；	
G91 G01 Z－8. F50；	增量编程方式 Z 向下刀
G90 G01 G41 X40. Y－5. D01 F100；	绝对编程方式，设定左刀补
G03 X45. Y0 R5.；	
X43. 359 Y11. 418 R45.；	
X36. 041 Y15. 035 R5.；	
G01 X22. Y6. 303；	
G03 Y－6. 303 R8.；	
G01 X36. 041 Y－15. 035；	
G03 X43. 359 Y－11. 418 R5.；	
X45. Y0 R45.；	
X40. Y5. R5.；	
G01 G40 X28. Y0.；	取消刀补
Z5.；	Z 向退刀
G00 X0 Y0；	
M99；	子程序结束

4.2.5.5　教学评价

评价方式采用自评、互评和教师点评三者结合的方式。评价学生参与活动的积极性，加工工艺方案的制定是否正确，是否加工出合格的零件等方面。零件实作考试评分细则参见表4-1。

4.2.6　宏程序编程

知识点

1. 宏程序基本概念。

2. B 类宏程序编程方法。

技能点

利用 B 类宏程序进行零件加工程序编制。

4.2.6.1　任务描述

利用 B 类宏程序正确加工图 4-49 所示的零件。

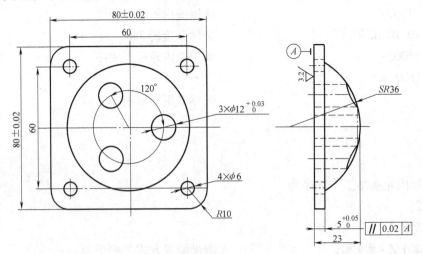

图 4-49　零件图

4.2.6.2　任务分析

该任务是进行球面轮廓铣削加工，采用分层铣削加工方式，每个进刀点坐标值需人工计算，计算量很大，程序很繁琐。采用宏程序编制，程序会很简单。

4.2.6.3　知识链接

使用子程序编程可以将多次重复的操作编成程序进行调用，以此简化程序。而宏程序相当于子程序，但更加灵活、方便。它提供了更丰富的编程功能，允许使用变量、算术和逻辑操作及条件判断、循环等编程方法，使用户能对复杂形状的零件进行程序编写。

用户宏程序有 A、B 两类。B 类宏程序是以直接的公式和语言输入，类似于计算机编程，在 Fanuc 0i 系统中应用较广。在一些老系统中由于 MDI 键盘上没有公式符号，只能通过 A 类宏程序来进行宏程序编制。

1. 变量

在常规程序中，通常是将具体的数值赋给一个地址，例如 G00 X100.；X 地址后面数值 100 是具体的数值。而在宏程序中，可以直接使用数字值也可以使用变量号。例如 G00 X#1；#1 就是变量，可以赋给它数值，这样就能实现参数化编程。

（1）变量的表示　变量用变量符号"#"和后面的变量号指定，例如：#1。表达式可以用于指定变量号，但必须封闭在括号中，例如：#［#30+2］；#30=3；则#［#30+2］等同于#5。

（2）变量的类型

1）空变量（#0）　#0 变量总是空，没有值能赋给该变量。当变量值未定义时，这样的变量成为空变量，变量及地址都被忽略。例如：当变量#1 的值是 0，并且变量#2 的值是空时，G00 X#1 Y#2；的执行结果为 G00 X0。

2）局部变量（#1~#33）　局部变量只能用在宏程序中存储数据，当断电时局部变量被初始化为空。调用宏程序时，自变量能对局部变量赋值。

3）公共变量（#100~#199，#500~#999）　公共变量在不同的宏程序中的意义相同。

当断电时，变量#100～#199 初始化为空；变量#500～#999 的数据保存，即使断电也不丢失。

4）系统变量#1000～　系统变量用于读、写系统运行时各种数据的变化，例如刀具坐标位置等。

2. 算术和逻辑运算

算术运算和逻辑运算指令参见学习领域 3 的表 3-7。

3. 分支和循环语句

在宏程序中，可以使用 GOTO、IF 语句、循环语句控制流程。

（1）GOTO 语句（无条件分支）

格式：GOTO N；

　　　　N：程序顺序号。

功能：控制程序运行顺序，转向顺序号为 N 的程序段。顺序号可以使用表达式。

（2）IF 语句（条件分支）

格式：IF［＜条件式＞］　GOTO　N；

例如，#1＝10；

　　　　#2＝0；

　　　　N1 IF［#2GT#1］GOTO 2；　如果参数 2 的值大于参数 1 的值则程序导向程序段 2

　　　　#2＝#2＋1；

　　　　GOTO 1；

　　　　N2 M30；

（3）WHILE 语句

格式：WHILE［＜条件式＞］DOm；（m＝1，2，3）

　　　　……

　　　　ENDm；

　　　　m 只能在 1，2，3 中取值，但可以多次使用。WHILE 循环结构可以多层嵌套，最多 3 级，但不能交叉执行 DO 语句。

例如，铣削图 4-50 所示椭圆轮廓。

O00001；

G54 G90 G00 Z50.；

S500 M03

X0 Y0；

G00 Z5.

G01 Z－3. F80；　　　　　Z 向下刀到铣削深度

#1＝0；　　　　　　　　　椭圆方程角度变量赋初始值

#2＝30；　　　　　　　　椭圆长半轴参数赋初始值

#3＝20；　　　　　　　　椭圆短半轴参数赋初始值

N5 #4＝#2＊COS［#1］；　椭圆上任意点 X 坐标

#5＝#3＊SIN［#1］；　　　椭圆上任意点 Y 坐标

G41 D01；

G01 X#4 Y#5；　　　　　铣削椭圆

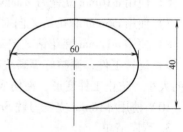

图 4-50　椭圆轮廓

#1 = #1 + 1 ;   椭圆方程角度变量累加 1°

IF［#1 LT370］GOTO5 ;

G40 G01 X0 Y0 ;

G00 Z100. ;

M05 ;

M30 ;

4. 宏调用

格式：G65 P_L_ ; ＜自变量表＞

　　　P：调用的程序号；

　　　L：重复调用的次数；

　　　自变量表：调用宏程序时传递给宏程序的数值。通过使用自变量表，值可以分配到相应的变量。

4.2.6.4　任务实施

1. 零件工艺分析

毛坯为 100mm × 100mm × 25mm 板材，工件材料为 45 钢，该零件加工形状比较简单，难点在于铣削球面，采用两轴半加工方式，X、Y 两轴联动，Z 轴分层作周期运动来完成曲面的加工。该零件装夹较为简单，主要加工 80mm × 80mm 外轮廓、$SR36$mm 球面以及 $\phi6$mm 和 $\phi12$mm 孔加工。

2. 基本加工步骤

1）分析零件图，合理安排加工工艺。

2）编制加工程序。

3）装夹毛坯，使其伸出平口虎钳钳口 10mm 左右。

4）安装寻边器（或铣刀），X、Y 轴向对刀，设定零点偏置。

5）使用 $\phi100$mm 面铣刀粗、精铣工件上表面，作为工件的测量基准。

6）使用 $\phi16$mm 立铣刀 Z 向对刀，粗、精铣 80mm × 80mm 外轮廓。

7）使用 $\phi6$mm 麻花钻 Z 向对刀，钻 4 × $\phi6$mm 孔。

8）使用 $\phi12$mm 麻花钻 Z 向对刀，钻 3 × $\phi12$mm 孔。

9）反转工件，调整好等高块高度（夹持 4mm 左右），使用平口钳夹持，注意工件夹紧力的大小，防止工件变形、夹伤或工件飞出。

10）使用 $\phi16$mm 立铣刀铣 $SR36$mm 球面。

3. 程序清单

80mm × 80mm 外轮廓铣削主程序为

O5001 ;

G54 G40 G90 G00 Z100. ;

X0 Y0 ;

M03 S600 ;   主轴转速 600r/min

G00 Z5. ;

X – 60. Y60. ;

G01 Z0 F80 ; Z 向下刀至外轮廓铣削起始点

M98 P35005；　　　　　　　　　　　　　　　调用外轮廓铣削子程序

G00 Z100.；

M05；

M30；

80mm×80mm 外轮廓铣削子程序为

O5005；

G91G01Z－3. F80；

G90 G42 G01 X－40. Y30. D01 F120；　　　　设定右刀补

Y－30.；

G03 X－30. Y－40. R10.；

G01 X30.；

G03 X40. Y－30. R10.；

G01 Y30.；

G03 X30. Y40. R10.；

G01 X－30.；

G03 X－40. Y30. R10.；

G02 X－50. Y20. R10.；

G40 G01 X－60. Y60.；

M99；　　　　　　　　　　　　　　　　　　子程序返回

4×φ6mm 孔加工程序为

O5002；

G54 G40 G90 G00 Z100.；

X0 Y0；

M03 S600；

G00 Z5.；

X30. Y30.；

G98 G83 Z－30. R3. Q5. F80；　　　　　　　深孔钻循环钻 φ6 孔

X－30.；

Y－30.；

X30.；

G00 Z100.；

M05；

M30；

3×φ12mm 孔加工程序为

O5003；

G54 G69 G40 G90 G00 Z100.；

X0 Y0；

M03 S600　　　　　　　　　　　　　　　　主轴转速 600r/min

G00 Z5.；

G68 X0 Y0 R0；　　　　　　　　　　　　坐标系旋转 0°

G98 G83 X0 Y – 18. Z – 30. R3. Q8. F80；

G68 X0 Y0 R120. ；　　　　　　　　　　坐标系旋转 120°

G98 G83 X0 Y – 18. Z – 30. R3. Q8. F80；

G68 X0 Y0 R240. ；　　　　　　　　　　坐标系旋转 240°

G98 G83 X0 Y – 18. Z – 30. R3. Q8. F80；

G69；　　　　　　　　　　　　　　　　坐标系旋转取消

G00 Z100. ；

M05；

M30；

*SR*36mm 球面加工程序为

O5004；

G54 G40 G90 G00 Z100. ；

X0 Y0；

M03 S600；

G00 Z5. ；

X60. Y0；

#1 = 0；　　　　　　　　　　　　　　　#1 参数赋初始值

#2 = 36. ；　　　　　　　　　　　　　　#2 参数赋初始值

N1 #3 = SQRT［1296. – #2 * #2］；

G01 Z#1 F100；

G41 G01 X#3 D1；　　　　　　　　　　设定左刀补

G02 I – #3；　　　　　　　　　　　　　铣削球面

G40 G01 X60. Y0；　　　　　　　　　　取消刀补

#1 = #1 – 0. 1；

#2 = #2 – 0. 1；

IF［#2GE18. ］GOTO1；　　　　　　　　#2 参数大于等于 18 则程序转向程序段 1

G00 Z100. ；

M05；

M30；

4. 2. 6. 5　教学评价

评价方式采用自评、互评和教师点评三者结合的方式。评价学生参与活动的积极性，加工工艺方案的制定是否正确，是否加工出合格的零件等方面。零件实作考试评分细则参见表 4-1。

4. 2. 7　自动编程

知识点

1. 自动编程加工方法的选择。

2. 自动编程参数的设置。

技能点

利用自动编程方法进行零件加工程序编制。

4.2.7.1　任务描述

利用自动编程方法正确加工图 4-51 所示的零件。

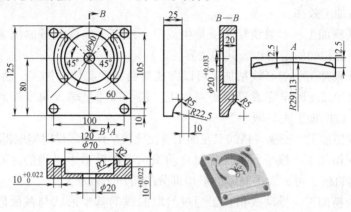

图 4-51　零件图

4.2.7.2　任务分析

该任务是进行曲面铣削，手工编程无法实现，需要掌握自动编程的使用方法。

4.2.7.3　知识链接

自动编程是将待加工零件用线架、曲面、实体等几何体来表示，利用 CAM 系统在零件几何体基础上生成刀具轨迹，经过系统的后置处理程序转换成加工代码，再通过传输介质将程序输入数控系统完成零件加工。基于 CAD/CAM 的数控自动编程基本步骤如图 4-52 所示。

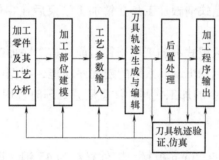

图 4-52　CAD/CAM 数控自动编程基本步骤

CAM 软件选用 CAXA 制造工程师 2008，主要有区域式、等高线等粗加工方式，参数线、等高线等精加工方式，以及其他补加工和孔、槽加工方式。

（1）区域式粗加工　该加工方法属于二维加工，适合平面类零件，常用立铣刀进行加工，主要加工底部平面，侧刃同时铣削零件侧面。只需给出零件的外轮廓和岛屿曲线，就可以生成加工轨迹。

（2）等高线粗加工　该加工方式是较通用的粗加工方式，适用范围广。它可以高效去除毛坯的大部分余量，根据精加工要求留出余量，还可以指定加工区域，优化空切轨迹。

（3）扫描线粗加工　该加工方式适用于较平坦零件的粗加工。

（4）导动线粗加工　导动线加工是二维加工的扩展，也可以理解为平面轮廓的等截面加工，是用轮廓线沿导动线平行运动生成轨迹的方法，相当于平行导动曲面的算法，只不过生成的不是曲面而是轨迹。其截面轮廓可以是开放的也可以是封闭的，但导动线必须是开放的。其加工轨迹是二轴半（2、5 轴）轨迹，可以将需要 3 轴加工的曲面变成 2.5 轴加工，简化造型，提高加工效率。

（5）参数线精加工　参数线精加工是生成单个或多个曲面的按曲面参数线行进的刀具轨迹，要求曲面有相同的走向和公共的边界。

（6）等高线精加工　等高线精加工可以完成对曲面和实体的加工，轨迹类型为 2.5 轴，可以用加工范围和高度限定完成局部等高加工。还可以通过输入角度控制对平坦区域的识别，控制平坦区域的加工先后顺序。

（7）扫描线精加工　扫描线精加工在加工表面比较平坦的零件时能取得较好的加工效果。

（8）浅平面精加工　浅平面精加工能自动识别零件模型中平坦的区域，针对这些区域生成精加工刀路轨迹，可大大提高零件平坦部分的精加工效率。

（9）导动线精加工　导动线精加工通过拾取曲线的基本形状与截面形状，生成等高线分布的轨迹。

（10）轮廓线精加工　这种加工方式在毛坯和零件形状几乎一致时最能体现优势。当毛坯和零件形状不一致时，使用这种加工方法会出现很多空行程，反而影响加工效率。

（11）限制线精加工　这种加工方式利用一组或两组曲线作为限制线，可在零件某一区域内生成精加工轨迹。也可用此方法生成特殊形状零件的刀具轨迹。适用于曲面分布不均或加工特定形状的场合。

（12）等高线补加工　等高线补加工是等高线粗加工的补充，当大刀具做完等高线粗加工之后，一般用小刀具做等高线补加工，去除残留的余量。

（13）笔式清根加工　笔式清根加工是在精加工结束后在零件的根角部再清一刀，生成角落部分的补加工刀路轨迹。

（14）区域式补加工　区域式补加工用于针对前一道工序加工后的残余量区域进行。

（15）倒圆角宏加工　利用 Fanuc 系统的宏程序功能，根据给定的平面轮廓曲线，生成加工圆角的轨迹和带有宏指令的加工代码。注意后置处理时选用后置文件 Fanuc_m。

4.2.7.4　任务实施

1. 零件工艺分析

毛坯为 120mm × 125mm × 25mm 板材，工件材料为 45 钢，该零件加工形状简单，难点在于曲面铣削，曲面采用等高线粗加工，参数线精加工来完成。4 × ϕ12mm 孔没有精度要求，采用 ϕ12mm 麻花钻加工。

2. 基本操作步骤

1）分析零件图，合理安排加工工艺。

2）自动程序编制。

3）装夹毛坯，使其伸出平口台虎钳钳口 10mm 左右。

4）安装寻边器（或铣刀），X、Y 轴方向对刀，设定零点偏置。

5）使用 ϕ100mm 面铣刀粗、精铣工件上表面，作为工件的测量基准。

6）使用 ϕ12mm 麻花钻 Z 向对刀，钻 4-ϕ12mm 孔。

7）使用 ϕ16mm 立铣刀 Z 向对刀后进行曲面和型腔开粗。

8）使用 ϕ10mm 立铣刀 Z 向对刀后进行环形槽开粗。

9）使用 ϕ8mm 立铣刀 Z 向对刀后对型腔以及环形槽进行等高线精加工。

10）使用 ϕ8mm 球头刀 Z 向对刀后对曲面进行参数线精加工。

11）使用 ϕ8mm 球头刀对环形槽 $R2$ 圆角进行倒圆角宏加工。

3. 自动编程基本操作

（1）造型　以 XY 平面为基准面创建草图，绘制 120mm × 125mm 矩形如图 4-53 所示。反向拉伸 25mm，如图 4-54 所示。

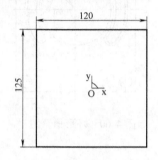

图 4-53　矩形草图

图 4-54　拉伸

以上表面为基准面打孔，设置孔参数如图 4-55 所示。编辑孔的草图，调整孔中心位置如图 4-56 所示。

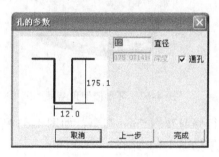

图 4-55　孔参数

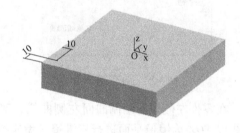

图 4-56　孔中心位置调整

孔进行线性阵列编辑，第一方向选 Y 正向，距离 105mm，第二方向选 X 正向，距离 100mm，如图 4-57 所示。阵列结果如图 4-58 所示。

图 4-57　阵列孔参数

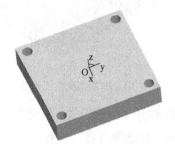

图 4-58　阵列孔结果

以零件上表面为基准面，草图绘制 φ70mm 圆，如图 4-59 所示，拉伸除料，深度为 20mm。以上表面为基准面，草图绘制环形槽，如图 4-60 所示，拉伸除料，深度为 10mm。

环形槽倒圆角 2mm，选择环形槽轮廓边，如图 4-61 所示；点击确定，结果如图 4-62 所示。

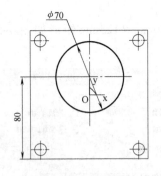

图 4-59　型腔草图

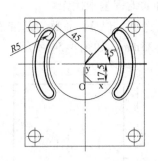

图 4-60　环形槽草图

图 4-61　环形槽倒角

图 4-62　环形槽倒角结果

在零件左侧表面绘制曲面左侧曲线，对曲线进行修剪及倒 5mm 圆角，如图 4-63 所示。曲线以 YOZ 为镜像平面进行三维镜像编辑操作，结果如图 4-64 所示。

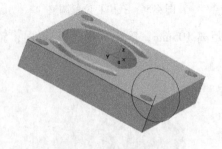

图 4-63　曲面左侧曲线构造

图 4-64　曲线镜像

绘制 R291.125 圆弧线，并连接曲面各线段，结果如图 4-65 所示。

选择"构造网格面"按钮，U、V 向分别选择曲线，曲面构造完成。选择"曲面裁剪材料"按钮，如图 4-66 所示。去除零件材料，结果如图 4-67 所示。

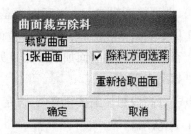

图 4-65 曲面曲线构造　　　　　　　　　　图 4-66 曲面裁剪除料

（2）加工

1）定义毛坯　在加工管理对话框中，选择"定义毛坯"，选择参照模型，如图 4-68 所示。

图 4-67 曲面去除材料结果　　　　　　　　图 4-68 定义毛坯

2）$4 \times \phi 12mm$ 通孔加工　点击加工工具栏中孔加工按钮 ，弹出孔加工对话框，设定 "加工参数"，如图 4-69 所示，设定 "刀具参数"，如图 4-70 所示。

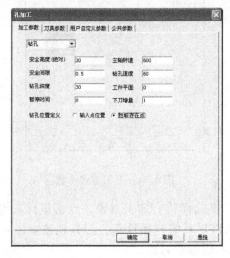

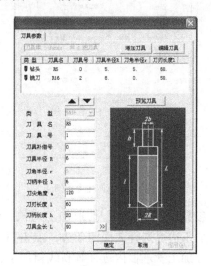

图 4-69 孔加工参数　　　　　　　　　　　图 4-70 孔加工刀具参数

参数设定完毕，点击确定，依次拾取四个孔的中心位置，刀路如图 4-71 所示，然后点击鼠标右键选择 "隐藏刀路"。

3）曲面轮廓粗加工　以底面为基准面绘制草图，使用相关线  的"实体边界"模式点击实体上的两个孔边界，选择"拉伸增料"，使用"拉伸到面"的方式将曲面上的两个孔补好，否则无法构建曲面加工刀路。另外两个孔则使用裁剪平面模式构建两个圆形平面将孔补齐，如图 4-72 所示。

点击等高线粗加工按钮 ，设定"加工参数 1"，如图 4-73 所示。设定"下刀方式"，如图 4-74 所示。

设置切削用量，如图 4-75 所示；设置加工边界参数，如图 4-76 所示；设置刀具参数，如图 4-77 所示。

图 4-71　孔加工刀路　　　　　　　　　　　　图 4-72　补孔

图 4-73　加工参数 1

图 4-74　下刀方式参数

参数设置完成后，拾取加工对象，键入"W"键选择所有加工对象，点击鼠标右键确认。加工边界选择曲面四条边，点击鼠标右键确认以后系统开始计算，刀具轨迹如图 4-78 所示。加工管理栏内选择等高线粗加工，点击鼠标右键隐藏刀路。

4）型腔轮廓粗加工　点击等高线粗加工按钮 ，设置"加工参数 1"，如图 4-79 所示。设置"切入切出"，如图 4-80 所示。"加工参数 2"对话框中设置区域切削类型为"抬刀切削混合"。其他参数与曲面粗加工设置相同。

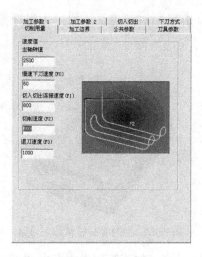

图 4-75　设置切削用量

图 4-76　设置加工边界参数

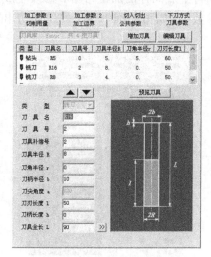

图 4-77　设置刀具参数

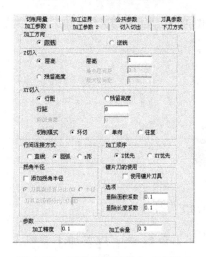

图 4-78　曲面等高线粗加工刀路

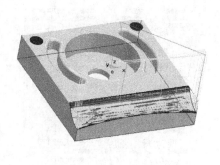

图 4-79　型腔等高线粗加工参数 1

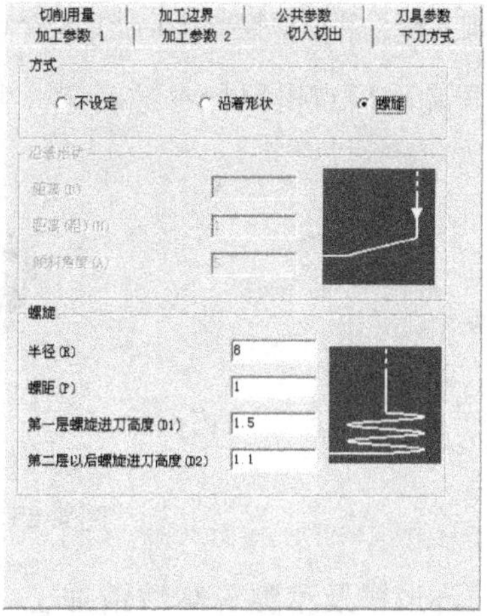

图 4-80　型腔等高线粗加工切入切出

设置完毕，按"W"键，选择所有加工对象，点击鼠标右键确认。加工边界选择如图4-81所示。型腔等高线粗加工刀路如图4-82所示。

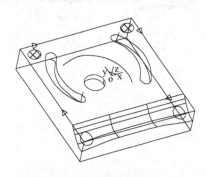

图4-81　加工边界选择

图4-82　型腔等高线粗加工刀路

5) 环形槽粗加工　将型腔表面利用"裁剪平面"补齐，加工管理栏内点击"型腔粗加工"，点击鼠标右键选择"拷贝"，再点击"粘贴"，将生成同样的加工刀路。修改生成刀路中的"加工参数1"，如图4-83所示；修改"刀具参数"，如图4-84所示，"切入切出"参数表中螺旋半径改为4。

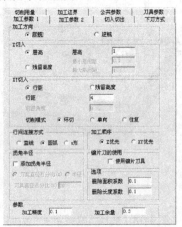

图4-83　环形槽等高线粗加工参数1

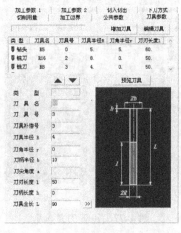

图4-84　环形槽等高线粗加工刀具参数

设置完毕后点击鼠标右键确定，生成刀路如图4-85所示。

图4-85　环形槽等高线粗加工刀路

6) 环形槽及型腔等高线精加工　点击等高线精加工按钮 ，设置加工参数1，如图4-86所示；设置加工参数2，如图4-87所示。

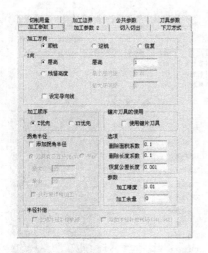
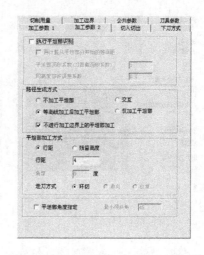

图 4-86　等高线精加工"加工参数 1"　　　　图 4-87　等高线精加工"加工参数 2"

设置切入切出，如图 4-88 所示；设置下刀方式，如图 4-89 所示。

图 4-88　等高线精加工"切入切出"　　　　图 4-89　等高线精加工"下刀方式"

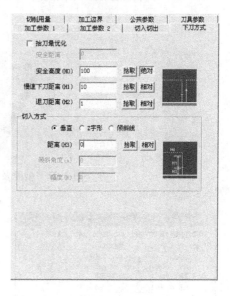

设置切削用量，如图 4-90 所示。设置刀具参数，如图 4-91 所示。

设置完毕点击确定，选择加工边界时与粗加工一致，点击鼠标右键确认。型腔及环形槽等高线精加工刀路如图 4-92 所示。

7）曲面参数线精加工　点击参数线精加工按钮 ，设置加工参数，如图 4-93 所示；设置刀具参数，如图 4-94 所示。

设置下刀方式，如图 4-95 所示；设置切削用量，如图 4-96 所示。

选择曲面，点击鼠标右键确认，参数线精加工刀路如图 4-97 所示。

8）环形槽宏加工倒圆角　点击宏加工之倒圆角按钮 ，设置加工参数，如图 4-98 所示；设置切削用量，如图 4-99 所示；设置刀具参数，如图 4-100 所示。

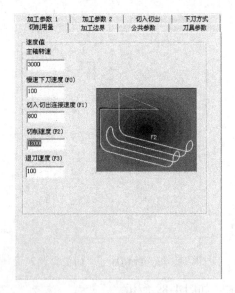

图 4-90　等高线精加工"切削用量"

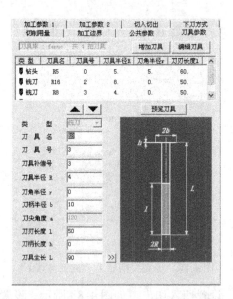

图 4-91　等高线精加工"刀具参数"

图 4-92　型腔及环形槽等高线精加工刀路

图 4-93　曲面参数线精加工"加工参数"

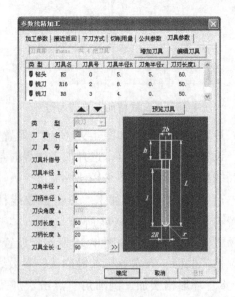

图 4-94　曲面参数线精加工"刀具参数"

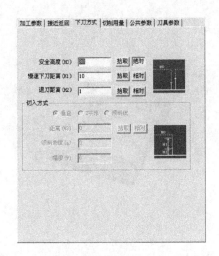

图 4-95　曲面参数线精加工"下刀方式"

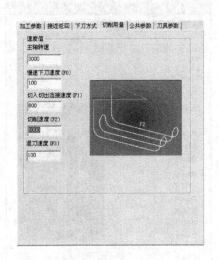

图 4-96　曲面参数线精加工"切削用量"

图 4-97　曲面参数线刀路

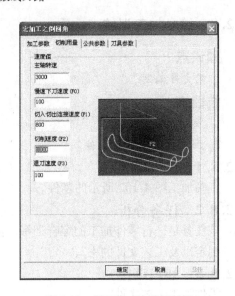

图 4-98　倒圆角"加工参数"　　　　　图 4-99　倒圆角"切削用量"

选择圆角外轮廓线，点击鼠标右键确认，倒圆角刀路如图 4-101 所示。

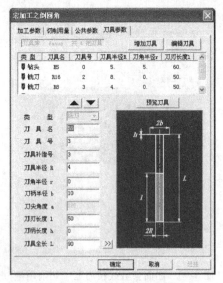

图 4-100 　倒圆角 "刀具参数"

图 4-101 　倒圆角刀路

9) 后置处理　加工管理栏选择加工项目，点击鼠标右键选择 "后置处理" 菜单项，选择 "生成 G 代码"，输入文件名，点击保存，文件中自动生成加工程序。

4. 程序清单

零件程序略。

4.2.7.5　教学评价

评价方式采用自评、互评和教师点评三者结合的方式。以学生参与活动的积极性，是否制定了正确的加工工艺方案和加工出合格的零件作为评价重点。零件实作考试评分细则参见表 4-1。

4.2.8　综合加工训练

知识点

工艺文件编写。

技能点

1. 编写工艺文件。

2. 加工复杂工艺的零件。

4.2.8.1　任务描述

正确加工图 4-102 所示的零件。

4.2.8.2　任务分析

该任务是进行零件加工的综合训练。需要熟练掌握 FANUC 系统操作、零件加工工艺方案的制定以及工艺文件的书写。

4.2.8.3　知识链接

零件加工工艺文件

工艺分析

1) 零件图工艺分析　图 4-102 所示零件毛坯尺寸为 100mm × 100mm × 15mm，该零件需

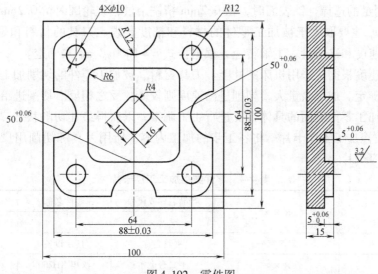

图 4-102　零件图

要加工的轮廓相对比较多，包括内外轮廓的铣削加工和孔加工，而 16mm×16mm 凸台为岛屿铣削加工，在下刀时应注意下刀点位置，防止轮廓过切而报废。从加工尺寸精度分析可知，加工精度要求较高，控制在 IT7～IT8 级，应分粗、半精、精加工来完成轮廓的加工，并达到表面粗糙度要求。

　　2）确定装夹方案　　采用平口台虎钳来装夹工件，工件坐标系设置在零件上表面中心位置。

　　3）确定加工顺序及走刀路线　　按照先面后孔、先粗后精的原则确定加工顺序。总体顺序为粗、精铣工件上下表面；粗铣、半精铣、精铣四方外轮廓、四方内轮廓和岛屿；钻孔。由零件图可知，孔的位置精度要求不高，因此所有孔加工的进给路线按最短路线来确定。

　　4）刀具的选择　　铣面时，为缩短进给路线，提高加工效率，减少接刀痕迹，同时考虑切削力矩不要太大，选择 φ100mm 硬质合金可转位面铣刀。孔加工刀具尺寸根据加工尺寸选择，所选刀具见表 4-3。

表 4-3　零件数控加工刀具卡片

产品名称或代号	×××	零件名称		×××		零件图号		×××
序号	刀具号	刀　具			加工表面		备注	
		规格名称	数　量	刀长/mm				
1	T01	φ100mm 可转位面铣刀	1		铣上下表面			
2	T02	φ16mm 立铣刀	1		粗铣四方外轮廓			
3	T03	φ10mm 立铣刀	1		粗铣四方内轮廓与岛屿			
4	T04	φ8mm 立铣刀	1		精铣四方内、外轮廓与岛屿			
5	T03	φ10mm 立铣刀	1		铣余量			
6	T05	φ3mm 中心钻	1		中心钻钻孔			
7	T06	φ12mm 麻花钻	1		钻孔			
编制	×××	审核	×××	批准	×××	年 月 日	共　页	第　页

5）切削用量的选择　铣表面时，留 0.2mm 精铣余量；铣轮廓时留 0.2mm 精铣余量。

切削速度 v_c 主要取决于被加工零件的材料和精度要求、刀具的材料和耐用度等因素。查表确定切削速度和进给量，主轴转速 n 根据公式 $n = 1000v_c/\pi d$ 来确定。

切削进给速度根据所采用机床的性能、刀具材料、被加工零件的切削加工性能和加工余量的大小综合确定。加工余量大，切削进给速度则较低；反之相反。切削进给速度可由机床操作者根据被加工零件表面的具体情况进行手工调整，以获得最佳切削状态。

6）填写数控加工工序卡片　将各工步的加工内容、所用刀具和切削用量填入表 4-4 零件数控加工工序卡片。

表 4-4　零件数控加工工序卡片

单位名称		×××	产品名称或代号	零件名称		零件图号
			×××			×××
工序号		程序编号	夹具名称	使用设备		车间
×××		×××	平口台虎钳	汉川 XH750		数控中心
工步号	工步内容	刀具号	刀具规格/mm	主轴转速/(r/min)	进给速度/(mm/min)	背/侧吃刀量/mm	备注
1	铣上下表面	T01	φ100 可转位面铣刀	250	80	3	
2	粗铣四方外轮廓	T02	φ16 立铣刀	500	100	3	
3	粗铣四方内轮廓与岛屿	T03	φ10 立铣刀	600	80	3	
4	精铣四方内、外轮廓与岛屿	T04	φ8 立铣刀	800	60	0.3	
5	铣余量	T03	φ10 立铣刀	600	80	3	
6	钻孔	T05	φ3 中心钻	1000	80	2	
7	钻孔	T06	φ12 麻花钻	400	80	20	
编制	×××	审核	×××	批准	×××	年 月 日	共 页　第 页

4.2.8.4　任务实施

1. 基本操作步骤

1）分析零件图，合理安排加工工艺。

2）编制中心孔、钻孔、铣轮廓等加工程序。

3）装夹毛坯，伸出平口虎钳钳口 10mm 左右。

4）安装寻边器（或铣刀），X、Y 轴向对刀，设定零点偏置。

5）安装面铣刀，粗、精铣工件上表面，作为深度方向的测量基准。

6）安装 φ16mm 立铣刀 Z 向对刀，设定刀具半径补偿值为 8.5，粗铣四方外轮廓。

7）安装 φ10mm 立铣刀 Z 向对刀，设定刀具半径补偿值为 5.5，粗铣四方内轮廓和岛屿。

8）φ10mm 立铣刀半精铣四方外轮廓、四方内轮廓和岛屿，调整相应的刀具半径补偿值为 5.2。

9）安装 φ8mm 立铣刀精加工四方外轮廓、四方内轮廓和岛屿。

10）若轮廓加工精度达不到加工要求，继续调整刀具半径补偿值，直到满足零件图样的加工要求。

11）安装 φ10mm 立铣刀铣削余量。

12）安装 ϕ3mm 中心钻 Z 向对刀后钻中心孔。

13）安装 ϕ12mm 麻花钻 Z 向对刀后钻孔。

2. 程序清单

铣削四方外轮廓程序为

O6001；

G54 G40 G90 G00 Z100. ；

X0 Y0；

M03 S500；　　　　　　　　　　　　　　主轴转速 500r/min

G00 Z5. ；

X – 60. Y60. ；

G01 Z – 5. F80；　　　　　　　　　　　Z 向下刀到铣削深度

G42 G01 X – 44. Y32. D01 F120；　　　　设置刀补

Y12. ；

G02 Y – 12. R12. ；

G01 Y – 32. ；

G03 X – 32. Y – 44. R12. ；

G01 X – 12. ；

G02 X12. R12. ；

G01 X32. ；

G03 X44. Y – 32. R12. ；

G01 Y – 12. ；

G02 Y12. R12. ；

G01 Y32. ；

G03 X32. Y44. R12. ；

G01 X12. ；

G02 X – 12. R12. ；

G01 X – 32. ；

G03 X – 44. Y32. R12. ；

G02 X – 56. Y20. R12. ；

G00 Z100. ；

G40；　　　　　　　　　　　　　　　　取消刀补

M05；

M30；

铣削四方内轮廓程序为

O6002；

G54 G40 G90 G00 Z100. ；

X0 Y0；

M03 S600；　　　　　　　　　　　　　　主轴转速 600r/min

```
G00 Z5. ;
X0 Y – 17. ;
G01 Z – 5. F80;                          Z 向下刀到铣削深度
G42 G01 X7. Y – 18. D01 F120;            设置刀补
G02 X0 Y – 25. R7. ;
G01 X – 19. ;
G02 X – 25. Y – 19. R6. ;
G01 Y19. ;
G02 X – 19. Y25. R6. ;
G01 X19. ;
G02 X25. Y19. R6. ;
G01 Y – 19. ;
G02 X19. Y – 25. R6. ;
G01 X0;
G02 X – 7. Y – 18. R7. ;
G01 X2. 83 Y – 8. 49;
X8. 49 Y – 2. 83;
G03 Y2. 83 R4. ;
G01 X2. 83 Y8. 49;
G03 X – 2. 83 R4. ;
G01 X – 8. 49 Y2. 83;
G03 Y – 2. 83 R4. ;
G01 X – 2. 83 Y – 8. 49;
G03 X2. 83 R4. ;
G00 Z100. ;
G40;                                      取消刀补
M05;
M30;


余量铣削程序为
O6003;
G54 G40 G90 G00 Z100. ;
X0 Y0;
M03 S600;
G00 Z5. ;
X – 17. Y0;
G01 Z – 5. F80;                          Z 向下刀到铣削深度
Y – 17. F120;                            余量铣削
X17. ;
```

Y17. ；

X – 17. ；

Y0；

G00 Z100. ；　　　　　　　　　　　　　　　Z 向抬刀

M05；

M30；

钻中心孔程序为

O6004；

G54 G40 G90 G00 Z100. ；

X0 Y0；

M03 S1000；

G00 Z50. ；

G98 G81 X32. Y32. Z – 2. R3. F60；　　　钻中心孔

X – 32. ；

Y – 32. ；

X32. ；

G00 Z100. ；

G80；　　　　　　　　　　　　　　　　取消钻孔循环

M05；

M30；

钻 φ12mm 孔程序为

O6005；

G54 G40 G90 G00 Z100. ；

X0 Y0；

M03 S600；

G00 Z50. ；

G98 G83 X32. Y32. Z – 20. R3. Q5. F80；　深孔钻循环钻 φ12mm 孔

X – 32. ；

Y – 32. ；

X32. ；

G00 Z100. ；

G80；　　　　　　　　　　　　　　　　取消钻孔循环

M05；

M30；

4.2.8.5　教学评价

评价方式采用自评、互评和教师点评三者结合的方式。以学生参与活动的积极性，是否制定了正确的加工工艺方案和加工出合格的零件作为评价重点。表 4-5 为零件实作考试评分细则。

表 4-5　实作考试评分细则

序号	考核项目	考核内容及要求		配分	评分标准	检测结果	扣分	得分
1	尺寸	88 ± 0.03	IT	5	超差 0.01 扣 2 分			
2		$50^{+0.06}_{0}$	IT	5	超差 0.01 扣 2 分			
			Ra3.2	3	降一级扣 1.5 分			
3		$R6$	'IT	5	超差 0.01 扣 2 分			
			Ra3.2	3	降一级扣 1.5 分			
		$5^{+0.06}_{0}$	'IT	5	超差 0.01 扣 2 分			
		16	IT	4	超差 0.01 扣 2 分			
		64	'IT	2	超差 0.01 扣 2 分			
		$8 \times R12mm$	'IT	2	超差 0.01 扣 2 分			
		$4 \times \Phi10mm$	'IT	4	超差 0.01 扣 2 分			
4		$4 \times R4mm$	IT	2	超差 0.01 扣 2 分			
5	外形	加工的工件外形是否正确		20	结构错一处扣 10 分			
6	安全文明生产	着装是否规范		10	现场考评			
7		刀具工具量具的放置是否规范						
8		工件装夹刀具安装是否规范						
9		量具的正确使用						
10		加工完成后对设备的保养及周边环境卫生的保持和清洁						
11	机床的规范操作	开机的检查和开机顺序是否正确		10	现场考评			
12		回机床参考点						
13		正确执行对刀操作,建立工件坐标系						
14		各种参数的正确设置						
15		正确进行程序键入(或通信输入)、正确仿真检验						
16	工艺及程序编制	工件定位和夹紧方式合理、可靠		10	现场考评			
17		工艺路线合理,无原则性错误						
18		刀具及切削参数的选择合适						
19		完全用自动加工的方式完成全部加工内容						
20		正确有效地运用刀具半径和长度补偿功能,实现加工余量的控制		10	现场考评			
21		使用固定循环等所表现的编程技巧						
	加工时间	定额时间:180 分钟,到时间停止加工						

4.3　SINUMERIK 802D 数控铣床/加工中心的编程与操作

知识点

SINUMERIK 802D 数控铣床/加工中心的基本指令。

技能点

SINUMERIK 802D 数控铣床/加工中心操作。

4.3.1　任务描述

使用 SINUMERIK 802D 数控铣床/加工中心加工出图 4-103 所示零件。

4.3.2　任务分析

该任务是利用 SINUMERIK 802D 数控铣床/加工中心进行零件铣削加工，需要掌握西门子数控系统编程方法。

4.3.3　知识链接

1. 圆弧插补 G02/G03

格式：G02/G03X _ Y _ CR = _ F _

　　　G02/G03X _ Y _ I _ J _ F _

　　　X，Y：圆弧终点坐标；

　　　CR = ：圆弧半径；

　　　I，J：圆弧的圆心相对于起点的坐标

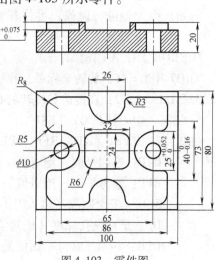

图 4-103　零件图

增量值。

功能：刀具按 F 指定的进给速度从圆弧起点沿圆弧移动到终点。

例如，G2 X50 Y40 CR = 12

2. 可编程的比例系数 SCALE/ASCALE

格式：SCALE/ASCALE X _ Y _ Z _

　　　SCALE

　　　X、Y、Z：比例系数。

功能：为相应的坐标轴指定一个可编程比例系数，按比例可以使相应的轴放大或缩小。当前设定的坐标系用作比例缩放的参照标准。

SCALE 为取消所有先前的构造编程，即有关旋转、比例系数、镜像的指令，设定可编程的比例系数。ASCALE 为附加的可编程比例系数，在不取消前面旋转、比例、镜像指令的基础上，附加坐标比例缩放。SCALE 不带数值时清除所有有关旋转、比例系数、镜像的指令。

SCALE，ASCALE 指令使用时，要求一个独立的程序段。

例如，SCALE X2 Y2；2 倍放大在 X 和 Y 中的轮廓。

3. 可编程的镜像 MIRROR/AMIRROR

格式：MIRROR/AMIRROR X _ Y _ Z _

      MIRROR

      X、Y、Z：需要做镜像变换方向上的坐标轴。

功能：用于工件形状关于坐标轴的镜像编程，所有在镜像后调用的平移运动，用镜像的方式进行。镜像的使用与比例缩放类似。

      例如，MIRROR Y0；关于 X 轴对称。

      4. 可编程的旋转 ROT/AROT

      格式：ROT/AROT RPL = _

            ROT

      RPL = ：设定坐标系旋转角度。

      功能：指令用于坐标系的旋转，使用与比例缩放类似。

      例如，将 X 轴进行镜像，再将其旋转 45°，X、Y 坐标轴方向比例放大 2 倍。程序代码为

      MIRROR Y0；X 轴镜像；

      AROT RPL = 45；旋转坐标系，在镜像基础上附加增量旋转；

      ASCALE X2 Y2；在镜像和旋转的基础上比例放大。

      5. 钻削、中心钻孔 CYCLE81

      格式：CYCLE81（RTP，RFP，SDIS，DP，DPR）

            RTP：返回平面（绝对）；

            RFP：参考平面（绝对值）；

            SDIS：安全间隙（输入时不带正负号）；

            DP：最后钻孔深度（绝对值）；

            DPR：相对于参考平面的最后钻孔深度（输入时不带正负号）。

功能：刀具按照编程的主轴速度和进给率进行钻孔，直至达到最后钻孔深度。

CYCLE81 循环指令的运动顺序，如图 4-104 所示。

（1）G00 快速移动到安全间隙之前的参考平面（RFP）。

（2）按循环调用之前所编程的进给率（G01）移动到最后的钻孔深度（DP）。

（3）使用 G00 快速返回到返回平面（RTP）。

      例如，加工图 4-105 所示孔，程序为

G0 G17 G90 F80 S300 M3

D01 T01 Z50   更换 1 号刀具

X40 Y120   移至首次钻孔位置

CYCLE81（30，0，3，−35）   使用绝对最后钻孔深度，安全间隙及不完整的参数
                                     表调用循环

Y30   移到下一个钻孔位置

CYCLE81（30，，3，，35）

M2   程序结束

      6. 钻孔，锪平面 CYCLE82

      格式：CYCLE82（RTP，RFP，SDIS，DP，DPR，DTB）

            DTB：到达最后钻孔深度时的停留时间（断屑）。

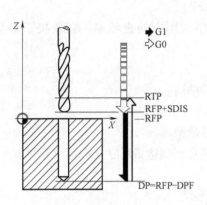

图 4-104　CYCLE81 循环的运动顺序

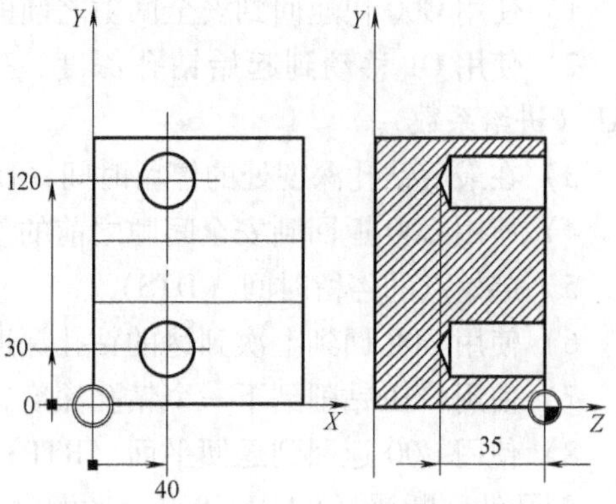

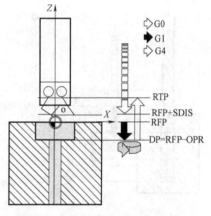

图 4-105　孔加工零件

其他参数与 CYCLE81 相同。

功能：刀具按照编程的主轴速度和进给率进行钻孔，直至达到最后钻孔深度，到达最后钻孔深度时允许停留相应的时间。

CYCLE82 循环的运动顺序，如图 4-106 所示。

1）使用 G00 快速回到安全间隙之前的参考平面（RFP）。

2）按循环调用前所编程的进给率（G01）移动到最后的钻孔深度（DP）。

3）在最后钻孔深度处的停顿时间 DTB。

4）使用 G00 返回到返回平面（RTP）。

例如，加工深 20mm 的单孔，孔底停留时间是
3s，安全间隙是 2.4mm。程序代码为 CYCLE82（3，1.1，2.4，–20，，3）。

7. 深孔钻削 CYCLE83

格式：CYCLE83（RTP，RFP，SDIS，DP，DPR，FDEP，FDPR，DAM，DTB，DTS，FRF，VARI）

　　　　FDEP：起始钻孔深度（绝对值）；

　　　　FDPR：相当于参考平面的起始钻孔深度（输入时不带正负号）；

　　　　DAM：数递减量（输入时不带正负号）；

　　　　DTB：最后钻孔深度时的停留时间（断屑）；

　　　　DTS：起始点处用于退刀排屑的停留时间；

　　　　FRF：起始钻孔深度的进给系数（输入时不带正负号）；

　　　　VARI：加工方式，断屑为 0，排屑为 1；

功能：刀具按照编程的主轴速度和进给率进行钻孔，直至达到最后钻孔深度。

深孔钻削是通过多次执行最大可定义的进给深度并逐步增加，直至到达最后钻孔深度来实现的。钻头可以在每次进给深度执行完以后退回到参考平面 + 安全间隙，用于排屑，或者每次退回 1mm 用于断屑。

深孔钻削排屑（VARI = 1）运动顺序，如图 4-107 所示。

图 4-106　CYCLE82 循环的运动顺序

1）使用 G00 快速回到安全间隙之前的参考平面（RFP）。

2）使用 G1 移动到起始钻孔深度，进给率来自程序调用中的进给率，它取决于参数 FRF（进给系数）。

3）在最后钻孔深度处的停留时间（DTB）。

4）使用 G00 返回到安全间隙之前的参考平面，用于排屑。

5）起始点的停留时间（DTS）。

6）使用 G00 回到上次到达的钻孔深度，并保持预留量距离。

7）使用 G01 钻削到下一个钻孔深度，持续动作顺序直至到达最后钻孔深度（DP）。

8）使用 G00 返回到返回平面（RTP）。

深孔钻削断屑（VARI = 0）运动顺序，如图 4-108 所示。

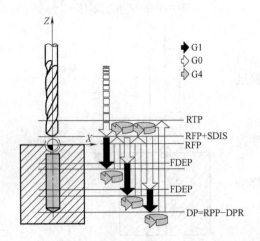

图 4-107　CYCLE83 排屑（VARI = 1）
的运动顺序

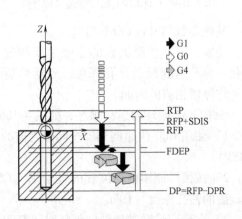

图 4-108　CYCLE83 断屑（VARI = 0）
的运动顺序

1）使用 G00 回到安全间隙之前的参考平面（RFP）。

2）用 G01 钻孔到起始深度，进给率来自程序调用中的进给率，它取决于参数 FRF（进给系数）。

3）在最后钻孔深度处的停留时间（DTB）。

4）使用 G01 从当前钻孔深度后退 1mm，采用调用程序中的编程的进给率（用于断屑）。

5）用 G01 按所编程的进给率执行下一次钻孔切削，该过程一直进行下去，直至到达最终钻削深度（DP）。

6）使用 G00 返回到返回平面（RTP）。

8. 刚性攻螺纹 CYCLE84

格式：CYCLE84（RTP, RFP, SDIS, DP, DPR, DTB, SDAC, MPIT, PIT, POSS, SST, SST1）

　　　SDAC：设定循环结束后的旋转方向值，3、4 或 5（用于 M03、M04 或 M05）；

　　　MPIT：螺纹大小，符号决定在螺纹中的旋转方向；

　　　PIT：螺距，符号决定在螺纹中的旋转方向；

　　　POSS：循环中定位主轴停止的位置（以度为单位）；

　　　SST：攻螺纹速度；

　　SST1：退回速度；

　　功能：刀具以编程的主轴速度和进给率钻孔，直至到达所定义的最后螺纹深度，CYCLE84 可以用于刚性攻螺纹。

　　CYCLE84 循环的运动顺序，如图 4-109 所示。

　　1）使用 G00 回到安全间隙之前的参考平面（RFP）。

　　2）定位主轴停止（值在参数 POSS 中）以及将主轴转换为进给轴模式。

　　3）攻螺纹至最终钻孔深度，速度为 SST。

　　4）螺纹深度处的停留时间（DTB）。

　　5）退回到安全间隙前的参考平面，速度为 SST1 且方向相反。

　　6）使用 G00 退回到返回平面；通过在循环调用前编程有效的主轴速度以及 SDAC 下编程的旋转方向，从而改变主轴模式。

　　例如，CYCLE84 循环调用，忽略 PIT 参数，未给绝对深度或停留时间输入数值，主轴在 90°位置停止，攻螺纹速度是 200，退回速度是 500。程序代码为：CYCLE84（4, 0, 2, , 30, , 3, 5, , 90, 200, 500）。

　　9. 镗孔 CYCLE86

　　格式：CYCLE86（RTP, RFP, SDIS, DP, DPR, DTB, SDIR, RPA, RPO, RPAP, POSS）

　　SDIR：旋转方向值，3（用于 M03），4（用于 M04）；

　　RPA：平面中第一轴上的返回路径（增量，带符号输入）；

　　RPO：平面中第二轴上的返回路径（增量，带符号输入）；

　　RPAP：钻孔轴上的返回路径（增量，带符号输入）；

　　POSS：循环中定位主轴停止的位置（以度为单位）；

　　功能：此循环可以用来进行镗孔。刀具按照编程的主轴速度和进给率进行钻孔，直至达到最后钻孔深度。镗孔时，一旦到达钻孔深度，便激活了定位主轴停止功能，然后主轴从返回平面快速回到编程的返回位置。

　　CYCLE86 循环的运动顺序，如图 4-110 所示。

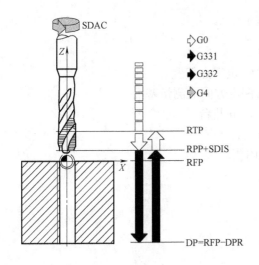

图 4-109　CYCLE84 循环的运动顺序

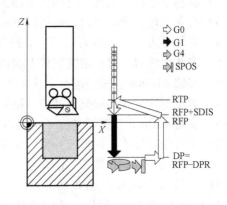

图 4-110　CYCLE86 循环的运动顺序

1）使用 G00 回到安全间隙之前的参考平面（RFP）。

2）使用 G01 和循环调用前编程的进给率移到最终钻孔深度（DP）。

3）执行最后钻孔深度处的停留时间（DTB）。

4）定位主轴停止在 POSS 下编程的位置。

5）使用 G00 在三个轴方向上返回。

6）使用 G00 在钻孔轴方向返回到安全间隙前的参考平面（RFP）。

7）使用 G00 退回到返回平面（RTP）。

例如，CYCLE86 循环调用，编程的最后钻孔深度值为绝对值，未定义安全间隙，在最后钻孔深度处的停留时间是 2s，工件的上沿在 Z110 处。在此循环中，主轴以 M03 旋转并停在 45°位置。程序代码为 CYCLE86（112，110，，77，0，2，3，-1，-1，1，45）。

10. 子程序调用

格式：程序名 P_

P_：程序调用次数。

功能：子程序的结构与主程序的结构一样，在子程序中最后一个程序段中用 M02 结束子程序运行。除了用 M02 指令外，还可以用 RET 指令结束子程序，它要求占用一个独立的程序段。

子程序调用时直接用程序名调用子程序，如果要求多次连续地执行某一子程序，则在编程时地址 P 中写入调用次数，最大次数可以为 9999。

例如，L01　P3 调用子程序 L01，运行 3 次。

4.3.4　任务实施

1. 零件加工工艺分析

该零件主要完成孔的加工。孔尺寸精度为自由公差，加工精度较低。$\phi 4mm$ 和 $\phi 12mm$ 孔采用麻花钻直接加工，$\phi 16mm$ 孔采用铣削方式完成轮廓加工。采用平口台虎钳来装夹工件，工件坐标系设置在工件对称中心轴上。

2. 基本操作步骤

1）分析零件图，合理安排加工工艺。

2）编制中心孔、钻孔、铣削孔等加工程序。

3）装夹毛坯，伸出平口虎钳钳口 10mm 左右。

4）安装寻边器（或铣刀），X、Y 轴向对刀，设定零点偏置。

5）安装面铣刀，粗、精铣工件上表面，作为深度方向的测量基准。

6）安装 $\phi 16mm$ 立铣刀进行 Z 向对刀，粗铣 5mm 凸台。

7）测量轮廓尺寸，调整刀补值，精铣 5mm 凸台。

8）安装 $\phi 10mm$ 立铣刀进行 Z 向对刀，粗铣内槽。

9）测量轮廓尺寸，调整刀补值，精铣内槽。

10）安装 $\phi 16mm$ 立铣刀铣削余量。

11）安装 $\phi 3mm$ 中心钻 Z 向对刀后钻中心孔。

12）安装 $\phi 9.8mm$ 麻花钻 Z 向对刀后钻孔。

13）安装 $\phi 10mm$ 铰刀 Z 向对刀后铰孔。

3. 程序清单

零件加工主程序为

LO. MPF

G54 G90 G40 G00 X0 Y0

T01 D01   安装 $\phi16$mm 立铣刀

M03 S600   主轴转速 600r/min

Z5

G00 X – 43 Y – 65

G01 Z – 2. 5 F60

L1   调用 L1 子程序, 粗铣凸台外轮廓

G01 Z – 5 F60

L1

G00 Z80

M05

M00   暂停, 进行尺寸检测, 修改刀补值

D01

M03 S800   主轴转速 800r/min

G00 X – 43 Y – 65

G00 Z2

G01 Z – 5 F60

L1   调用 L1 子程序, 精铣凸台外轮廓

G00 Z80

M05

T02   安装 $\phi10$mm 立铣刀

G54 G90 G00 X0 Y0

M03 S600   主轴转速 600r/min

G00 Z5

G01 Z – 2. 5 F100

L2   调用 L2 子程序, 粗铣内槽

G01 Z – 5 F100

L2

M05

M00   程序暂停, 检测尺寸, 修改刀补值

D01

M03 S800   主轴转速 800r/min

G00 Z5

G01 Z – 5 F60

L2   调用 L2 子程序, 精铣内槽

M05

T03   安装 $\phi3$mm 中心钻

```
G54 G90 G00 X0 Y0
M03 S1000                                    主轴转速 1000r/min
G00 Z5 F100
X32.5 Y0
CYCLE81(5,0,2,-2,2)                          钻中心孔
X-32.5
CYCLE81(5,0,2,-2,2)                          钻中心孔
G00 Z100
M05
T04                                          安装 φ9.8mm 麻花钻
G54 G90 G00 X0 Y0
M03 S400                                     主轴转速 400r/min
G00 Z5 F60
X32.5 Y0
CYCLE83(10,0,5,-25,0,-5,,,,,1.000,0)         φ9.8mm 麻花钻钻孔
G01 X-32.5
CYCLE83(10,0,5,-25,0,-5,,,,,1.000,0)         φ9.8mm 麻花钻钻孔
G0 Z100
M05
T05                                          安装 φ10mm 铰刀
G54 G90 G00 X0 Y0
M03 S200                                     主轴转速 200r/min
G00 Z5 F50
X32.5 Y0
CYCLE81(10,0,5,-23,)                         φ10mm 铰刀铰孔
G01 X-32.5
CYCLE81(10,0,5,-23,)                         φ10mm 铰刀铰孔
G00 Z100
M05                                          主轴停转
M02                                          程序结束
```

铣削凸台外轮廓子程序为

```
L1.SPF
G41 G01 X-43 Y-50                            设置左刀补
Y-17.5                                       轮廓铣削
G02 X-38 Y-12.5 CR=5
G01 X-32.5
G03 Y12.5 J12.5
G01 X-38
```

G02 X – 43 Y17. 5 CR = 5

G01 Y28. 5

G02 X – 35 Y36. 5 CR = 8

G01 X – 12. 5

Y32. 5

G03 X12. 5 I12. 5

G01 Y36. 5

X35

G02 X43. 5 Y28. 5 CR = 8

G01 Y17. 5

G2 X38 Y12. 5 CR = 5

G01X32. 5

G03Y – 12. 5J – 12. 5

G01X38

G02X43Y – 17. 5CR = 5

G01 Y – 28. 5

G02 X35 Y – 36. 5 CR = 8

G01 X12. 5

Y – 32. 5

G03 X – 12. 5 I – 12. 5

G01 Y – 36. 5

X – 35

G02 X – 43 Y – 28. 5 CR = 8

G01 Y0

G00 Z50

G40 G00 X – 43 Y – 65　　　　　　　　　　　取消刀补

M02　　　　　　　　　　　　　　　　　　　　子程序结束

铣削内槽子程序为

L2. SPF

G41 D01 X10 Y – 6　　　　　　　　　　　　设置左刀补

G03 X16 Y0 CR = 6

G01Y6

G03 X10 Y12 CR = 6

G01 X – 10

G03 X – 16 Y6 CR = 6

G01 Y – 6

G03 X – 10 Y – 12 CR = 6

G01 X10

```
G03  X16  Y – 6  CR = 6
G01  Y0
G03  X10  Y6  CR = 6
G01  X – 9
G0  Z50
G40  X0  Y0                              取消刀补
M02                                      子程序结束
```

*Φ*16mm 立铣刀铣余量程序为

```
G54  G90  G40  G00  X0  Y0
T01  D01
M03  S600                                主轴转速 600r/min
Z5
G00  X – 50  Y – 65
G01  Z – 5  F60
Y50  F100
X50
Y – 50
X – 50
G00  Z80
M05
M02                                      程序结束
```

4.3.5 教学评价

评价方式采用自评、互评和教师点评三者结合的方式。重点评价学生参与活动的积极性，加工工艺方案的制定是否正确，是否加工出合格的零件等方面。零件实作考试评分细则参见表 4-5。

学习领域 4 考核要点

1. 数控铣床/加工中心仿真加工

主要考核对上海宇龙（FANUC、SIEMENS）数控铣床/加工中心仿真软件使用的熟练程度。

2. FANUC 系统数控铣床/加工中心的编程与操作

主要考核 FANUC 系统数控铣床/加工中心指令的格式及功能，并能根据图样要求进行零件的数控铣削加工程序的编制及加工。

3. SINUMERIK 802D 数控铣床/加工中心的编程与操作

主要考核 SINUMERIK 802D 数控铣床/加工中心指令的格式及功能，并能根据图样要求进行零件的数控铣削加工程序的编制及加工。

学习领域4 测 试 题

一、判断题（下列判断正确的请打"√"，错误的请打"×"）

1. 高速钢刀具用于承受冲击力较大的场合，常用于高速切削。　　　　　　（　　　）

2. 工件材料的强度，硬度超高，则刀具寿命越低。　　　　　　　　　　　（　　　）

3. 在铣床上加工表面有硬皮的毛坯零件时，应采用逆铣切削。　　　　　　（　　　）

4. 在立式铣床上铣削曲线轮廓时，立铣刀的直径应大于工件上最小凹圆弧的直径。

（　　　）

5. 对于三轴联动的数控机床中，至少要有三个可控轴才行。　　　　　　　（　　　）

6. 对刀目的是确定刀具和工件间的相对位置关系。　　　　　　　　　　　（　　　）

7. 数铣急停后应用手动返回参考点。　　　　　　　　　　　　　　　　　（　　　）

8. 数控铣床的 G00 与 G01 在程序中均可互换。　　　　　　　　　　　　（　　　）

9. 对于精度要求较高的工件，在精加工时以采用一次安装为最好。　　　　（　　　）

10. 扩孔可以部分地纠正钻孔留下的孔轴线歪斜。　　　　　　　　　　　（　　　）

11. 在铣床上可以用键槽圆柱铣刀或立铣刀铣孔。　　　　　　　　　　　（　　　）

12. 主程序与子程序的程序段可以互相调用。　　　　　　　　　　　　　（　　　）

13. 在切削过程中不可以调整数控铣床主轴的转速。　　　　　　　　　　（　　　）

14. 在数控铣床编程中，G91 G00 X0 Y0 与 G90 G00 X0 Y0 执行的结果相同。（　　　）

15. 在 FANUC 数控铣床编程系统中，G40 为取消机床半径补偿状态。　　（　　　）

16. 刀具偏置量 D05 的数值大小可能等于刀具半径，也可能不等于刀具半径。（　　　）

17. 运行程序段 G90 G81 X50 Z-30 R4 F30 L4 将加工出一排孔距相等的四个孔。

（　　　）

18. 若当前刀具位置在 Z100 高度，运行程序段 G43 G00 Z0 H10 后，刀具相对于当前位置上移 10mm。　　　　　　　　　　　　　　　　　　　　　　　　　　　（　　　）

19. 在 FANUC 数控铣床编程系统中，G02/G03 指令中的 R 值可取正值，也可取负值。

（　　　）

20. M30 与 M03 都表示程序结束，执行的结果相同。　　　　　　　　　（　　　）

二、选择题（下列每题的选项中，只有一个是正确的，请将其代号填在横线空白处）

1. 编排数控机床加工工艺时，为了提高加工精度，采用_____。

A. 精密专用夹具　　　　　　　　　　B. 一次装夹多工序集中

C. 流水线作业　　　　　　　　　　　D. 工序分散加工法

2. 准备功能 G90 表示的功能是_____。

A. 预置功能　　　　　　　　　　　　B. 固定循环

C. 绝对尺寸　　　　　　　　　　　　D. 增量尺寸

3. 圆弧插补段程序中，若采用圆弧半径 R 编程时，从始点到终点存在两条圆弧线段，当_____时，用 $-R$ 表示圆弧半径。

A. 圆弧小于或等于 180°　　　　　　B. 圆弧大于或等于 180°

C. 圆弧小于 180°　　　　　　　　　D. 圆弧大于 180°

4. 刀具半径补偿指令在返回零点状态是_____。

A. 模态保持 　　　　　　　　　　　B. 暂时抹消

C. 抹消 　　　　　　　　　　　　　D. 初始状态

5. 下列刀具中，_____的刀位点是刀头底面的中心。

A. 车刀 　　　　　　　　　　　　　B. 镗刀

C. 立铣刀 　　　　　　　　　　　　D. 球头铣刀

6. 一个数控加工程序的运行轨迹的位置是由_____决定的。

A. 刀具补偿值 　　　　　　　　　　B. 编程原点

C. 程序内容 　　　　　　　　　　　D. 以上均可

7. 下列不能适用半径补偿的是_____。

A. 外轮廓铣削 　　　　　　　　　　B. 内轮廓铣削

C. 平面铣削 　　　　　　　　　　　D. 钻孔加工

8. 通常用球头铣刀加工曲面时，表面粗糙度不会很高，因为_____。

A. 行距不密 　　　　　　　　　　　B. 步距太小

C. 刃具不够锋利 　　　　　　　　　D. 刀头切削速度几乎为零

9. FANUC 系统中：_____属于公用变量。

A. #30 　　　　　　　　　　　　　B. #140

C. #2000 　　　　　　　　　　　　D. #5201

10. FANUC 系统中：程序段：G68 X0 Y0 R45.0 中，R 是指_____。

A. 半径的值 　　　　　　　　　　　B. 顺时针旋转 45°

C. 逆时针旋转 45° 　　　　　　　　D. 循环参数

11. FANUC 系统中：程序段：G51 X0 Y0 P1000 中，P 是指_____。

A. 子程序号 　　　　　　　　　　　B. 缩放比例

C. 暂停时间 　　　　　　　　　　　D. 循环参数

12. 刀具的选择主要取决于工件的结构，材料，工序的加工方法和_____。

A. 设备 　　　　　　　　　　　　　B. 加工余量

C. 加工精度 　　　　　　　　　　　D. 加工表面粗糙度

13. 球头铣刀的球半径通常_____加工曲面的曲率半径。

A. 小于 　　　　　　　　　　　　　B. 大于

C. 等于 　　　　　　　　　　　　　D. 均可

14. 适合自动编程的是_____。

A. 形状简单，批量大 　　　　　　　B. 二维轮廓

C. 复杂曲面 　　　　　　　　　　　D. 箱体类

15. 镗削精度高的孔时，粗镗后，在工件上的切削热达到_____后再精镗。

A. 热平衡 　　　　　　　　　　　　B. 热变形

C. 热膨胀 　　　　　　　　　　　　D. 热伸长

16. 编程过程中_____可以省略。

A. 程序名 　　　　　　　　　　　　B. 程序结束

C. 注释 　　　　　　　　　　　　　D. 程序内容

17. 一个数控加工程序中可以有_____个编程原点。

A. 1

B. 2

C. 6

D. 任意多

18. 数控铣床的"MDI"表示_____。

A. 自动循环加工

B. 手动数控输入

C. 手动进给方式

D. 示教方式

19. 在数控铣操作面板 CRT 上显示"ALARM"表示_____。

A. 系统未准备好

B. 电池需更换

C. 系统表示极警

D. I/O 口正输入程序

20. 与钻孔相比，铰孔进给量可取_____。

A. 大些

B. 小些

C. 高些

D. 低些

21. 数铣加工过程中换刀时，须重新设置铣刀半径，应先按_____按钮。

A. POS

B. PRGRM

C. OFSET

D. DGNOS

22. 数控中，F1500 表示的进给速度方向为_____。

A. X 方向

B. Y 方向

C. Z 方向

D. 切点切线方向

23. 数铣加工程序段有_____指令时，冷却液将关闭。

A. M03

B. M04

C. M08

D. M30

24. 数铣接通电源后，不作特殊指定，则_____有效。

A. G17

B. G18

C. G19

D. G20

25. 加工程序段出现 G01 时，必须在本段或本段之前指定_____之值。

A. R

B. T

C. F

D. P

26. 取消固定循环应选用_____。

A. G80

B. G81

C. G82

D. G83

27. G91 G03 X0 Y0 I−20 J0 F100 执行前后刀所在位置的距离为_____。

A. 0

B. 10

C. 20

D. 40

28. 数铣电源接通后，是_____状态。

A. G40

B. G41

C. G42

D. G43

29. 造成球面工作表面粗糙度达不到要求的原因之一是_____。

A. 铣削量过大

B. 对刀不准

C. 工件与夹具不同轴

D. 工艺基准选择不当

30. 强力切削是采用_____的切削方法。

A. 高速   B. 大切削深度

C. 大进给量   D. 大切削宽度

三、编写图 4-111 ~ 图 4-117 所示零件的加工程序。

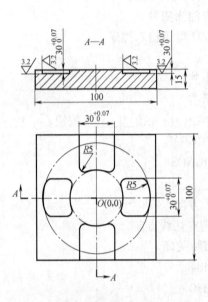

图 4-111 编程题 1 图

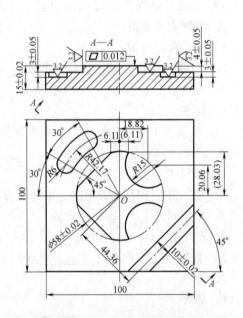

图 4-112 编程题 2 图

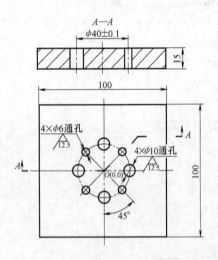

图 4-113 编程题 3 图

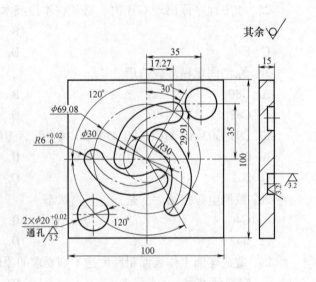

图 4-114 编程题 4 图

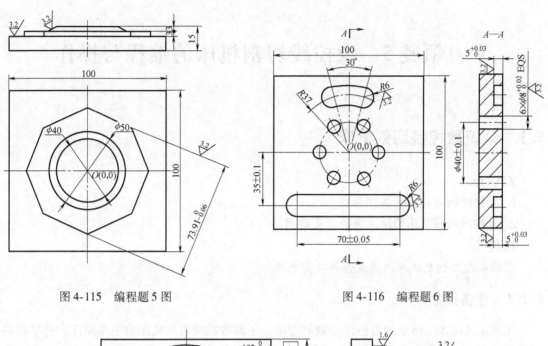

图 4-115　编程题 5 图　　　　　　　　图 4-116　编程题 6 图

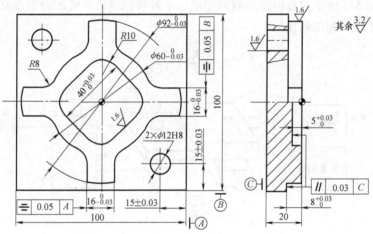

图 4-117　编程题 7 图

学习领域 5　数控线切割机床的编程与操作

5.1　认识数控线切割机床

知识点
1. 数控线切割机床的工作原理。
2. 数控线切割机床的组成部件及其作用。

技能点
掌握数控线切割机床的组成部件及其作用。

5.1.1　任务描述

正确识读图 5-1 所示的数控线切割原理图，了解数控线切割机床的工作原理，并掌握各组成部件在加工中所起的作用。

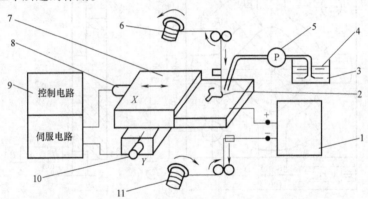

图 5-1　数控线切割原理图

1—脉冲电源　2—工件　3—工作液　4—去离子水　5—泵　6—放丝卷筒　7—工作台
8—X 轴电动机　9—数控装置　10—Y 轴电动机　11—收丝卷筒

5.1.2　任务分析

该任务是操作数控线切割机床的首要任务，要正确操作数控线切割机床，先要了解其加工原理以及机床各组成部件的作用。

5.1.3　知识链接

1. 数控线切割加工原理与特点

（1）数控线切割加工原理　数控线切割加工是通过电极和工件之间脉冲放电时的电腐蚀作用，对工件进行加工的一种工艺方法，其加工原理如图 5-1 所示。在加工中，线电极以一定的速度不断地运动（即走丝运动），工件安装在工作台上，由数控伺服电动机驱动，在 X、Y 坐标方向实现切割进给运动，使线电极沿着加工轨迹对工件进行切割加工。电蚀产物则由循环流动的工作液带走。数控线切割以移动的细金属丝（铜丝、钨丝或钼丝等）作负电极，导电或半导电工件材料作正电极。

（2）数控线切割加工的特点

1）以金属丝作电极，不需制造特定形状的电极。

2）可加工各种形状复杂的和高硬度的工件。

3）电极损耗极小，加工精度高。

4）线电极直径很小，切割贵重金属可节省材料。

5）依靠数控系统的线径偏移补偿功能，同时加工凹、凸模时，间隙可以任意调节。

2. 数控线切割机床的组成

根据电极丝运动方式不同，数控线切割机床可分为快走丝数控线切割机床和慢走丝数控线切割机床两大类。快走丝线切割机床的电极丝运行速度快（300～700m/min），且双向往返循环运行，加工效率高；慢走丝线切割机床的电极丝运行速度慢（3～15m/min），电极丝只作单向运行，不重复使用，加工精度高。

数控线切割机床主要由机械装置、脉冲电源、工作液供给系统和数控系统等组成。

（1）机械装置

1）工作台　数控线切割机床常采用 X、Y 轴移动工作台，又称为十字工作台。主要功用是安装工件并相对线电极进行插补运动。工作台由驱动电动机、导轨与拖板、丝杠传动副工作台面和工作液盛盘等组成。

2）走丝机构　快走丝机构的电极丝整齐地卷绕在储丝筒上，储丝筒由电动机带动，电极丝从储丝筒一端经丝架上的上导轮定位后，穿过工件，再经过下导轮返回到储丝筒另一端。加工时，电极丝在上、下导向轮之间作高速往返运动，如图 5-2 所示。慢走丝机构的电极丝只作单向运动，电动机带动供丝筒转动，电极丝只一次性通过加工区域，已用过的电极丝被收丝轮绕在收丝筒上，如图 5-3 所示。

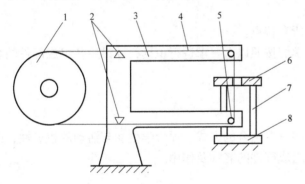

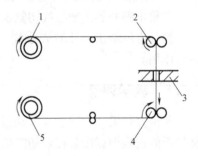

图 5-2　快走丝机构　　　　　　　　　　图 5-3　慢走丝机构

1—储丝筒　2—导向器　3—丝架　4—电极丝　　　　1—供丝筒　2—张力轮　3—工件

5—上、下导轮　6—工件　7—夹具　8—工作台　　　4—收丝轮　5—收丝筒

（2）脉冲电源　脉冲电源是数控线切割机床重要的组成部分，是决定线切割加工工艺指标的关键部件。它的工作原理与电火花成形加工的脉冲电源相似，但又有特殊的要求。

具体要求如下：

1）脉冲峰值电流要适当，变化范围不宜太大，一般在 15～35A 范围内变化。

2）脉冲宽度要窄，以获得较高的加工精度和较低的表面粗糙度值。

3）脉冲重复频率要尽量高，即缩短脉冲间隔，可得到较高的切割速度。

4）电极丝损耗要低，以便能保证加工精度。

5）参数调节要方便，适应性要强。

（3）工作液供给系统　数控线切割加工必须在工作液中进行。工作液能够恢复极间绝缘，产生放电的爆炸压力，冷却电极丝和工件，排除电蚀产物。快走丝线切割机床常用的工作液是乳化液，慢走丝线切割机床常用的工作液是纯水（去离子水）。

工作液供给系统主要由电泵、液箱、管路、阀（开关）、喷嘴及过滤器等组成。喷嘴设置在丝架的上、下导轮处，带有压力的工作液从上、下喷嘴同时喷向工件，水柱包围着加工区域的电极丝。用过的工作液经回收管路及过滤装置流回液箱中循环使用。

（4）数控系统　线切割数控装置除具有最基本的轨迹控制功能外，还具有加工过程的最优控制功能、操作自动化功能、故障分析及安全检查等功能。

5.1.4　任务实施

正确识读图 5-1 所示的数控线切割原理图以及各组成部件。

1. 正确识读数控线切割原理图

数控线切割加工是通过电极和工件之间脉冲放电时的电腐蚀作用，对工件进行加工的一种工艺方法。电火花线切割以移动的细金属丝（铜丝、钨丝或钼丝等）作为负电极，导电或半导电工件材料作为正电极。

2. 正确识读各组成部件

必须正确识读出各组成部件的名称及作用：包括工作台、走丝机构、脉冲电源、工作液供给系统、数控系统等。

如：脉冲电源是数控线切割机床重要的组成部分，是决定线切割加工工艺指标的关键部件。

3. 正确回答数控线切割加工的特点

必须正确回答出数控线切割加工的所有特点。

教师也可给出另外的结构图，让同学们按照以上要求进行识读，并讲述各组成部件的名称及作用。

5.1.5　教学评价

评价方式采用自评、互评和教师点评三者结合的方式。评价学生参与活动的积极性，以及是否能正确识读出数控线切割机床各组成部件的名称及作用。

5.2　数控线切割机床的编程

知识点

1. 数控线切割加工工艺知识。

2. B 代码编程和 G 代码编程方法。

技能点

掌握数控线切割 B 代码编程和 ISO 代码编程方法。

5.2.1　任务描述

加工图 5-4 所示的凸凹模零件（图示尺寸是根据刃口尺寸公差及凸凹模配合间隙计算出的平均尺寸）。电极丝采用直径为 $\phi0.1mm$ 的钼丝，单面放电间隙为 $0.01mm$。试用 B 代码和 ISO 代码编写其加工程序。

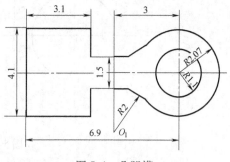

5.2.2　任务分析

通过分析数控线切割典型零件的加工实例，了解数控线切割零件加工的工艺分析过程，掌握数控线切割加工程序的编制方法。

图 5-4　凸凹模

5.2.3　知识链接

数控线切割机床编程格式通常有 B 代码格式和国际标准 G 代码格式。

1. 3B 格式程序编制

格式：BX BY BJ G Z

格式的符号意义如表 5-1 所示，B 为分隔符，它的作用是把 X、Y、J 这些数码分开，便于计算机识别。当往控制器输入程序时，读入第一个 B 后，控制器作好接受 X 轴坐标值的准备，读入第二个 B 后作好接受 Y 轴坐标值的准备，读入第三个 B 后作好接受 J 值的准备。加工斜线时，程序中 X、Y 值必须是该斜线段终点相对起点的坐标值。加工圆弧时，程序中 X、Y 值必须是圆弧起点相对其圆心的坐标值。X、Y、J 的数值均以 μm 为单位。

表 5-1　3B 程序格式

B	X	B	Y	B	J	G	Z
分隔符	X 坐标值	分隔符	Y 坐标值	分隔符	计数长度	计数方向	加工指令

（1）计数方向 G 和计数长度 J　为保证所要加工的圆弧或线段能按要求的长度加工出来，一般线切割机床是通过控制从起点到终点某个工作台进给的总长度来达到目的的。因此在计算机中设立了一个 J 记数器来进行计数，即把加工该线段的工作台进给总长度 J 的数值预先置入 J 计数器中，加工时当被确定为计数长度这个坐标的工作台每进给一步，J 计数器就减 1。这样，当 J 计数器减到零时，则表示该圆弧或直线已加工到终点。

在 X 和 Y 两个坐标中用哪个坐标做计数长度 J 呢？这个计数方向的选择要依图形的特点而定。加工斜线段时必须用进给距离比较长的一个方向作进给长度控制。如图 5-5 所示，若线段的终点为 A（Xe，Ye），当 $|Xe| > |Ye|$ 时，计数方向取 G_X；当 $|Xe| < |Ye|$ 时，计数方向取 G_Y；如果两个坐标值一样，则两个

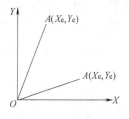

图 5-5　加工斜线 OA

计数方向均可。当圆弧终点坐标靠近 Y 轴时，计数方向取 Gx，靠近 X 轴时，计数方向取 Gy，即圆弧取终点坐标绝对值小的为记数方向，如图 5-5 所示。

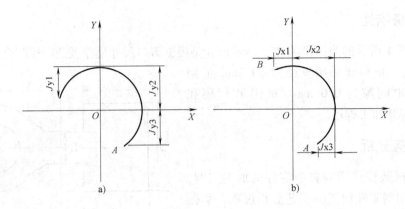

图 5-6　加工圆弧 AB

当计数方向确定后，计数长度 J 应取计数方向从起点到终点工作台移动的总距离，即圆弧或直线段在计数方向坐标轴上投影长度的总和。对斜线段，如图 5-5 所示，当 $|Xe| > |Ye|$ 时，取 $J = |Xe|$；当 $|Xe| < |Ye|$ 时，则取 $J = |Ye|$。

对于圆弧，它可能跨越几个象限，如图 5-6 所示，圆弧都是从 A 到 B，图 5-6b 记数方向为 Gx，$J = Jx1 + Jx2 + Jx3$，图 5-6a 记数方向为 Gy，$J = Jy1 + Jy2 + Jy3$。

（2）加工指令 Z　Z 是加工指令总括代号，它共分 12 种，如图 5-7 所示，其中圆弧指令有 8 种。

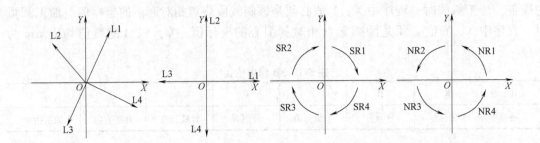

图 5-7　加工指令

SR 表示顺圆，NR 表示逆圆，字母后面的数字表示该圆弧起点所在的象限，如 SR1 表示该圆弧为顺圆，起点在第一象限。直线加工指令用 L 表示，L 后面的数字表示该线段所在的象限。对于与坐标重合的直线，正 X 轴为 L1，正 Y 轴为 L2，负 X 轴为 L3，负 Y 轴为 L4。

编程时，要注意线切割编程坐标系和数控车床、数控铣床坐标系的区别，线切割编程坐标系只有相对坐标系，每加工一条线段或圆弧，都要把坐标原点移到直线的起点或圆弧的圆心上。

（3）确定补偿距离　由于零件在加工时许多尺寸都有公差要求，所以在实际编程加工时还要考虑尺寸的公差。对于有公差要求的尺寸，通常采用中差尺寸编程。

同时，在数控线切割编程时，如果按照零件中的轨迹尺寸编程，加工中电极丝中心所走轨迹就是图样中的轨迹，这样加工出来的零件与实际要求的零件相比在单边尺寸上相差一个电极丝半径加上一个放电间隙。为了加工出合格的工件，就必须将图样的轨迹作相应的偏移，从而得到编程轨迹。在对孔和凹体等零件编程时，应将实际轨迹单边向内部偏移一个钼丝半径加上放电间隙；在对凸模等凸体零件编程时，应将实际轨迹单边向外部偏移一个钼丝半径加上放电间隙。

如果切割的零件为模具，则还应考虑配合间隙，配合间隙每套模具通常只加在其中的一组模具上，即既可以加在凸模上也可加在凹模上，视具体零件要求而定。

2.4B 格式编程

4B 格式编程用于具有间隙补偿功能的数控线切割机床的程序编制。

格式：BX BY BJ BR G D（DD）Z

说明：与 3B 格式程序相比，4B 格式程序只多了两项。

（1）圆弧半径 R　R 通常是图形已知尺寸，如果图形中出现尖角，则应圆弧过渡，R 值取大于间隙补偿量。

（2）曲线形状 D 或 DD　凸圆弧用 D 表示，凹圆弧用 DD 表示，它决定补偿方向。

3.ISO 代码程序编制

我国快走丝数控线切割机床常用 ISO 代码指令，ISO 格式编程是采用国际通用的程序格式，与数控铣床指令格式基本相同，比 3B 编程更为简单，目前已得到广泛的应用。

（1）常用指令　常用指令有运动指令、坐标方式指令、坐标系指令、补偿指令、M 代码、镜像指令、锥度指令和其他指令等。常用指令见表 5-2。

表 5-2　数控线切割机床常用 ISO 指令代码

代码	功　能	代码	功　能
G00	快速定位	G55	加工坐标系 2
G01	直线插补	G56	加工坐标系 3
G02	顺圆插补	G57	加工坐标系 4
G03	逆圆插补	G58	加工坐标系 5
G05	X 轴镜像	G59	加工坐标系 6
G06	Y 轴镜像	G80	接触感知
G07	X、Y 轴交换	D82	半轴移动
G08	X 轴镜像、Y 轴镜像	G90	绝对坐标指令
G09	X 轴镜像，X、Y 轴交换	G91	增量坐标指令
G10	Y 轴镜像，X、Y 轴交换	G92	设定加工起点
G11	Y 轴镜像、X 轴镜像，X、Y 轴交换	M00	程序暂停
G12	消除镜像	M02	程序结束
G40	取消间隙补偿	M05	接触感知解除
G41	左偏间隙补偿，D 表示偏移量	M96	主程序调用子程序
G42	右偏间隙补偿，D 表示偏移量	M97	主程序调用子程序结束
G50	消除锥度	T84	切削液开
G51	锥度左偏，A 为角度值	T85	切削液关
G52	锥度右偏，A 为角度值	T86	走丝机构开
G54	加工坐标系 1	T87	走丝机构关

（2）基本编程方法

1）设置加工起点指令 G92

格式：G92   X   Y

说明：用于确定程序的加工起点。

X、Y 表示起点在编程坐标系中的坐标。

例如，G92   X8000   Y8000

表示起点在编程坐标系中为 X 方向 8mm，Y 方向 8mm。

2）电极丝半径补偿 G40、G41、G42

格式：G40   取消电极丝补偿

G41   D   电极丝左补偿

G42   D   电极丝右补偿

说明：G40 为取消电极丝补偿。

G41 为电极丝左补偿。

G42 为电极丝右补偿。

D 为电极丝半径和放电间隙之和。

5.2.4 任务实施

试用 B 代码和 ISO 代码编写加工图 5-4 所示的凸凹模零件的加工程序。

1.3B 代码编写加工程序

分析数控线切割零件加工的工艺分析过程，掌握数控线切割加工程序的编制方法。

（1）工艺分析 由于该凸凹模图示尺寸为平均尺寸，故作相应偏移就可按此尺寸编程。
图形上、下对称，孔的圆心在图形对称轴
上，六个侧面已磨平，可作定位基准，可
以进行切割加工。

（2）切割路线的选择 合理地选择切
割路线可简化编程计算，提高加工质量。根
据分析，本题选择在型孔中心处钻穿丝孔，
先切割型孔，然后再切割外轮廓较合理。

（3）确定补偿距离 钼丝中心轨迹，
如图 5-8 中双点画线所示。补偿距离为

$\triangle R = (0.1/2 + 0.01)\,\text{mm} = 0.06\,\text{mm}$

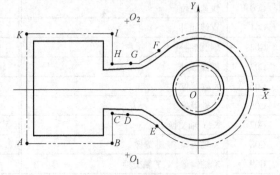

图 5-8 凸凹模编程示意图

（4）计算交点坐标 将电极丝中心点轨迹划分成单一的直线或圆弧段。

求 E 点的坐标值：因两圆弧的切点必定在两圆弧的连心线 OO_1 上。直线 OO_1 的方程为
$Y = (2.75/3)X$。故可求得 E 点的坐标值为 $X = -1.570\,\text{mm}$，$Y = -1.4393\,\text{mm}$。其余各交点
坐标可直接从图形中求得，见表 5-3。

切割型孔时电极丝中心至圆心 O 的距离（半径）为

$$R = (1.1 - 0.06)\,\text{mm} = 1.04\,\text{mm}$$

（5）编写程序单 切割凸凹模时，不仅要切割外表面，而且还要切割内表面，因此要
在凸凹模型孔的中心 O 处钻穿丝孔。先切割型孔，然后再按 $B \rightarrow C \rightarrow D \rightarrow E \rightarrow F \rightarrow G \rightarrow H \rightarrow I \rightarrow$

$K{\rightarrow}A{\rightarrow}B$ 的顺序切割。

表 5-3　凸凹模轨迹图形各线段交点及圆心坐标

交点	X	Y	交点	X	Y	圆心	X	Y
A	-6.96	-2.11	F	-1.57	1.439	O	0	0
B	-3.74	-2.11	G	-3	0.81	O1	-3	-2.75
C	-3.74	-0.81	H	-3.74	0.81	O2	-3	-2.75
D	-3	-0.81	I	-3.74	2.11			
E	-1.57	-1.4393	K	-6.69	2.11			

3B 格式切割程序单见表 5-4。

表 5-4　凸凹模 3B 格式切割程序单

序号	B	X	B	Y	B	J	G		备注
1	B		B		B	001040	Gx	L3	穿丝切割
2	B	1040	B		B	004160	Gy	SR2	
3	B		B		B	001040	Gx	L1	
4							D		拆卸钼丝
5	B		B		B	013000	Gy	L4	空走
6	B		B		B	003740	Gx	L3	空走
7							D		重新装上钼丝
8	B		B		B	012190	Gy	L2	切入并加工 BC 段
9	B		B		B	000740	Gx	L1	
10	B		B	1940	B	000629	Gy	SR1	
11	B	1570	B	1439	B	005641	Gy	NR3	
12	B	1430	B	1311	B	001430	Gx	SR4	
13	B		B		B	000740	Gx	L3	
14	B		B		B	001300	Gy	L2	
15	B		B		B	003220	Gx	L3	
16	B		B		B	004220	Gy	L4	
17	B		B		B	003220	Gx	L1	
18	B		B		B	008000	Gy	L4	退出
19							D		加工结束

2. ISO 代码编写加工程序

（1）编写凹模程序

$$\triangle R = (0.1/2 + 0.01)\,mm = 0.06mm$$

穿丝孔在 O 点，程序为

G92　X0　Y0

G41　D60

G01　X1100　Y0

G03　X1100　Y0　I-1100　J0

G01　G40　X0　Y0

M02

（2）编写凸模程序　学生参照凹模程序自己编写 ISO 代码加工程序。

5.2.5　教学评价

评价方式采用自评、互评和教师点评三者结合的方式。评价学生参与活动的积极性，以及是否能正确掌握数控线切割工艺知识，是否掌握了 B 代码编程和 G 代码编程方法。

5.3　数控线切割机床的操作

知识点

1. 数控线切割机床操作的基本流程。

2. 确定加工参数的方法。

技能点

1. 掌握装夹工件、校正线电极位置和确定加工参数的方法。

2. 熟练掌握 HCKX 系列数控线切割机床的操作方法。

5.3.1　任务描述

正确操作 HCKX 系列数控线切割机床对零件进行加工。

5.3.2　任务分析

该任务是进行数控线切割加工的首要任务，要加工出合格的零件，先要能熟练地操作机床。而要完成该任务，必须了解装夹工件、校正线电极位置、确定加工参数的方法等方面的知识。

5.3.3　知识链接

1. 工件的装夹

数控线切割加工工件的安装一般采用通用夹具及夹板固定。由于线切割加工时作用力小，装夹时夹紧力要求不大，且加工时电极丝从上到下穿过工件，工件被切割部分要悬空，因此对线切割加工工件的安装有一定的要求。

（1）对工件装夹的一般要求

1）工件的装夹基准面要光洁无毛刺。对热处理后的工件表面的渣物及氧化膜一定要清洁干净，以免造成夹丝或断丝。

2）夹紧力要均匀，不得使工件变形或翘起。

3）装夹位置要有利于工件的找正，且要保证在机床加工行程范围内。

4）所用的夹具精度要高，以确保加工精度。

5）细小、精密及薄壁工件应先固定在辅助夹具上再装夹到工作台上。

6）批量加工零件时，最好设计专用夹具以提高生产率。

（2）常用的工件装夹方式

1）悬臂支撑　如图 5-9a 所示，悬臂支撑装夹方便，通用性强，适用于对加工要求不高或悬臂部分较少的工件的装夹。

2）两端支撑 如图 5-9b 所示，采用两端支撑方式，工件两端固定在夹具上，支撑稳定，定位精度高，适用于较大零件的装夹。

3）桥式支撑 如图 5-9c 所示，桥式支撑是把两支撑垫铁放到两端支撑夹具上，桥的侧面也可作定位面使用，使装夹更方便，通用性广，适用于大、中、小工件的装夹。

4）板式支撑 图 5-9d 所示为板式支撑。支承板按照常规工件形状制造出具有矩形或圆形孔，易于保证装夹精度，适用于装夹常规工件及批量生产。

5）复式支撑 如图 5-9e 所示，复式支撑方式是把专用夹具固定在桥式夹具上，适用于批量生产，可节省装夹时间且保证加工工件的一致性。

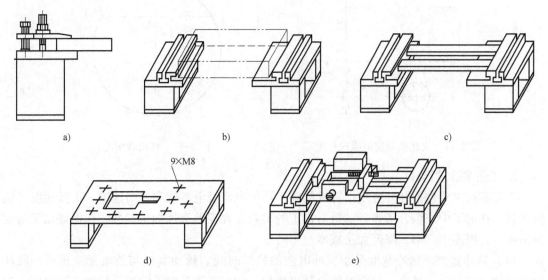

图 5-9 工件装夹方式

2. 电极丝的选择及位置调整

（1）电极丝的选择 目前快走丝数控线切割机床常用的电极丝主要有钼丝和钨丝，广泛使用钼丝，其线径为 0.06 ~ 0.25mm。钨丝耐腐蚀性好，抗拉强度高，但价格昂贵，只用于各种窄缝的细微加工。慢走丝数控线切割机床的电极丝一般使用黄铜丝，线径为 0.1 ~ 0.3mm。

（2）电极丝的位置调整 数控线切割加工之前，应将电极丝调整到切割的起始坐标位置上。方法有以下几种。

1）目测法 对于要求较低的工件，在确定电极丝与工件基准的相对位置时，可以直接利用目测，或借助放大镜来观察。图 5-10 所示，是利用穿丝孔处划出的十字基准线，观察电极丝与十字基准线的相对位置，移动工作台使电极丝中心分别与纵横方向基准线重合，此时的坐标值就是电极丝的中心位置。

2）火花法 如图 5-11 所示，移动工作台，使工件的

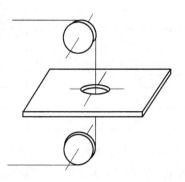

图 5-10 目测法调整电极丝位置

基准面逐渐靠近电极丝，在发生火花时，记下工作台的相应坐标值，再根据放电间隙推算电极丝的中心坐标。

3）自动找中心　自动找中心是让电极丝在工件孔的中心定位。如图5-12所示，首先让电极丝在 X 轴方向移动与孔壁接触，记下坐标值 $X1$，然后让电极丝反方向移动与孔壁接触，此时坐标值为 $X2$，再让电极丝返回到 $(X1 + X2)/2$ 位置即为 X 方向中心。用相同方法在 Y 轴方向操作，反复几次，就可找到孔的中心位置。

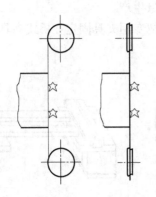

图 5-11　火花法调整电极丝位置

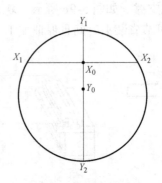

图 5-12　自动找中心

3. 工艺参数的选择

工艺参数主要包括脉冲宽度、脉冲间隙、峰值电流等电参数和进给速度、走丝速度等机械参数。在加工中应综合考虑各参数对加工的影响，合理地选择加工参数，在保证加工精度的前提下，提高生产率，降低加工成本。

（1）脉冲宽度　脉冲宽度是指脉冲电流的持续时间。脉冲宽度与放电量成正比，脉冲宽度越宽，切割效率越高，但电蚀物也随之增加，如果不能及时排除则会使加工不稳定，工件表面粗糙度值增大。

（2）脉冲间隙　脉冲间隙是指两个相邻脉冲之间的时间。脉冲间隙增大，加工稳定但切割速度下降。减小脉冲间隙，可提高切割速度，但对排屑不利。

（3）峰值电流　峰值电流是指放电电流的最大值。合理增大峰值电流可提高切割速度，但电流过大，容易造成断丝。

快走丝线切割加工脉冲参数的选择见表5-5。

表 5-5　快走丝线切割加工脉冲参数的选择

应　用	脉冲宽度 $t_i/\mu s$	电流峰值 Ie/A	脉冲间隔 $t_o/\mu s$	空载电压/V
快速切割或加工大厚度工件 $Ra > 2.5\mu m$	20 ~ 40	> 12	为实现稳定加工，一般选择 t_o/t_i 为 3 ~ 4 以上	一般为 70 ~ 90
半精加工 $Ra = 1.25 ~ 2.5\mu m$	6 ~ 20	6 ~ 12		
精加工 $Ra < 1.25\mu m$	2 ~ 6	< 4.8		

（4）进给速度　工作台进给速度太快，容易产生短路和断丝；进给速度太慢，会产生二次放电，影响加工表面质量。因此加工时，必须使工作台的进给速度和工件被放电的速度相当。

（5）走丝速度　一般情况下走丝速度根据工件厚度和切割速度来确定。

4. 线切割加工基本操作

数控线切割机床的操作和控制大多是在电源控制柜上进行的，下面以 HCKX 系列数控线切割机床为例进行基本操作说明。

数控线切割加工操作流程包括工件材料的选择→工艺基准的确定→穿丝孔的加工→工件的装夹→线电极的选择及位置校正→确定加工参数→线切割加工等步骤。

（1）电源的接通

1）打开电源柜上的电气控制开关，接通总电源。

2）拔出红色急停按钮。

3）按下绿色启动按钮，进入控制系统。

（2）上丝操作　上丝操作可以自动或手动进行，上丝路径如图 5-13 所示。

1）按下储丝筒停止按钮，断开断丝检测开关。

2）将丝盘套在上丝电动机上，并用螺母锁紧。

3）用摇把将储丝筒摇至极限位置或与极限位置保留一段距离。

4）将丝盘上电极丝一端拉出绕过上丝介轮、导轮，并将丝头固定在储丝筒端部紧固螺钉上。

5）剪掉多余丝头，顺时针转动储丝筒几圈后打开上丝电动机开关，拉紧电极丝。

6）转动储丝筒，将电极丝缠绕至 10～15mm 宽度，取下摇把，松开储丝筒停止按钮，将调速旋钮调至"1"档。

7）调整储丝筒左右行程挡块，按下储丝开起按钮开始绕丝。

8）接近极限位置时，按下储丝筒停止按钮。

9）拉紧电极丝，关掉上丝电动机，剪掉多余电极丝并固定好丝头，自动上丝完成。在手动上丝时，不需开起储丝筒，用摇把匀速转动丝筒即可将丝上满。

（3）穿丝操作　穿丝路径如图 5-14 所示。

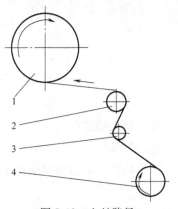

图 5-13　上丝路径

1—储丝筒　2—导轨　3—上丝介轮
4—上丝电动机

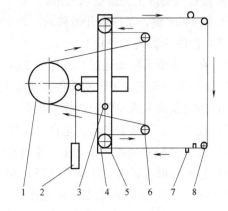

图 5-14　穿丝路径

1—储丝筒　2—重锤　3—固定插销　4—张丝滑块
5—张紧轮　6、8—导轨　7—导电块

1）按下储丝筒停止按钮。

2）将张丝支架拉至最右端并用插销定位。

3）取下储丝筒一端丝头并拉紧，按穿丝路径依次绕过各导向轮，最后固定在储丝筒紧固螺钉处。

4）剪掉多余丝头，用摇把转动储丝筒反绕几圈。

5）拔下张丝滑块上的插销，手扶张丝滑块缓慢放松到滑块停止移动，穿丝结束。

（4）储丝筒行程调整　穿丝完毕后，根据储丝筒上电极丝的多少和位置来确定储丝筒的行程。为防止机械性断丝，在行程挡块确定的长度之外，储丝筒两端还应有一定的储丝量。具体调整方法如下：

1）用摇把将储丝筒摇至在轴向剩下 8mm 左右的位置停止。

2）松开相应限位块上的紧固螺钉，移动限位块至接近感应开关的中心位置后固定。

3）用同样方法调整另一端，两行程挡块之间的距离即储丝筒的行程。

（5）建立机床坐标　系统启动后，首先应建立机床坐标。方法如下：

1）在主菜单下移动光标，选择"手动"中的"撞极限"功能。

2）按 F2 功能键，移动机床到 X 轴负极限，机床自动建立 X 坐标。

3）再用建立 X 坐标的方法建立其他轴的坐标。

4）选择"手动"中"设零点"功能将各个坐标系设零，机床坐标就建立起来了。

（6）工作台移动　移动工作台的方法一般有手动盒移动和键盘输入两种。

1）手动盒移动

① 在主菜单下移动光标，选择"手动"中的"手动盒"功能。

② 通过手动盒上的移动速度选择开关，选择移动速度。

③ 按要移动的轴所对应的键，就可以实现工作台移动。

2）键盘输入移动

① 在主菜单下移动光标，选择"手动"中的"移动"功能。

② 从"移动"子菜单中选择"快速定位"子功能。

③ 通过按键盘上的键输入数据。

④ 按 Enter 键，工作台开始移动。

（7）程序的编制与校验

1）在主菜单下移动光标，选择"文件"中"编辑"功能。

2）按 F3 功能键，编辑新文件，并输入文件名。

3）用键盘输入源程序，选择"保存"功能保存程序。

4）在主菜单下移动光标，选择"文件"中"装入"功能，调入新文件。

5）选择"校验画图"子功能，系统自动进行校验，并显示出图形。

6）显示图形若正确，选择"运行"菜单的"模拟运行"子功能，机床将模拟加工，不放电空运行一次（工作台上不装夹工件）。

（8）电极丝找正　在切割加工之前，必须对电极丝进行找正操作。步骤如下。

1）保证工作台面和找正器各面干净无损坏。

2）移动 Z 轴至适当位置后锁紧，将找正器底面靠实工作台面，长度方向平行于 X 轴或 Y 轴。

3）用手动盒移动 X 轴或 Y 轴坐标，至电极丝贴近找正器垂直面。

4）选择"手动"菜单中的"接触感知"子功能。

5）按 F7 键，进入控制电源微弱放电功能，丝筒起动、高频打开。

6）在手动方式下，调整手动盒移动速度，移动电极丝接近找正器。当它们之间的间隙足够小时，会产生放电火花，从放电火花的均匀程度判断电极丝的偏斜方向。通过手动盒点动 U 轴或 V 轴坐标，直到放电火花上下一致。电极丝即找正。

（9）加工脉冲参数的选择　系统在放电切割加工状态下，可按 F1、F2 及 F3 键来调整加工脉冲宽度、脉冲间隙及高频功率管数。具体参数的选择要根据具体加工情况而定，操作者应在实际加工中多积累经验，以达到比较满意的效果。

5.3.4　任务实施

正确操作 HCKX 系列数控线切割机床对零件进行加工。

1. 回答问题

（1）正确装夹工件　回答对工件装夹的一般要求和常用的工件装夹方式。

（2）电极丝的选择及位置调整　回答选择电极丝的方法、电极丝的位置调整方法及特点。

（3）工艺参数的选择　回答工艺参数的选择方法。

2. 线切割加工机床的操作

选择一台 HCKX 系列数控线切割机床，进行零件加工，指导教师进行巡回检查并提问。

5.3.5　教学评价

评价方式采用自评、互评和教师点评三者结合的方式。评价学生参与活动的积极性，是否能正确了解数控线切割机床操作的基本流程，是否掌握了装夹工件、校正电极丝、确定加工参数的方法。

学习领域 5　考核要点

1. 原理分析

主要考核识读数控线切割机床的结构及各组成部件，各部件在加工中所起的作用。

2. 加工程序的编制

主要考核数控线切割加工工艺的基本知识，数控加工工艺的制定，典型零件的加工程序的编制等内容。

3. 数控线切割机床的操作

主要考核数控线切割机床操作的基本流程，装夹工件、安装并校正线电极、确定加工参数的方法、以 HCKX 系列数控线切割机床为例的基本操作方法与步骤。

学习领域 5　测试题

一、判断题（下列判断正确的请打"√"，错误的请打"×"）

1. 电火花线切割加工是通过电极和工件之间脉冲放电时的电腐蚀作用，对工件进行加工的一种工艺方法。　　　　　　　　　　　　　　　　　　　　　　　　　　　　　（　　）

2. 脉冲宽度及脉冲能量越大，则放电间隙越小。（　　）

3. 目前线切割加工时应用较普遍的工作液是煤油。（　　）

4. 在模具加工中，数控线切割加工是其中一道工序。（　　）

5. 工件的切割图形与定位基准的相互位置精度要求不高时，可用百分表找正。（　　）

6. 数控线切割时，G40、G41、G42 为刀具长度补偿指令。（　　）

7. 快走丝线切割机床精加工时所用工作液，宜选用水基工作液。（　　）

8. 数控线切割一块毛坯上的多个零件或加工大型工件时，沿加工轨迹设置一个穿丝孔。

（　　）

9. 电火花线切割以移动的细金属丝作负电极，导电或半导电材料作正电极。（　　）

10. 靠数控系统的线径偏移补偿功能，同时加工凹凸模时间隙可以任意调节。（　　）

11. 线切割机床以金属丝作电极，不需制造特定形状的电极。（　　）

12. 脉冲峰值电流要适当，变化范围不宜太大，一般在 25~45A 范围内变化。（　　）

13. 圆弧取终点坐标绝对值大的为计数方向。（　　）

14. 加工斜线时，程序中 X、Y 必须是该斜线段起点相对终点的坐标值。（　　）

15. 在对凸模等凸体零件编程时，应将实际轨迹单边向外部偏移一个钼丝半径加上放电间隙。

（　　）

16. 装夹位置要有利于工件的找正，不必要保证在机床加工行程范围内。（　　）

17. 两端支撑是工件两端固定在夹具上，支撑稳定，定位精度高，适用于较大零件的一种装夹方法。（　　）

18. 复式支撑方式是把专用夹具固定在桥式夹具上，适用于批量生产，可节省装夹时间且保证加工工件的一致性。（　　）

19. 目前慢走丝线切割机床常用的电极丝主要有钼丝和钨丝，广泛使用钼丝，线径为 0.06~0.25mm。（　　）

20. 脉冲宽度与放电量成正比，脉冲宽度越宽，切割效率越高。（　　）

二、选择题（下列每题的选项中，只有一个是正确的，请将其代号填在横线空白处）

1. 数控线切割是利用工具对工件进行_____去除金属的。

A. 切削加工　　　　　　　　B. 脉冲放电　　　　　　　　C. 化学溶解

2. 数控线切割机床加工时，钼丝接脉冲电源的_____。

A. 负极　　　　　　　　　　B. 正极　　　　　　　　　　C. 任意极

3. 数控线切割的工具电极是_____的。

A. 丝状　　　　　　　　　　B. 柱状　　　　　　　　　　C. 片状

4. 脉冲峰值电流要适当，变化范围不宜太大，一般在_____A 范围内变化。

A. 10~15　　　　　B. 15~25　　　　　C. 15~35　　　　　D. 25~35

5. 电火花线切割加工的特点有_____。

A. 不必考虑电极损耗　　　　　　　　　B. 不能加工精密细小，形状复杂的工件

C. 不需要制造电极　　　　　　　　　　D. 不能加工不通孔类和阶梯型面类工件

6. 电火花线切割加工的对象有_____。

A. 任何硬度，高熔点包括经热处理的钢和合金　　　　B. 成形刀、样板

C. 阶梯孔、阶梯轴　　　　　　　　　　　　　　　　　D. 塑料模中的型腔

7. 慢速走丝线切割加工，通常使用的工作液为_____。

A. 煤油　　　　　　　B. 乳化液　　　　　　C. 去离子水

8. 线切割加工编程时，计数长度应_____。

A. 以 μm 为单位　　　B. 以 mm 为单位　　　C. 写足四位数

9. 用线切割机床不能加工的形状或材料为_____。

A. 不通孔　　　　　　B. 圆孔　　　　　　　C. 上下异型件　　　　D. 淬火钢

10. 对于线切割加工，下列说法正确的有_____。

A. 加工斜线时，取加工的终点为编程坐标系的原点

B. 加工圆弧时，取圆心为切线坐标系的原点

C. 线切割加工圆弧时，其运动轨迹是折线

11. 线切割编程坐标系只有相对坐标系，每加工一条线段或圆弧，都要把坐标原点移到直线的_____或圆弧的圆心上。

A. 起点　　　　　　　B. 中点　　　　　　　C. 终点

12. Z 是加工指令总括代号，它共有 12 种，其中圆弧指令有_____种。

A. 6　　　　　　　　　B. 8　　　　　　　　　C. 10

13. 计数长度是指直线或圆弧在_____坐标轴上投影长度的总和。

A. 计数方向　　　　　B. 非计数方向　　　　C. 两坐标轴

14. 下列各项中对电火花加工精度影响最小的是_____。

A. 放电间隙　　　　　B. 加工斜度　　　　　C. 工具电极损耗　　　D. 工具电极直径

15. 3B 格式编程 B 的作用是把 X、Y、J 这些数码分开，便于计算机识别。当程序往控制器输入时，读入第一个 B 后它使控制器作好接受_____值的准备。

A. X　　　　　　　　　B. Y　　　　　　　　　C. J

16. 由于零件在加工时许多尺寸都有公差要求，所以在实际编程加工时还要考虑到尺寸的公差。对于有公差要求的尺寸，通常采用_____编程。

A. 上偏差尺寸　　　　B. 中差尺寸　　　　　C. 下偏差尺寸

17. ISO 格式编程 G41 为_____。

A. 电极丝左补偿　　　B. 电极丝右补偿　　　C. 取消补偿

18. 在对孔和凹体等零件编程时，应将实际轨迹单边向_____偏移一个钼丝半径加上放电间隙。

A. 内部　　　　　　　B. 外部　　　　　　　C. 中心

19. 若线切割机床的单边放电间隙为 0.02mm，钼丝直径为 0.18mm，则加工圆孔时的补偿量为_____。

A. 0.10mm　　　　　B. 0.11mm　　　　　C. 0.20mm　　　　D. 0.21mm

20. 工作台进给速度_____，会产生二次放电，影响加工表面质量。

A. 太慢　　　　　　　B. 太快　　　　　　　C. 合理

21. 用线切割机床加工直径为 10mm 的圆孔，当采用的补偿量为 0.12mm 时，实际测量孔的直径为 10.02mm。若要孔的尺寸达到 10mm，则采用的补偿量为_____。

A. 0.10mm　　　　　B. 0.11mm　　　　　C. 0.12mm　　　　D. 0.13mm

22. 线切割加工数控程序编制时，下列计数方向的说法正确的是：_____。

A. 斜线终点坐标 (Xe, Ye)，当|Ye| > |Xe|时，计数方向取 GY

B. 斜线终点坐标 (Xe, Ye)，当|Xe| > |Ye|时，计数方向取 GY

C. 圆弧终点坐标 (Xe, Ye)，当|Xe| > |Ye|时，计数方向取 GY

23. 脉冲间隙是指两个相邻脉冲之间的时间。脉冲间隙增大，加工稳定切割速度_____。

A. 下降   B. 上升   C. 不变

24. 数控电火花高速走丝线切割加工时，所选用的工作液和电极丝为_____。

A. 纯水、钼丝   B. 机油、黄铜丝

C. 乳化液、钼丝   D. 去离子水、黄铜丝

25. 线切割加工工件的安装一般采用_____固定。

A. 通用夹具   B. 夹板   C. 通用夹具及夹板

26. 两端支撑方式是工件两端固定在夹具上，支撑稳定，定位精度高，适用于_____零件的装夹。

A. 较小   B. 较大   C. 一般

27. 在数控线切割加工的工件装夹时，为使其通用性强、装夹方便，应选用的装夹方式为_____。

A. 两端支撑装夹   B. 桥式支撑装夹   C. 板式支撑装夹

28. 合理增大峰值电流可提高_____，但电流过大，容易造成断丝。

A. 切割速度   B. 切割厚度   C. 切割质量

29. 加工斜线 OA，设起点 O 在切割坐标原点，终点 A 的坐标为 $Xe = 17\text{mm}$，$Ye = 5\text{mm}$，其加工程序为_____。

A. B17B5B17GxLl   B. B17000B5000B017000 GxLl

C. B17000B5000B017000 GyL   D. B17000B5000B005000 GyLl

30. 加工半圆 AB，切割方向从 A 到 B，起点坐标 A（-5，0），终点坐标 B（5，0），其加工程序为_____。

A. B5000BB010000GxSR2   B. B5000BB10000 GySR2

C. B5000BB01000GySR2   D. BB5000B01000 GySR2

三、问答题

1. 简述数控线切割加工的特点。

2. 简述数控线切割机床的主要组成部分。

3. 简述数控线切割加工对工件装夹的一般要求。

4. 简述数控线切割加工电极丝位置调整的方法。

5. 数控线切割加工工艺参数有哪些？

6. 简述数控线切割穿丝操作过程。

7. 简述数控线切割常用的工件装夹方式。

8. 数控线切割机床电源的接通操作步骤有哪些？

9. 电火花线切割机床怎样建立机床坐标？

10. 线切割数控装置具有哪些功能？

四、编程题

图 5-15 所示零件，按图中箭头所示加工轨迹方向，在暂不考虑线径补偿的情况下，以绝对坐标编程方式进行编程。

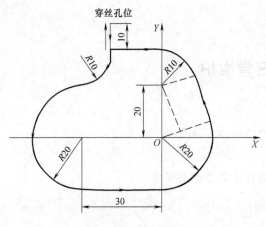

图 5-15　编程题图

学习领域 6 数控机床的维护、故障诊断与精度检验

6.1 数控机床的日常维护

知识点
数控机床的日常维护保养内容与要求。
技能点
能正确对数控机床进行日常维护与保养。

6.1.1 任务描述

选择一台数控机床，按照"数控机床维护与保养的主要内容"中每天检查项目，对数控机床进行维护与保养。

6.1.2 任务分析

该任务是正确使用和维护数控机床的首要任务，为了完成该项任务，必须了解数控机床的日常维护保养内容与要求等方面的知识。

6.1.3 知识链接

数控机床具有集机、电、液于一身的特点，是一种自动化程度高的先进设备。为了充分发挥其效益，减少故障的发生，必须做好日常维护保养工作。数控机床维护保养应根据其种类、型号和实际使用情况来量身定制。需参照机床使用说明书的要求，制定和建立必要的定期、定级保养制度。以下是一些常见、通用的日常维护保养要点。

1. 数控系统的维护

（1）严格遵守操作规程和日常维护制度。

（2）应尽量少开数控柜门和强电柜门　在机加工车间的空气中一般都会有油雾、灰尘甚至金属粉末，一旦它们落在数控系统内的电路板或电子器件上，容易引起元器件间绝缘电阻下降，甚至导致元器件及电路板损坏。

（3）应定时清扫数控柜的散热通风系统　检查数控柜上的各个冷却风扇工作是否正常。每半年或每季度检查一次风道过滤器是否有堵塞现象，若过滤网上灰尘积聚过多，不及时清理，会引起数控柜内温度过高。

（4）直流电动机电刷的定期检查和更换　直流电动机电刷的过度磨损，会影响电动机的性能，甚至造成电动机损坏。为此，应对电动机电刷进行定期检查和更换。

（5）定期更换存储用电池　一般数控系统内对 CMOSRAM 存储器件设有可充电电池维护电路，以保证系统不通电期间能保持其存储器的内容。在一般情况下，即使尚未失效，也应每年更换一次，以确保系统正常工作。电池的更换应在数控系统供电状态下进行，以防更

换时 RAM 内信息丢失。

（6）备用电路板的维护　备用的印制电路板长期不用时，应定期装到数控系统中通电运行一段时间，以防损坏。

2. 机械部件的维护

（1）主传动链的维护　定期调整主轴驱动带的松紧程度，防止因带打滑造成的丢转现象；检查主轴润滑的恒温油箱、调节温度范围，及时补充油量，并清洗过滤器；主轴中刀具夹紧装置长时间使用后，会产生间隙，影响刀具的夹紧，需及时调整液压缸活塞的位移量。

（2）滚珠丝杠螺纹副的维护　定期检查、调整丝杠螺纹副的轴向间隙，保证反向传动精度和轴向刚度；定期检查丝杠与床身的连接是否有松动；丝杠防护装置有损坏要及时更换，以防灰尘或切屑进入。

（3）刀库及换刀机械手的维护　严禁把超重、超长的刀具装入刀库，以避免机械手换刀时掉刀或刀具与工件、夹具发生碰撞；经常检查刀库的回零位置是否正确，检查机床主轴回换刀点位置是否到位，并及时调整；开机时，应使刀库和机械手空运行，检查各部分工作是否正常，特别是各行程开关和电磁阀能否正常动作；检查刀具在机械手上锁紧是否可靠，发现不正常应及时处理。

3. 液压、气压系统维护

定期对各润滑、液压、气压系统的过滤器或分滤网进行清洗或更换；定期对液压系统进行油质化验检查和更换液压油；定期对气压系统分水滤气器放水。

4. 机床精度的维护

定期进行机床水平和机械精度检查并校正。机械精度的校正方法有软硬两种。其软方法主要是通过系统参数补偿，如丝杠反向间隙补偿、各坐标定位精度定点补偿、机床回参考点位置校正等；硬方法一般要在机床大修时进行，如进行导轨修刮、滚珠丝杠螺母副预紧调整反向间隙等。

表 6-1 列举了一般数控机床各维护周期需要维护与保养的主要内容。

表 6-1　数控机床维护与保养的内容

序号	检查部位	检查内容			
		每天	每月	每半年	每年
1	切削液箱	观察箱内液面高度，及时添加	清理箱内积存切屑，更换切削液	清洗切削液箱、清洗过滤器	全面清洗、更换过滤器
2	润滑油箱	观察油标上油面高度，及时添加	检查润滑泵工作情况，油管接头是否松动、漏油	清洁润滑油箱、清洗过滤器	全面清洗、更换过滤器
3	各移动导轨副	清除切屑及脏物，用软布擦净，检查润滑情况及划伤与否	清理导轨滑动面上刮屑板	导轨副上的镶条、压板是否松动	检验导轨运行精度，进行校准
4	压缩空气泵	检查气泵控制的压力是否正常	检查气泵工作状态是否正常、滤水管道是否畅通	空气管道是否渗漏	清洗气泵润滑油箱、更换润滑油
5	液压系统	观察箱体内液面高度、油压力是否正常	检查各阀工作是否正常、油路是否畅通、接头处是否渗漏	清洗油箱、过滤器	全面清洗油箱、各阀，更换过滤器
6	防护装置	清除切削区内防护装置上的切屑与脏物，用软布擦净	用软布擦净各防护装置表面，检查有无松动	折叠式防护罩的衔接处是否松动	因维护需要，全面拆卸清理

（续）

序号	检查部位	检查内容			
		每天	每月	每半年	每年
7	刀具系统	检查刀具夹持是否可靠、位置是否准确、刀具是否损伤	注意刀具更换后,重新夹持的位置是否正确	刀夹是否完好、定位固定是否可靠	全面检查,有必要时更换固定螺钉
8	换刀系统	观察转塔刀架定位、刀库送到等情况	检查刀架、刀库、机械手的润滑情况	检查换刀动作的圆滑性,以无冲击为宜	清理主要零部件,更换润滑油
9	CRT显示屏及操作面板	注意报警显示、指示灯的显示情况	检查各轴限位及急停开关是否正常,观察CRT显示屏	检查面板上所有操作按钮、开关的功能情况	检查CRT电气线路、芯板等的连接情况,并清除灰尘
10	强电柜数控柜	冷却风扇工作是否正常,柜门是否关闭	清洗控制箱散热风扇道的过滤网	清理控制箱内部,保持干净	检查所有电路板、插座、插头、继电器和电缆的接触情况
11	主轴箱	观察主轴运转情况,注意声音、温度的变化	检查主轴上卡盘、夹具、刀柄的夹紧情况,注意主轴的分度功能	检查齿轮、轴承的润滑情况,测量轴承温升是否正常	清洗零部件,更换润滑油,检查主传动带,及时更换。检验主轴精度,进行校准
12	电气系统与数控系统	运行功能是否有障碍,监视电网电压是否正常	直观检查所有电气部件及继电器、联锁装置的可靠性。机床长期不用,则需通电空运行	检查一个试验程序的完整运转情况	注意检查存储器电池,检查数控系统的大部分功能情况
13	电动机	观察各电动机运转是否正常	观察各电动机冷却风扇是否正常	各电动机轴承噪声是否严重,必要时可更换	检查电动机控制板情况,检查电动机保护开关的功能。对于直流电动机要检查电刷磨损,及时更换
14	滚珠丝杠	用油擦净丝杠暴露部位的灰尘和切屑	检查丝杠防护套,清理螺母防尘盖的污物,丝杠表面涂油脂	测量各轴滚珠丝杠的反向间隙,予以调整或补偿	清洗滚珠丝杠上的润滑油,涂上新油脂

6.1.4 任务实施

1. 数控机床日常维护内容

每两人一组,其中一人提问,另一人需正确回答出数控机床日常维护的内容。然后换组进行。

2. 实际操作

选择一台数控车床或数控铣床,按照"数控机床维护与保养的内容"中每天检查项目,对数控机床进行维护与保养。

6.1.5 教学评价

评价方式采用自评、互评和教师点评三者结合的方式。评价学生参与活动的积极性,是否能正确进行数控机床的维护与保养。

6.2 数控机床的故障诊断

知识点

1. 数控机床常见故障的分类。

2. 数控机床常见故障的一般诊断方法。

技能点

能解决因编程、操作不当引起的数控机床常见故障。

6.2.1　任务描述

选择一台数控机床，由教师设置一些常见故障，让学生进行排除。

6.2.2　任务分析

该任务要求能解决因编程、操作不当引起的数控机床常见故障，要完成该任务，必须了解数控机床常见故障诊断方法等方面的知识。

6.2.3　知识链接

1. 数控机床常见故障分类

（1）按数控机床发生故障的部件分类

1）主机故障　数控机床的主机部分，主要包括机械、润滑、冷却、排屑、液压、气压与防护等装置。常见的主机故障有因机械安装、调试及操作使用不当等原因引起的机械传动故障或导轨运动摩擦过大的故障。其表现为传动噪声大，加工精度差，运行有阻力。另外，液压、润滑与气动系统的故障现象主要是管路阻塞和密封不良。

2）电气故障　电气故障分弱电故障与强电故障。弱电部分主要指 CNC 装置、PLC 控制器、CRT 显示器以及伺服单元、输入与输出装置等电子电路；强电部分是指断路器、接触器、继电器、开关、熔断器、电源变压器、电动机、电磁铁、行程开关等电气元件及其所组成的电路。

（2）按数控机床发生的故障性质分类

1）系统性故障　通常是指只要满足一定的条件或超过某一设定的限度，工作中的数控机床必然会发生的故障。

2）随机性故障　通常是指数控机床在同样的条件下工作时只偶然发生一次或两次的故障，有时称此为"软故障"。

（3）按故障发生后有无报警显示分类

1）有报警显示的故障　分为硬件报警显示与软件报警显示两种。硬件报警显示通常是指各单元装置上的警示灯的指示；软件报警显示通常是指 CRT 显示器上显示出来的报警号和报警信息。

2）无报警显示的故障　故障发生时无任何硬件或软件的报警显示，因此分析诊断难度较大。

（4）按故障发生的原因分类

1）数控机床自身故障　是由机床自身的原因引起的，与外部使用环境条件无关。

2）数控机床外部故障　是由于外部原因造成的。

2. 数控机床常见故障的一般诊断方法

由于数控机床故障比较复杂，同时，数控系统自诊断能力还不能对系统的所有部件进行测试，往往是一个报警号指示出众多的故障原因，使人难以下手。常用的故障诊断方法如下。

（1）直观检查法 是指在故障诊断时，由外向内逐一进行观察检查。特别要注意观察电路板的元器件及线路是否有烧伤、裂痕等现象；电路板上是否有短路、断路，芯片接触不良等现象。对于已维修过的电路板，更要注意有无缺件、错件及断线等情况。

（2）功能程序测试法 是将数控系统的 G、M、S、T、F 功能用编程法编成一个功能试验程序。在故障诊断时运行这个程序，可快速判定故障发生的可能起因。其常应用于以下场合：机床加工造成废品而一时无法确定是编程操作不当、还是数控系统故障引起；数控系统出现随机性故障，一时难以区别是外来干扰，还是系统稳定性不好；闲置时间较长的数控机床在投入使用前或对数控机床进行定期检修时。

（3）试探交换法 即在分析出故障大致起因的情况下，可以利用备用的印制电路板、集成电路芯片或元器件替换有疑点的部分，从而把故障范围缩小到印制电路板或芯片一级。采用此法之前要注意备用板的设定状态与原板的状态是否完全一致，这包括检查板上的选择开关、短路棒的设定位置以及电位器的位置。一般不要轻易更换 CPU 板及存储器板，否则有可能造成程序和机床参数的丢失，造成故障的扩大。若需更换 EPROM 板或 EPROM 芯片，请注意存储器芯片上贴的软件版本标签是否与原板完全一致，若不一致，则不能更换。

（4）参数检查法 发生故障时应及时核对系统参数，参数一般存放在需由电池保持的 CMOS RAM 中，一旦电池不足或由于外界的干扰等因素，使个别参数丢失或变化，发生混乱，使机床无法正常工作。此时，可通过核对、修正参数，将故障排除。

（5）测量比较法 CNC 系统生产厂在设计印制电路板时，为了调整和维修方便，在印制电路板上设计了一些测量端子。通过检测这些测量端子的电压或波形，可检查有关电路的工作状态是否正常。

除以上常用的故障检测方法之外，还可以采用敲击法检查是否虚焊或接触不良等。总之，按照不同的故障现象，可以同时选用几个诊断方法灵活应用、综合分析，才能逐步缩小故障范围，较快地排除故障。

3. 数控机床故障的诊断和排除原则

在故障诊断过程中，应充分利用数控系统的自诊断功能，如系统的开机诊断、运行诊断、PLC 的监控功能，根据需要随时检测有关部分的工作状态和接口信息。同时还应灵活应用数控系统故障检查的一些行之有效的方法。在诊断排除故障中还应掌握以下若干原则。

（1）先外部后内部 数控机床是机械、液压、电气一体化的机床，故其故障的发生必然要从机械、液压、电气这三种综合反映出来。因此当数控机床发生故障后，应先采用望、闻、听、问等方法，由外向内逐一进行检查。

（2）先机械后电气 由于数控机床是一种自动化程度高，技术复杂的先进机械加工设备。机械故障一般较易察觉，而数控系统故障的诊断则难度要大些。先机械后电气就是首先检查机械部分是否正常，行程开关是否灵活，气动、液压部分是否存在阻塞现象等。

（3）先静后动 维修人员本身要做到先静后动，不可盲目动手，应先询问机床操作人员故障发生的过程及状态，阅读机床说明书、图样资料后，方可动手查找处理故障。

（4）先公用后专用 公用性的问题往往影响全局，而专用性的问题只影响局部。只有先解决影响一大片的主要矛盾，局部的、次要的矛盾才有可能迎刃而解。

（5）先简单后复杂 当出现多种故障互相交织掩盖、一时无从下手时，应先解决容易的问题，后解决较大的问题。常常在解决简单故障的过程中，难度大的问题也可能变得容易，或者在排除容易故障时受到启发，对复杂故障的认识更为清晰，从而有了解决办法。

（6）先一般后特殊　在排除某一故障时，要先考虑最常见的可能原因，然后再分析很少发生的特殊原因。

4. 数控机床常见故障的处理

（1）数控系统开启后显示屏无任何画面显示　检查与显示屏有关的电缆及其连接，若电缆连接不良，应重新连接；检查显示屏的输入电压是否正常；如果此时还伴有输入单元的报警灯亮，则故障原因往往是 +24V 负载有短路现象；如此时显示屏无其他报警而机床不能移动，则其故障是由主印制电路板或控制 ROM 板的问题引起的；如果显示屏无显示但机床却能正常工作，这种现象说明数控系统的控制部分正常，仅是与显示器有关的连接或印制电路板出了故障。

（2）编辑程序时非法地址报警　检查数控加工程序，其指令、参数输入有无非法字符或不正确的 G 代码错误。

（3）编辑程序时非法半径报警　检查 G02/G03 指令终点到起点的距离是否大于 2 倍半径值，圆心坐标编程时，检查终点到圆心的距离是否与起点到圆心的距离相等。

（4）程序模拟时超程报警　检查数控加工程序中坐标点、参数是否输入有错误，检查刀具参数及零点偏置库中参数是否有错误。

（5）机床不能工作　机床不能动作，其原因可能是数控系统的复位按钮被接通，数控系统处于紧急停止状态。若程序执行时，显示屏有位置显示变化，而机床不动，应检查机床是否处于锁住状态，进给速度设定是否有错误，系统是否处于报警状态。

（6）机床不能正常返回零点，且有报警产生　出现这种故障的原因一般是脉冲编码器的反馈信号没有输入到主印制电路板，如脉冲编码器断线或与脉冲编码器连接电缆断线。

（7）面板显示值与机床实际进给值不符　出现这种故障的原因多与位置检测元件有关，快速进给时丢脉冲所致。

（8）系统开机后死机　出现这种故障的原因一般是由于机床数据混乱或偶然因素使系统进入死循环。关机后再重新启动。若还不能排除故障，需要将内存全部清除，重新输入机床参数。

（9）刀架连续运转不停或在某规定刀位不能定位　出现这种故障的原因可能是发信盘接地线或电源线断路、霍尔元件断路或短路，修理或更换相关元件。

（10）刀架突然停止运转，电动机抖动而不运转　出现这种故障时，如手动转动手轮，若某位置较重或出现卡死现象，则为机械问题，如滚珠丝杠滚道内有异物等；若全长位置均较轻，则判断为切削过深或进给速度太快。

（11）电动刀架工作不稳定　出现这种故障的原因有切屑、油污等进入刀架体内；撞刀后，刀体松动变形；刀具夹紧力过大，使刀具变形；刀杆过长，刚性差。

（12）超程处理　在手动、自动加工过程中，若机床移动部件超出其运动的极限位置（软件行程限位或机械限位），则系统出现超程报警，如蜂鸣器尖叫或报警灯亮，且机床锁住。处理的方法一般是手动将超程部件移至安全行程内，然后按复位键解除报警。

（13）其他报警处理　一般当显示屏有出错报警号时，可查阅维修手册的"错误代码表"，找出产生故障的原因，采取相应措施处理。

6.2.4　任务实施

教师提出几种常见的数控机床故障,由学生口头回答解决的措施。或者选择一台数控机床,由教师设置不同部位的常见故障 5 ~ 6 处,让学生进行排除。

6.2.5　教学评价

评价方式采用自评、互评和教师点评三者结合的方式。评价学生参与活动的积极性,是否能正确排除数控机床常见故障。

6.3　数控机床的精度检验

知识点
数控机床精度检验的内容和要求。
技能点
掌握数控机床精度检验的方法。

6.3.1　任务描述

选择一台数控车床,进行机床切削精度检验。

6.3.2　任务分析

该任务要求能对数控机床进行精度检验,要完成该任务,必须了解数控机床精度检验的内容、要求和方法等方面的知识。

6.3.3　知识链接

数控机床的高精度最终是要靠机床本身的精度来保证,数控机床各项性能的好坏及数控功能能否正常发挥将直接影响到机床的正常使用。因此,数控机床精度检验对初始使用的数控机床及维修调整后机床的技术指标恢复是很重要的。

数控机床精度的检验必须在安装地基水泥完全坚固后,按照 GB/T 17421.2—2000《机床检验通则第 2 部分:数控轴线的定位精度和重复定位精度的确定》等其他有关条文调试以后进行精度验收。数控机床精度检验主要包括几何精度、定位精度和切削精度检验等内容。

1. 数控机床的几何精度检验

数控机床的几何精度是综合反映机床关键零部件经组装后的几何形状误差。其检测内容和方法与普通机床相似。具体检测方法可参照 GB/T 16462—1996《数控卧式车床精度检验》、GB/T 21948.2—2008《数控升降台铣床检验条件》、GB/T 18400.9—2007《加工中心检验条件》等有关标准的要求进行,亦可按机床出厂时的几何精度检验项目要求进行。

机床几何精度的检验必须在机床精调后依次完成,不允许调整一项检测一项,因为几何精度有些项目是相互关联相互影响的。例如在立式加工中心检验中,如发现数控机床上 Y

轴和 Z 轴方向移动的相互垂直度误差较大，则可以适当调整立柱底部床身的地脚垫铁，使立柱适当前倾或后仰，减小该项误差。但这样也会改变主轴回转轴心线对工作台面的垂直度误差。因此，对各项几何精度检验工作应在精调后一气呵成，不允许检验一项调整一项，否则会造成由于调整后一项几何精度而把已检验合格的前一项精度调成不合格。机床几何精度检验应在机床稍有预热的条件下进行，所以机床通电后各移动轴应往复运动几次，主轴也应按中速回转几分钟后才能进行检验。目前，检验数控机床几何精度的常用检测工具有精密水平仪、精密方箱、90°角尺、平尺、平行光管、千分表、测微仪、高精度主轴检验心棒等。

（1）卧式数控车床几何精度的检验内容

1）床身导轨在垂直面内的直线度误差，横向导轨的平行度误差。

2）床鞍移动轨迹在水平面内的直线度误差。

3）尾座移动对床鞍移动的平行度误差。

4）主轴的轴向窜动误差。

5）主轴定心轴径的径向跳动误差。

6）主轴锥孔轴心的径向圆跳动误差。

7）主轴轴线对床鞍移动的平行度误差。

8）主轴顶尖的圆跳动误差。

9）床头和尾座两顶尖的等高度误差。

10）套筒轴线对床鞍移动轨迹的平行度误差。

11）尾座套筒锥孔轴线对床鞍移动轨迹的平行度误差。

12）刀架横向移动轨迹对主轴轴线的垂直度误差。

13）回转刀架工具孔轴线与主轴轴线的重合度误差。

14）回转刀架附具安装基面与主轴轴线的垂直度误差。

15）回转刀架工具孔轴线与床鞍移动轨迹的平行度误差。

16）安装附具定位面的精度。

（2）普通立式加工中心几何精度检验内容

1）工作台面的平面度。

2）各坐标方向移动的相互垂直度。

3）X 坐标方向移动时工作台面的平行度。

4）Y 坐标方向移动时工作台面的平行度。

5）主轴的轴向窜动。

6）主轴孔的径向跳动。

7）主轴箱沿 Z 坐标方向移动时主轴轴心线的平行度。

8）主轴回转轴心线对工作台面的垂直度。

9）主轴箱在 Z 坐标方向移动时的直线度等。

普通卧式加工中心几何精度检验内容与立式加工中心几何精度检验内容大致相似，仅多几项与平面转台有关的几何精度。

2. 数控机床的定位精度检验

数控机床定位精度是指机床各坐标轴在数控装置控制下运动所能达到的位置精度。数控机床的定位精度又可以理解为机床的运动精度。普通机床由手动进给，定位精度主要决定于读数误差，而数控机床的移动是靠数字程序指令实现的，故定位精度决定于数控系统和机械传动误差。数控机床各运动部件所能达到的精度直接反映加工零件所能达到的精度，所以，定位精度是一项很重要的检验内容。

目前，检验数控机床定位精度常用的检测工具有测微仪和成组量规、标准刻度尺、光学读数显微镜和双频激光干涉仪、360°齿精确分度的标准转台或角度多面体、高精度圆光栅及平行光管等。定位精度主要检验以下内容。

1）直线运动各轴的定位精度和重复定位精度。

2）直线运动各轴机械原点的返回精度。

3）直线运动各轴的反向误差。

4）回转运动的定位精度和重复定位精度。

5）回转运动的反向误差。

6）回转轴原点的返回精度。

3. 数控机床切削精度的检验

数控机床的切削精度，又称动态精度，是一项综合精度，它不仅反映了机床的几何精度和定位精度，同时还包括了试件的材料、环境温度、数控机床刀具性能以及切削条件等各种因素造成的误差和计量误差。为了反映机床的真实精度，要尽量排除其他因素的影响。切削试件时可参照 GB/T 2095.9—2007《精加工试件精度检验》的有关条文的要求进行，或按机床厂规定的条件，如试件材料、刀具技术要求、主轴转速、背吃刀量、进给速度、环境温度以及切削前的机床空运转时间等。

切削精度检验可分单项加工精度检验和加工一个标准的综合性试件精度检验两种。

（1）数控卧式车床切削精度的检验

1）单项加工精度 单项加工主要有外圆车削、端面车削和螺纹切削。

① 外圆车削 外圆车削试件材料为 45 钢，其切削速度为 $100 \sim 150 \text{m/min}$，背吃刀量为 $0.1 \sim 0.15 \text{mm}$，进给量小于或等于 0.1mm/r，刀片材料为 YW3 涂层刀具。机床试件长度取床身上最大车削直径的 1/2，或最大车削长度的 1/3，最长为 500mm，直径大于或等于长度的 1/8。精车后圆度小于 0.005mm，直径的一致性在 300mm 测量长度上小于 0.03mm。

② 端面车削 精车端面的试件材料为灰铸铁，切削速度为 100m/min，数控机床背吃刀量为 $0.1 \sim 0.15 \text{mm}$，进给量小于或等于 0.1mm/r，刀片材料为 YW3 涂层刀具。试件外圆直径最小为最大加工直径的 1/2。机床精车后检验其平面度，300mm 直径上为 0.025mm，只允许凹。

③ 螺纹切削 车削螺纹长度要大于或等于 2 倍工件直径，但不得小于 75mm，一般取80mm。螺纹直径接近 Z 轴丝杠的直径，螺距不超过 Z 轴丝杠螺距之半，可以使用顶尖。精车 60°螺纹后，在任意 50mm 测量长度上螺距累积误差的允差为 0.025mm。

2）综合加工精度 综合车削试件材料为 45 钢，有轴类和盘类零件，加工对象为阶台、圆锥、轮廓、倒角及车槽等内容，检验项目有圆度、直径尺寸精度及长度尺寸精度等。

（2）普通立式加工中心切削精度的检验 其主要单项加工精度有镗孔精度、端面铣刀铣削平面的精度、镗孔的孔距精度和孔径分散度、直线铣削精度、斜线铣削精度和圆弧铣削精度等。

6.3.4　任务实施

选择一台 CK6140 （或其他型号）数控卧式车床，按照《数控卧式车床切削精度的检验》内容，对数控车床进行切削精度的检验。

1. 精车外圆的精度检验

（1）试件描述　试件简图如图 6-1 所示，其长度 L＝数控车床最大车削直径/2，直径 $D \geqslant$ 数控车床最大车削直径/8，材料为 45 钢。

（2）切削条件　精车夹持在标准工件夹具上的钢件试件，车削后检验其外圆的圆度、直径的一致性（直线度）和每一个环带直径之间的变化。刀具型式及形状、进给量、背吃刀量、切削速度均由制造厂规定，但应符合国家或行业标准的相关规定。

（3）允差　圆度允差为 0.005mm；直线度允差为 300mm 长度上为 0.03mm；相邻环带间的差值不应超过两端环带间测量差值的 75%。

2. 精车端面的平面度检验

（1）试件描述　试件简图如图 6-2 所示，其直径 $D \geqslant$ 数控车床最大车削直径/2，材料为 HT200。

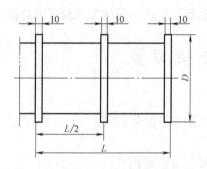

图 6-1　外圆的圆度与直线度检验图

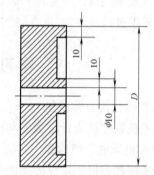

图 6-2　端面的平面度检验图

（2）切削条件　精车夹持在标准工件夹具上的铸铁盘形试件端面，车削后检验端面的平面度。刀具型式及形状、进给量、背吃刀量、切削速度均由制造厂规定，但应符合国家或行业标准的相关规定。

（3）允差　平面度允差为 ϕ300mm 直径上为 0.025mm，只允许内凹。

3. 精车螺纹的螺纹精度检验

（1）试件描述　试件简图如图 6-3 所示，d 接近于横丝杠的直径，$L \geqslant 75$mm，螺距小于或等于 Z 轴丝杠螺距之半。材料为 45 钢。

（2）切削条件　用 60°螺纹车刀精车 45 钢试件的外圆柱面螺纹，精车后检验螺纹的螺距精度。车削时，允许使用顶尖。试件的螺距连同刀具的型式和形状、进给量、将吃刀量和切削速度均由制造厂规定，但应符合国家或行业标准的相关规定。

（3）允差　在任意 50mm 测量长度上螺距累积误差的允差为 0.025mm。螺纹表面应光滑无凹陷或波纹。

4. 轮廓车削精度的检验

（1）试件描述　试件简图如图 6-4 所示。该试件适用于轴类加工车床。

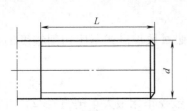

图 6-3　螺纹的精度检验图

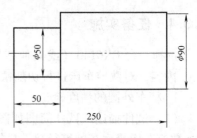

图 6-4　轴类车床轮廓的精度检验图

（2）切削条件　采用补偿功能车削，尺寸误差为实际测量值与指令值之差。刀具型式及形状、进给量、背吃刀量、切削速度均由制造厂规定，但应符合国家或行业标准的相关规定。

（3）允差　直径方向的尺寸误差为 0.015mm ～ 0.025mm；长度方向的尺寸误差为 0.025mm ～ 0.035mm。

6.3.5　教学评价

评价方式采用自评、互评和教师点评三者结合的方式。评价学生参与活动的积极性，是否能按照要求进行试件的加工，通过检验试件判断数控车床切削精度检验是否合格。

学习领域 6　考 核 要 点

1. 数控机床的日常维护
主要考核数控机床日常维护与保养的内容、要求和方法等内容。
2. 数控机床的故障诊断
主要考核数控机床常见故障的分类、诊断与排除方法等内容。
3. 数控机床的精度检验
主要考核数控机床的精度检验的内容、要求和方法等内容。

学习领域 6　测 试 题

一、判断题（下列判断正确的请打"√"，错误的请打"×"）

1. 对经常使用的数控机床，在使用前应先通电预热一段时间才可以进行操作。（　　）

2. 潮湿的环境会使印制电路板、元器件、接插件等腐蚀，造成接触不良、控制失灵，所以数控机床控制箱和电器柜内必须保持干燥。（　　）

3. 更换系统后备电池时，必须在关机断电情况下进行。（　　）

4. 当数控机床失去对机床参考点的记忆时，必须进行返回参考点的操作。（　　）

5. 数控机床在手动和自动运行中，一旦发现异常情况，应立即使用紧急停止按钮。（　　）

6. 对于已购置的备用印制电路板应定期装到数控装置上通电运行一段时间，以防损坏。（　　）

7. 炎热的夏季车间温度高达 35℃ 以上，因此要将数控柜的门打开，以增加通风散热。
（　　）

8. 自动润滑系统之定期保养项目中，宜注意滤网清洗。　　　　　　　　（　　）

9. 若遇机械故障停机时，应操作选择停止开关。　　　　　　　　　　　（　　）

10. 按数控系统操作面板上的 RESET 键后就能消除报警信息。　　　　　（　　）

11. 数控铣床警示灯亮时，表示有异常现象。　　　　　　　　　　　　　（　　）

12. 故障发生时，可由屏幕的诊断画面得知警示（ALARM）信号。　　　（　　）

13. 若数控铣床长时间不使用，宜适时开机以避免 NC 资料遗失。　　　　（　　）

14. 更换数控铣床主轴润滑系统用油时，为求方便，可不必依照原厂指示更换。（　　）

15. 数控铣床加工完毕后，为了让隔天下一个接班人操作更方便，可不必清洁床台。
（　　）

16. 操作数控铣床时，为了安全，不可穿宽松衣物及戴手套。　　　　　　（　　）

17. 数控铣床的主轴为精密组件，所以必须时常保持其清洁。　　　　　　（　　）

18. DNC 联机其作业传输线有一定的距离，以防止其信号之衰减。　　　（　　）

19. 主轴运转时发生异常温升及噪声，表示主轴异常。　　　　　　　　　（　　）

二、选择题（下列每题的选项中，只有一个是正确的，请将其代号填在横线空白处）

1. 数控机床安全文明生产要求在交接班时，按照规定保养机床，认真做好_____工作，对机床参数修改、程序执行情况做好文字记录。

A. 交接班　　　　　B. 卫生　　　　　　C. 机床保养　　　　　D. 润滑

2. 数控系统的抗干扰能力是有限的，数控机床应远离_____等强电磁干扰。

A. 电焊机　　　　　B. 电话机　　　　　C. 打印机　　　　　　D. 计算机

3. 利用数控系统的诊断报警系统功能，帮助维修人员查找故障的诊断方法是_____。

A. 参数检查法　　　B. 直接追踪法　　　C. 自诊断功能法　　　D. 测量法

4. 数控机床工作时，当发生任何异常现象需要紧急处理时应启动_____。

A、程序停止功能　　B. 暂停功能　　　　C. 紧停功能　　　　　D. 程序复位功能

5. 数控机床加工调试中遇到问题想停机应先停止_____。

A. 冷却液　　　　　B. 主运动　　　　　C. 进给运动　　　　　D. 辅助运动

6. 数控机床电气柜的空气交换部件应_____清除积尘，以免温升过高产生故障。

A. 每日　　　　　　B. 每周　　　　　　C. 每季度　　　　　　D. 每年

7. 数控机床如长期不用时最重要的日常维护工作是_____。

A. 清洁　　　　　　B. 干燥　　　　　　C. 通电　　　　　　　D. 通风

8. 当发生严重撞机事件后宜_____。

A. 休息片刻　　　　　　　　　　　　B. 继续强迫操作

C. 停机作机器检修及刀具重新设定　　D. 立即召开惩治会议

9. 数控铣床精度检验包括铣床的_____精度检验和工作精度检验。

A. 几何　　　　　　B. 制造　　　　　　C. 装配

10. 安全管理可以保证操作者在工作时的安全或提供便于工作的_____。

A. 生产场地　　　　B. 生产环境　　　　C. 生产空间

11. 数控机床每次接通电源后在运行前首先应做的是_____。

A. 给机床各部分加润滑油   B. 检查刀具安装是否正确

C. 机床各坐标轴回参考点   D. 工件是否安装正确

12. 在 CRT/MDI 面板的功能键中，用于报警显示的键是_____。

A. DGNOS   B. ALARM   C. PARAM

13. 新数控铣床验收工作应按_____进行。

A. 使用单位要求   B. 机床说明书要求   C. 国家标准   D. 都行

14. 程序无误，但在执行时，所有的 X 轴移动方向对程序原点而言皆相反，下列何种原因最有可能_____。

A. 发生警报   B. X 轴设定资料被修改过

C. 未回机械原点   D. 深度补正符号相反

参考文献

[1]　李典灿. 机械图样识读与测绘［M］. 北京：机械工业出版社，2009.

[2]　张若锋. 机械制造基础［M］. 北京：人民邮电出版社，2006.

[3]　徐宏海，等. 数控机床刀具及其应用［M］. 北京：化学工业出版社，2005.

[4]　崔兆华. 数控车工（中级）［M］. 北京：机械工业出版社，2007.

[5]　沈建峰，虞俊. 数控车工（高级）［M］. 北京：机械工业出版社，2007.

[6]　李蓓华. 数控机床操作工（高级）［M］. 北京：中国劳动社会保障出版社，2004.

[7]　周晓宏. 数控车床操作技能考核培训教程［M］. 北京：中国劳动社会保障出版社，2005.

[8]　彭效润. 数控车工（中级）［M］. 北京：中国劳动社会保障出版社，2007.

[9]　韩鸿鸾，荣维芝. 数控机床的结构与维修［M］. 北京：机械工业出版社，2006.

[10]　袁锋. 数控车床培训教程［M］. 北京：机械工业出版社，2006.

[11]　韩鸿鸾. 数控铣工加工中心操作工（中级）［M］. 北京：机械工业出版社，2007.

[12]　程美玲. 数控编程技能实训教程［M］. 北京：国防工业出版社，2006.

[13]　周晓宏. 数控机床操作与维护技术［M］. 北京：人民邮电出版社，2006.

[14]　杨琳. 数控车床加工工艺与编程［M］. 北京：中国劳动社会保障出版社，2005.

[15]　韩鸿鸾. 数控车削工艺与编程一体化教程［M］. 北京：高等教育出版社，2009.

[16]　宛剑业，等. CAXA数控车实用教程［M］. 北京：化学工业出版社，2006.

[17]　王荣兴. 加工中心培训教程［M］. 北京：机械工业出版社，2006.

[18]　钱逸秋. 数控加工中心FANUC系统编程与操作实训［M］. 北京：中国劳动社会保障出版社，2006.

[19]　王修杰，唐刚，谭惠忠. 数控加工编程与操作［M］. 北京：北京理工大学出版社，2008.

参 考 文 献